撤退の本質
いかに決断されたのか

森田松太郎
杉之尾宜生

nbb
日経ビジネス人文庫

7分の5はON、7分の2はOFF

ビジネス人応援文庫

nbb
日経ビジネス人文庫

文庫版の発行によせて

平成十九年に出版してから二年弱が経過致しました。

今回文庫版を発行するにあたり、この二年間の変化をみると、GMの破綻やトヨタ自動車のリコール問題などが発生しましたが、特にリーマン・ブラザーズの破綻が世界経済に与えた影響は大きいものがありました。これをきっかけに世界経済は同時不況に陥り、一部の国を除いては、また影響から脱しえない状況です。

産業の基礎であるエネルギー源は、石炭から石油へさらにソーラーエネルギーの利用へと急速に変化しています。また、地球環境の悪化を防ぐため、CO_2ガスの発生を防ぎ資源の無駄使いを省くエコがこれからの標語になりそうです。

エネルギーの転換やエコ・環境対策は従来の業務を根本的に見直し、従来の事業からの撤退が必要になりそうです。

撤退には二つの局面があります。消極的な面ではその事業をまったく廃止し損失の発生を防ぐ場合と、積極的に方向を転換する場合があります。

消極的な撤退では事業の縮小になりますが、積極的な場合はむしろ新しい事業を開発し企業を再活性化することになります。

社会の変化は止まるところを知りません。経営は絶えず新しい時代に対応する判断と実行が求められます。過去の歴史と同じ状態の繰り返しはありませんが、類似した状態は繰り返されます。これは軍事においても企業経営においても同様です。過去の歴史を紐解く事は、現在必要とされている判断におおいに参考になります。

世界に目を転じると、アメリカが始めたイラク戦争も撤退が始まろうとしています。一方ではアフガニスタンの問題を抱えていますが、イラクの経験が教訓になることを望みます。敵を知り己を知ることは重要ですが、特に難しいのは己を知ることです。失敗とか撤退の原因は己を過信するところから始まります。

最後になりますが、この本が己を知ることに役立てば幸いです。

平成二十二年初夏

著者

はじめに

人類は長い歴史を持っていますが、人類がこの世に出現してから現在に至るまで何らかの争いが続いています。その間に勝ったり負けたりのドラマが繰り返し行われています。成功の事例の陰に、失敗と撤退がありますから、撤退の研究はいわば、人間の織り成す闘争によって生じるドラマの研究とも言えます。未来にわたっても同様な事態が繰り返されるでしょう。

人間は事を始めるにあたり、失敗することを前提としませんが、当初に予定していた事情が変わったり、計画に思い違いがあったりで、順調に事が運ぶとは限りません。むしろ予期せざる事態の発生で当初計画を変更、あるいは撤退するほうが通常なのかも知れません。

世の中の出来事を見ると、良いことと悪いことは交互に現れてくるように思います。あたかもバランスシートの借方が資産で、貸方が負債と株主勘定で貸借のバランスが取れているように、短いレンジで見ればバランスが壊れているように見えても、少し長いレンジで見ればプラスとマイナスは均衡してきます。

軍事の場合を見ても、大東亜戦争で日本は負けて甚大な損害を蒙むりましたが、敗戦後民主主義が定着し高度経済成長を遂げ、GDPでは世界第二の規模を誇るまでになったことを見れば、損害とその後のプラスの質は違いますが、五〇年単位では収支が均衡しているとも見られます。

金が崎における織田信長と豊臣秀吉の判断、再起を期して直ちに撤退を決断し実行した織田信長、その信長を助けるために一命を賭して退却の殿《しんがり》を引き受け、その後の運命を切り開いた秀吉のギリギリの決断は人間のドラマです。

大東亜戦争におけるキスカ島の撤収の決断、日露戦争における我が満洲軍総司令部における攻勢極限点を見極める判断と収拾を図る決断などは、作戦遂行の可否を見極めることができた成功例ですが、その一方で盧溝橋事件とその後の進展、大東亜戦争開戦前夜の混迷、日露戦争を正しく学習できなかった日本陸軍などは、「見極め・見切り」ができなかった悪い例になります。

撤退の研究で感じることは、どのケースにおいても人間の問題に帰着し、結局は指導者の判断力、先見力、決断力、実行力があったか否かになります。事態の特質を看破し、事の成否を的確に見極めて、当初の企画の継続的な実現に見切りをつけることができるかどうかが、指導者には問われます。

企業の場合も同様で、松下電器（現パナソニック）は松下幸之助が社長を引いた後苦境に陥りましたが、松下幸之助が特約店を熱海に集めた席で不明を詫び、頭を下げたことが特約店の人たちを感激させ、立ち直ることができました。もし頭を下げなかったら松下電器の今日はなかったかも知れません。

経営でも軍事でも、ホンダ創業者の本田宗一郎が唱えた三現主義が重要と言われます。三現とは現場、現物、現実を指します。当初の目論見がはずれ、撤退に追い込まれたケースを分析すると、現場、現物、現実の三原則を無視したか、忘れたかのいずれかに整理されます。人間は自分こそ歴史上の経験にある失敗の轍《てつ》を踏まないと考えていても、結果を見ると経験の集積であるナレッジ（知識）を十分生かせずに失敗し、破綻しているケースを多く見ることができます。

企業の例では、ノキアやブラザー工業に見るように、タイムリーな決断が将来発生するかもしれない損失を最小限にとどめ、また、その後の企業発展の礎を作っています。撤収のタイミングを失い経営を破綻させたケースとして、ダイエーやカネボウがあります。

戦争においても企業の歴史を見ても、同じような失敗を繰り返していますが、何故先人の経験を生かせなかったかが大きな問題です。人間の弱さでしょうか？　あるいは自信過剰でしょうか？

この本では各種のケースを取り扱っていますが、三現主義の原則、特に現実を無視した指導層の思い上がりにより、当初計画の不合理性や実行途上において発見された不具合を無視したことが、その後の失態につながり、悪循環を繰り返しています。

これらのケースは、現実に企業を経営する立場の人にとって多大の教訓を与えています。いくら良い政策、判断であってもタイミングが合わなければ悪い決断になります。タイミングの良い決断には運が付いて回ります。運を呼び込むのも指揮官や経営者の能力です。一般に運と言われているものも、考えてみれば、決断する人の洞察力、決断力、実行力に掛かっています。

この本の軍事篇は杉之尾が担当し、企業篇は森田が担当しました。色々なケースを通じて、リーダーの判断力や決断力、実行力の違いが、戦争や企業経営に甚大な影響を与えることを研究しました。軍事面、企業経営ともに判断の連続ですが、些かでもお役に立てれば幸いです。日本経済新聞出版社の山本保さんには大変お世話になりました。改めて感謝申し上げます。

著者

平成十九年九月

目次

第1章 事前に的確な見通しが必要

第2章 無理な論理は駄目

軍事篇

企業篇

第3章　決断は迅速に

第4章　事実を見る目

軍事篇

企業篇

第5章 先見の明

第6章　タイミングが大切

第7章　臨機応変に

第8章　隠された真実

第1章　事前に的確な見通しが必要

軍事篇

大東亜戦争開戦前夜の戦略的混迷

1　大東亜戦争勃発の原因

盧溝橋事件（支那事変）への対応

素朴な疑問ですが、大東亜戦争は昭和十六年（一九四一年）十二月八日に勃発しましたが、当時の我が国の政治・軍事の指導者たちがアメリカ、イギリスなどの大国と開戦することを現実の課題として真剣に考えるようになったのは、一体いつ頃からだったのでしょうか？

我が国の政治家の中にアメリカやイギリスと真剣に戦うことを、現実の課題として考えていた者がいたということは、寡聞にして知りません。それでは、軍はどうだったのでしょうか？

日露戦争以降、帝国陸軍は伝統的にロシア、そしてソ連を仮想敵国として営々と戦力整備をしてきました。この事実は一般によく知られたことですが、アメリカを敵として戦うことを真剣に考えていた陸軍軍人がいたことは聞いたことがありません。

一方、帝国海軍が対米七割の戦力整備を主張していたことは、よく知られたことです。しかし、それはアメリカと本格的に戦うことを現実的な前提にするものではなく、あくまでも海軍の戦力整備の準拠としてのものでした。よりあけすけに、かつ誤解を恐れずに言い換えるならば、大蔵省から戦力整備のための海軍予算を獲得するための理論的な根拠づけのための方便的な仮説であったと言えます。

では我が国の誰もが望まなかったアメリカやイギリスとの戦争に我が国が飛び込んでしまったのは、何故だったのでしょうか？

ここでは議論を複雑にしないために、ソヴィエト社会主義共和国連邦を祖国とする国際共産主義運動の中枢組織であったコミンテルンの謀略説や、アメリカ大統領ルーズヴェルトの謀略説や、あるいは石原莞爾陸軍大佐（後に陸軍中将で予備役になる）の『世界最終戦論』などについては、別の機会に論ずることにし本稿では割愛します。

歴史を「後知恵の利」をもって跡付けますと、大東亜戦争は、昭和十二年（一九三七年）七月七日に勃発した盧溝橋事件を起爆剤とする支那事変（日中戦争）の処理を誤った我が国が、四年有余にわたる中国大陸での泥沼から這い逃れようとする過程で、予期せざる対英米蘭戦争の落とし穴に嵌まり込んでしまったということができます。

我が国の責任ある地位にあった政治家も陸海軍軍人の誰もが夢想だにしていなかった対英米蘭戦争に、どうして嵌まり込んでしまったのでしょうか？

盧溝橋事件後の一連の経緯については、第4章　事実を見る目の軍事篇『南京で「ビスマルク的転換」は何故起こらなかったか？』に譲り、ここでは本章に関連ある経緯を略述するに止めます。

盧溝橋事件が勃発した時点において我が国政府は、国際共産主義運動の総本山であるソ連の東アジア侵略に対抗するために、蔣介石が統治する中華民国は我が国と提携し協力すべき友好的な相手にしなければならないと考えていました。

したがって盧溝橋で軍事的な紛争が発生した時点でも、我が国政府および統帥部、特に参謀本部作戦部長の要職にあった石原莞爾陸軍少将らは、「事件の不拡大、現地解決」を唱えて中華民国を敵視せずに、紛争を早期に解決して日中提携の実現を目指す努力をしていました。

石原少将は日中協力して対ソ防共の態勢を構築する腹構えでありましたので、この軍事紛争は短期間で収拾しようとし、したがって国際法上の本格的な〝戦争〟とすることなく、〝事変〟扱いとし、事態の早期鎮静を図ろうとしていました。

ところが我が陸軍統帥部の指導的な立場にある中枢幕僚将校の中には、中華民国を軍事的にあるいは心理的に威圧すれば、紛争を軽易かつ短期のうちに収拾することができると主張する〝一撃膺懲《ようちょう》派〟がいました。しかし現実にはこのような威圧を加えることにより、彼らの見通しとは逆に事態は拡大し、文字通り〝泥沼の中に足を取られて〟抜け出せなくなってしまいました。

世界情勢変化への判断ミス

泥沼から足を抜こうと努力していた日本は、支那事変三年目の昭和十五年五月にドイツ軍の西方攻勢の開始、そして四年目の昭和十六年六月の独ソ戦の勃発による地球規模の戦略環境の変化に遭遇します。これら一連の情勢激変に伴い誤判断を重ね、遂には予期せざる対米英蘭戦争に突入してしまいました。

この戦略環境の変化に関する誤判断の拠って来る遠因を辿ってみますと、我が国が目指すべき「国家像」、「国家理念」、「国家目的」といった「国家戦略」策定の前提になる基本的な国家経営の理念が曖昧模糊としていたことにあったと言って過言ではありません。

日露戦争が終結した後の明治四十年（一九〇七年）、我が国は「国家目的」、「国家戦略」の有機的統合を狙って「日本帝国ノ国防方針」を制定しました。その後戦略環境の変化に伴いこの「国防方針」は、第一次世界大戦終末期の大正七年（一九一八年）に第一次の、ワシントン会議後の大正十二年（一九二三年）に第二次の、支那事変勃発前の昭和十一年（一九三六年）に第三次の改定をそれぞれ行いました。

しかし、「国家目的」、「国家戦略」が有機的に統合されたことは、「国防方針」の初制定以来一度もありませんでした。初制定以来、「国家目的」は曖昧模糊とし、「国家戦略」は分裂した状態でした。その後、「国家目的」はますます不明確で、「国家戦略」も不在というより混沌とした状態で、したがって国難に遭遇しても有機的に統合された体系的な対応を採ることができず、支那事変、大東亜戦争という最悪の国難を招来してしまいました。

日露戦争の終結後、我が国の「国家戦略」を分裂させた象徴的な文言に「北進論」と「南進論」があります。この「国家戦略」の分裂状態は、運命共同体化した機能集団となってしまった官僚制組織であった陸軍と海軍との縄張り争いの結果でもありました。

この官僚制組織の「共同体的機能集団化」という問題は、小室直樹先生が『危機の構造――日本社会崩壊のモデル――』（ダイヤモンド社、昭和五十一年）において鋭く提起されたものでした。

（注）一撃膺懲：膺懲とは、中国の言葉、「正しい者が正しくない者を懲《こ》らしめ戒《いまし》める」の意味。一撃とは、「理不尽な考え方をする者に一撃の制裁を加える」の意味。

したがってこの課題は改めて別途で論ずることにし、ここでは我が国の「国家戦略」分裂の表象的な文言である「北進論」と「南進論」が、昭和十五、十六年の地球規模の戦略環境の大激変の渦中で、我が国の対応にどのような影響を及ぼしたか回顧してみましょう。

戦略環境の大激変とは、昭和十五年（一九四〇年）五月のドイツ軍の西方攻勢と、昭和十六年（一九四一年）六月の独ソ戦の勃発です。このヨーロッパ情勢の激変を契機として、我が「国家戦略」の分裂を表象する「北進論」は「関特演」に、「南進論」は「北部仏印進駐」と「南部仏印進駐」とに、それぞれ「場当たり的に変貌」していきました。

2 「南進論」としての「北部仏印進駐」と「南部仏印進駐」

北・南部仏印進駐の動機と狙いの相違

仏印進駐は、昭和十五年九月二十三日からの「北部仏印進駐」と、昭和十六年七月二十八日からの「南部仏印進駐」とに大別されます。同じ仏印進駐であっても、両者は全く異なった戦略的な環境条件の下で行われたものでした。

前者は泥沼化した支那事変を収拾するために、米英からする援蔣ルートの遮断という目的で行われたもので、後者は東洋のジブラルタルと言われた大英帝国のアジア支配の牙城シンガポールに対する抑止のプレゼンスを示威する目的で行われたものでした。

図表 1-1-1　仏印（仏領印度支那）

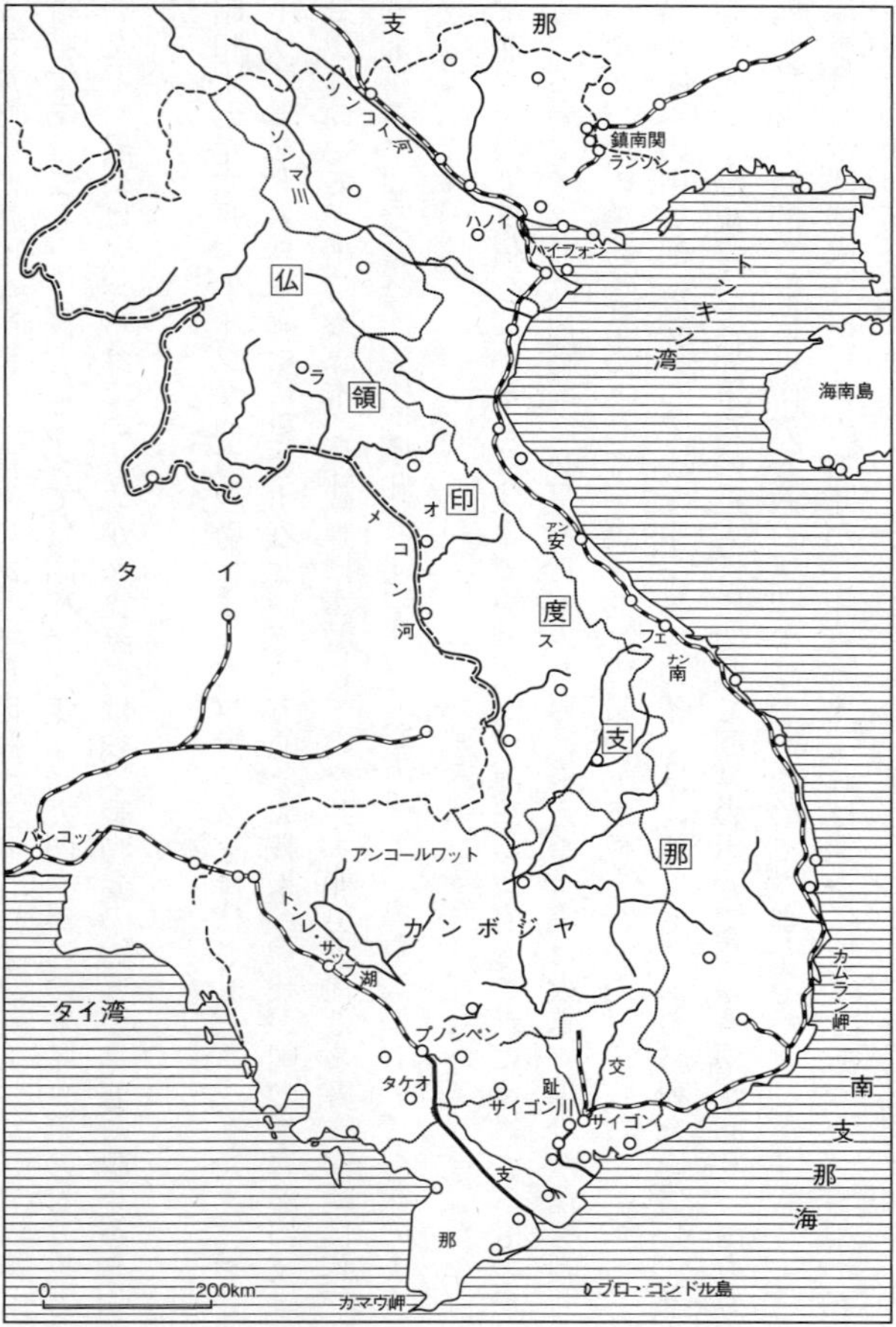

出所：『包囲された日本　仏印進駐誌』石川達三著、集英社、1978年

また進駐の直接的な契機も、前者にあっては昭和十五年（一九四〇年）のドイツ軍の西方攻勢でありました。後者にあっては昭和十六年（一九四一年）のドイツ軍の対ソ攻勢であったと一般には考えられていますが、実際には独ソ戦勃発の約五カ月前に萌芽がありました。

昭和十五年六月、ドイツが西方攻勢によってフランスを降伏させ、ダンケルクにおいてイギリス軍をドーバー海峡に駆逐するという一方的な大戦果が、我が国の指導層に及ぼした影響について、当時参謀本部作戦課に奉職していた井本熊男大佐は著書『作戦日誌で綴る支那事変』（芙蓉書房出版、昭和五十三年、五〇五～五〇六頁）において、次のように述懐しています。

「ドイツを最も確信していたのは陸軍であったが、海軍も政府もこれに反対するものではなく、結局ドイツの欧州制覇は必至と日本の各界は考えた。実は大きく誤った情勢判断であったが、その誤断を基礎として、実質的に国策の大転換を行った。……

当時陸軍の中央部に勤務していた中堅幕僚の多くは、特にドイツの勝利を過信し、米英を知らずして軽視し、支那事変の重大性に関して認識の十分でないものがあり、南方処理に関しても楽観的で好機（南方）武力処理の観念が極めてつよかった。

海軍は対米観、米英不可分の判断が、陸軍に比すれば遥かに慎重であった。昭和十五年末から十六年の春ごろにかけて、主として海軍の意思表示により、時局処理要綱の好機南方武力処理の考え方は整理せられて、米英による対日武力圧迫が強化されるか、または対日全面禁輸の場合においては自存自衛上、対米英戦に踏み切る考え方に統一せられるに至った」と。

ドイツの欧州制覇という親独的で楽観的な雰囲気が蔓延する中で、昭和十五年六月十四日、フランスの首都パリがドイツ軍の掌中に帰し、新たに首相に就任したペタン元帥は十七日に至り休戦を申し入れました。このような驚天動地の世界情勢の大変化の渦中にあって、我が国の「南進論」は混迷を極めました。

北部仏印進駐

当時参謀本部戦争指導班に奉職していた原四郎中佐は、著書『大戦略なき開戦』（原書房、昭和六十二年、一二四～一二八頁）第六章「北部仏印進駐には陸軍の悪い面が錯綜」において、陸軍の無統制ぶりを次のように述懐しています。

「第二十二軍司令官久納誠一中将は昭和十五年七月十一日第五師団長中村明人中将に対し〝第五師団ハ兵力ヲ甯明（国境東方約四〇キロメートル）以西ニ集結仏印ニ対スル威圧ヲ

（注）仏印とは、インドシナ半島のフランスの植民地（現在のヴェトナム、カンボジア、ラオス）のこと。

強化スルト共ニハノイニ向ヒ進駐ヲ準備スヘシ〟と命令している。第三国領土に対する進駐準備命令であり、第二十二軍司令官の任務外の重大なる越権行為である。

北部仏印進駐に関する日仏中央交渉は、昭和十五年八月三十日いわゆる『松岡・アンリー協定』が成立し、これに基づく現地交渉が西原一策少将とマルタン仏印陸軍司令官との間で行われ、九月四日午後『日仏印軍事協定成立ノ為ノ基礎事項』いわゆる『西原・マルタン協定』が調印された。

問題の進駐日時および兵力駐屯位置等の細部は、引き続き交渉を行い協定を遂げる必要があり、その細部事項未成立のうちに日本軍が進入した場合には、この協定を破棄することになっていた。その細目協定も九月五日には下協定が終わっていた。

ところが九月六日、第五師団の森本宅二中佐指揮下のいわゆる森本大隊が鎮南関西南方ドンダン堡塁正面の第十六号標石付近で誤って越境するという事件が突発した。大隊長は〝部下にドンダンを一目望見させてやりたい。軍の制令線は一寸越えるが、国境線さえ越えなければよかろう〟ということで行軍し、国境線不詳のため思わず越境してしまい、仏印軍中佐（ドンダン守備隊長クールベー）と遭遇したのである。

もとよりせっかくの『西原・マルタン協定』は御破算となり、現地交渉は復行を余儀なくされ、いよいよもって仏印側の遷延策に乗ぜられ、北部仏印進駐混乱の一因ともなったのである。

北部仏印に対する陸路進駐方面においては九月二十三日夜半不幸にして日仏印両軍間に戦闘が惹起した。大本営陸軍部は同日午前三時～三時三十分の間、『大陸指』により〝紛争ヲ成ヘク局地ニ止メルモノトス〟と現地軍に指示した。……

しかるに武力進駐に血走っていた現地軍首脳および参謀らは、右『大陸指』をかえって奇貨としランソン付近までを局地と見なし、九月二十四日引き続き陸路正面の要衝ランソン攻略を敢行してしまったのである。

南支那方面軍指揮下の第三飛行団長、次いで第二十一独立飛行隊長を経て、軽爆撃中隊長に対し、自らの判断に基づき戦闘惹起の場合爆撃を行い得る権限を与えたのであった。しかも軽爆撃中隊長は出動にあたり、中隊長が翼を上下したならば、爆弾を投下するよう指示した。当時軽爆撃機には無線電話はなかったのである。

図表1-1-2　仏印進駐前後の略年表

昭和12年(1937年)	7月7日	盧溝橋事件勃発
	8月23日	上海事変
	12月13日	日本軍による南京攻略
14年(1939年)	5月11日～9月15日	ノモンハン事件
	9月1日	第二次世界大戦勃発（ドイツ軍のポーランド侵攻）
15年(1940年)	5月20日	ドイツ軍の西方攻勢
	9月23日	日本軍の北部仏印進駐
16年(1941年)	6月22日	ドイツ軍のソ連侵攻
	6月26日	関東軍特種演習
	7月25日	米の在米日本資産凍結令
	7月28日	日本軍の南部仏印進駐
	8月1日	米の対日石油禁輸
	8月9日	陸軍の対ソ武力行使の企図断念
	9月14日	近衛内閣総辞職
	9月16日	東条内閣発足
	12月8日	大東亜戦争勃発

こうして悪気流により中隊隊長機が動揺したのを、翼の上下運動と誤認した編隊機により爆弾は海防郊外に投下された。すなわち進駐か否かの決定が、一編隊長の誤認によってなされたと同様の結果を招来したのである。陸軍航空統帥の不用意極まれりというべきであろう」

さらに原四郎中佐は、北部仏印進駐混乱の主な原因として、一つは第三国進駐に関する政戦略すなわち戦争指導の未熟であり、他の一つは参謀本部作戦部長富永恭次少将および同部作戦幕僚の下剋上的独走であると指摘しています。

北部仏印進駐の目的は、支那事変処理すなわち援蔣ルートの遮断であったはずでした。ところが昭和十五年（一九四〇年）七月四日、陸軍省部の事務当局が、「時局処理要綱」の陸軍案を海軍側に説明するときには、北部仏印の飛行場は、ビルマ・ルートの爆撃遮断のほか、南部仏印、蘭印（オランダの植民地であった現在のインドネシア）、シンガポール等への爆撃基地として必要であると語るなど、明らかに「北部仏印への進駐目的」が混迷していました。そして「武力進駐」か「平和進駐」かの方法論についても混乱していました。

同年末、タイと仏印との国境紛争が勃発したため我が国は紛争の調停に尽力し、昭和十六年（一九四一年）一月三十一日、タイ・仏印間の停戦協定を成立させました。この停戦協定に基づくタイ、仏印国境紛争調停会議が東京で行われ、三月十一日に至りタイ・フランス平和条約を成立させました。

同日、タイおよびフランスと交わした交換公文で、両国政府は日本に対抗するような条約を締結しないことが取り決められていました。このような日本の行動は、過去数百年にわたってアジア・アフリカを植民地化してきたイギリス、そしてこれに同調するアメリカに少なからぬ危機感を抱かせました。

特にアメリカは三月十一日、武器貸与法を成立させて反枢軸（ドイツ、イタリア、日本）陣営の立場をより鮮明にしました。さらにアメリカは、対日経済制裁の強化を進めると同時に、太平洋正面における海軍力の強化を推し進めていきましたが、外交的には危機を顕在化させないように巧妙に振る舞っていました。

独ソ戦勃発

昭和十六年（一九四一年）六月二十二日の独ソ戦の勃発に伴う我が国策の整合性は、七月二日の御前会議（大本営政府連絡会議のうち、天皇が御臨席になるもの）において決定された「情勢ノ推移ニ伴フ帝国国策要綱」をもって図られました。すなわち「帝国ハ依然支那事変処理ニ邁進シ且自存自衛ノ基礎ヲ確立スル為南方進出ノ歩ヲ進メ又情勢ノ推移ニ応シ北方問題ヲ解決ス」という両論併記の典型的な官僚の作文で糊塗されることになりました。

この「国策要綱」では、「南部仏印進駐」と「関特演」の双方を国策の一環として一括して取り扱っており、いずれに重点があるのか明確ではありません。これでは我が国の「国家目的」が一体どこにあり、どのような「国家戦略」を構想しているのか、極めてあいまいであったと言わざるを得ません。

3 「北進論」としての「関特演」

北方問題の解決

「関特演」という呼称は、昭和十六年（一九四一年）六月二十六日、関東軍参謀長吉本貞一中将の名をもって指揮下の部隊に対して、「独ソ開戦ニ伴フ時局関係事項テ業務処理ノタメ平時的事項ト截然区別ヲ要スモノ」を、「関東軍特種演習（関特演）」としたことに由来するものです。これは企図秘匿の配慮に基づくものでしたが、その後は中央と現地とを通じ、対ソ武力的準備の実施を「関特演」と総称することになったものです。

独ソ戦の勃発に伴い陸軍統帥部は、ドイツ軍の快進撃は我が北方問題解決の好機と判断し、二カ月以内に対ソ作戦準備を整える必要を強調していましたが、陸軍省は、既に四年にわたり大軍を中国大陸に出動させており、さらに北に南にと大作戦を準備することには国力の上から容易ならざることであるとして、にわかには同意しませんでした。

ただ陸軍省も統帥部もともに世界情勢に重大な変化が生じていることを認め、その対応策の検討を続けていました。北方問題解決の好機を、いかなる情勢と判断するかについての論議が、省部の間で紛糾していました。陸軍省は、いわゆる「熟柿を拾う」立場を、統帥部は、いわゆる「青柿を叩き落とす」必要を主張していたからでした。

結局この見解の相違は、「在極東ソ連軍が西送され、八月上・中旬に地上軍が半減し、航空その他の軍直轄部隊が三分の一に減ずる情勢が到来した場合発動を決意し、九月初頭から作戦を開始する」ことに落着しました。

七月六日、陸軍統帥部は、「関特演」の所要兵力を「対ソ八五万態勢、七月七日動員下令、船舶八〇万屯徴傭」と内定しました。この八五万態勢には既に満洲・朝鮮に配備されていた兵力も含んでいましたが、新たに動員される規模は兵員約五五万人、馬匹約一三万頭に上りました。

「関特演」のため軍隊、軍需品を短期間に輸送するためには、日本本土、朝鮮半島、満洲の鉄道網を戦時態勢化するとともに、多量の輸送船を必要としました。陸軍は約九〇万トンの船舶を新規に徴傭しました。

陸軍統帥部の極東ソ連軍の戦力判断は、独ソ戦勃発以前の時点で、狙撃三〇個師団、騎兵二個師団、戦車約二七〇〇両、飛行機約二八〇〇機、潜水艦約一〇〇隻と推定していました。したがって極東ソ連軍の戦力がヨーロッパ正面へ西送され、その狙撃師団が約一五個師団程度に半減したときが、対ソ武力行使の好機であると考えていました。その好機における我が所要戦力を、約二〇個師団をもって対応可能であると判断していました。その根拠となる極東ソ連軍の戦力判断ですが、その整備状況は欧ソ正面を優先していたため、いわゆる応急動員のレベルであり、我が動員師団の七割五分程度の実戦力であろうと判断していました。

したがって極東ソ連軍の狙撃一五個師団の戦力は、我が方の動員師団の一一個師団に相当すると判断していましたので、我が方の二〇師団はソ連軍の概ね二倍に匹敵するものとされていました。

陸軍統帥部は、対北方武力行使の時機を八月十日頃を目途としていましたが、極東ソ連軍の兵力の西送状況は必ずしも多量ではなく、いわゆる熟柿の状態には程遠いものでした。

確かに極東ソ連軍の西送は、予想を遥かに下回っていました。七月十二日における参謀本部ロシア課長の報告によると、「狙撃師団の西送は五個師団程度、ただしそのうち二個師団は建制であるが、他は建制か混成か不明。今日までの狙撃師団の西送は一七%、機甲部隊の西送は機甲一個軍団（戦車三個旅団、機械化一個旅団、砲兵一個旅団）及び戦車三個旅団、五個旅団程度、そのうち三個旅団は建制であるが、他は建制か混成か不明。独ソ開戦当時極東に戦車一二個旅団、装甲三個旅団がいたので、三分の一が西送をみた」というものでした。

さらに七月末の情勢を基礎として独ソ戦の推移に関する参謀本部情報部の情勢判断が、八月初旬に参謀総長に提出されました。これによると昭和十六年中にドイツがソ連を屈伏させることは不可能であるばかりでなく、明年以降の推移も必ずしもドイツに有利にならないという判断でした。要するに年内に熟柿主義による対ソ開戦の好機は、到来しないことが明らかになっていました。

一方、「関特演」が着々と進捗しつつあった七月十九日、発動時機を保留した南部仏印進駐の予令が発せられました。次いで同二十三日、「七月二十四日以降三亜ヲ出発シ、南部仏印ニ友好的ニ進駐ス」べき命令が発せられました。第二五軍の一部は二十八日ナトランに、主力は三十日サイゴンに平和裡に上陸しました。

日本軍の南部仏印進駐に反応して米英は、日本資産を凍結しましたが、さらにアメリカは八月一日、対日石油輸出禁止の挙に出ました。

我が国の物的国力は、資産凍結、全面的経済断交によって重大な影響を蒙り、我が国は

(注)　師団：陸軍の作戦基本単位部隊で、諸種の兵科の連合部隊。現在の自衛隊の師団は約九〇〇〇名であるが、通常列強の師団は一万六〇〇〇～二万余である。旅団：師団より軽量小型であるが、諸兵科連合部隊で、五〇〇〇名内外である。軍団：師団を二～三個集めた大部隊。

死活的な苦境に陥りました。石油と船舶の問題が重大化し、海軍の重油は残量二年分しかなく、これは国策の根本を揺るがすものとなって、統帥部は焦燥感に駆られました。

かくして独ソ戦の推移と石油全面禁輸に関する判断に重大な過失を犯した陸軍統帥部は、八月九日には年内の対ソ武力行使の企図を断念せざるを得ませんでした。以後の陸軍部の関心は、勢い南方への作戦準備と、その後九月六日に決定を見る帝国国策遂行要領の研究と検討に移っていきました。

このため八月中旬以降の動員、編成などには、「関特演」に関連するものと、対南方武力行使を含みとするものとが混然錯綜していきました。

4 二つの誤判断

独ソ戦勃発の余波

大東亜戦争は、果たして起こるべくして起こった戦争だったのでしょうか?

太平洋を土俵にして雌雄を決することになった我が国は、少なくとも昭和十六年(一九四一年)六月までは日米交渉の妥結にわずかな望みをつないでいました。

しかし、ナチス・ドイツが独ソ不可侵条約を破棄してソ連に進攻を開始したことは、当時の我が国政府が、鋭意努力を傾注して構築しようとしていた日本、ドイツ、イタリア、ソ連からなる現状打破勢力をもって、米英を中心とする現状維持勢力に拮抗させるという、いわゆる四国同盟構想を水泡に帰せしめるものでした。

昭和十六年六月二十二日、ドイツがソ連を攻撃したことは、好むと好まざるとにかかわらずソ連をして米英の側に追い込んでしまうことになってしまいました。

さらに我が国政府の世界政策の基本であった四国同盟構想を崩壊させる契機になった独ソ戦の余波で、我が国は南部仏印進駐を決行してしまいました。この日本の行動は、我が国とアメリカとの和平交渉の前提条件を水泡にしてしまい、ＡＢＣＤ陣営（アメリカ・イギリス・中国・オランダ）との決定的な対立に、我が国を追い込むことになりました。

そこで前述の課題に戻りますが、独ソ戦が勃発したことにより、我が国の近衛政府が世界政策構築の前提にしていた四国同盟構想は根底から破綻してしまったわけですから、近衛政府にとっては、今後どのような世界政策を形成するべきであるかということが、改めて新たな問題の焦点になるはずでした。

独ソ戦の勃発により四国同盟構想が破綻した以上、このための必要条件として形成された三国同盟は、その存在意義を失ってしまったわけですから、我が国としては、三国同盟を解消しアメリカとの関係改善を図る選択肢が、改めて浮上するはずでした。

近衛首相は、我が国の親独政策が失敗であったことを率直に認め、世界政策の大転換を図ってアメリカとの和解を求めることが差し迫って重要な課題であることを認識していました。我が国が、アメリカとソ連の両大国と同時に戦う主体的力量を欠く以上、米ソ間の関係緊密化は阻止しなければならず、何よりも対米関係の改善は我が国の安全保障上の大前提であると、近衛は考えていました。

　近衛は、アメリカとの関係改善のためには、我が国は中国大陸と東南アジアにおいて大幅な譲歩を余儀なくされるであろうと覚悟していました。そしてそのような譲歩は対米関係改善という国益に十二分に値するものと考えていました。

　しかし、近衛のこのような考え方は、松岡外相や陸海軍統帥部の同意を得ることはできませんでした。何故ならば、独ソ戦勃発により四国同盟構想が既に破綻しているにもかかわらず、彼らは三国同盟の維持に執着しており、かつ対米関係修復は大東亜共栄圏構想を断念するに等しいものであると考えていました。

既に縷《る》々《る》述べたように、松岡外相や陸海軍統帥部は、欧州におけるドイツの絶対不敗を確信し、英米の力量と反応とを過小評価していましたので、近衛首相の対外政策の転換は到底受け容れることのできないものでした。

　それでは松岡外相や陸海軍統帥部が対外政策の前提としていたドイツの絶対不敗という確信と、南部仏印進駐に対する米英の反応に対する彼らの情勢判断について顧みてみましょう。

「ドイツの絶対不敗」の確信

先ず「ドイツの絶対不敗」について、陸軍統帥部に勤務していた三人の中枢幕僚将校は、戦後、当時を次のように回想しています。

参謀本部第六課に奉職していた杉田一次大佐は、「日本の政治家、軍部、国民はドイツの優越を信じて三国同盟締結に酔い、早晩独軍の対英上陸作戦があるものと期待し続けていた。ドイツは食糧や石油の困難に陥りつつあるとか、対英上陸作戦の見込みはなくなりつつあるなどと言えば、それは親米的発言であると評される風潮にあった。駐日独伊大使館員は増強せられ、いよいよ威勢が加わり、人の動きも活発であった。ドイツより帰国した松岡は対英上陸作戦を確信し、日本軍のシンガポール奇襲作戦をしばしば口にしていた。

一方、大島駐独大使より、〝独軍参謀総長から独ソ開戦を耳打ちされた〟との報告が四月十八日政府に届いた。さらにナチス副総裁ヘスが英国に飛んだ同じ日に、坂西一良駐独武官から独ソ開戦必至の電報報告が大本営陸軍部にあったが、岡本情報部長（前駐独武官）は〝独ソ戦はあり得ない〟と部長会議で断言していた。

三国同盟はドイツの斡旋によって、ソ連を枢軸側に引き入れることに大きな期待をもって締結されたものであった。もし独ソ戦となれば、わが国防上重大な局面に直面しなければならないのであるから、国策を考え直さなければならない状況下にあった。それは早急に対処しなければならない要請であったが、政府も軍部も政治家も独ソ戦を信ぜず、希望的観測に終始し、六月六日大島電によってヒットラーの〝対ソ開戦企図〟報告に接しても、松岡外相は〝独ソ間協定成立六〇%、開戦四〇%〟であると天皇に上奏していた。六月十四日、独ソ開戦にともなう国策として、〝情勢ノ推移ニ伴フ国防国策大綱〟(陸軍案)が採択されたものの、陸海軍の意見不一致のまま、六月二十二日の独ソ開戦を迎えた」と、回想しています(『国家指導者のリーダーシップ』原書房、平成五年、一八〇頁)。

参謀本部作戦部戦争指導班に奉職していた原四郎中佐は、「参謀本部事務当局の大勢は……はたして二、三カ月という短期にソ連を打倒しうるかどうかに疑問があったが、ドイツの比較的早期の勝利、少なくとも圧倒的優勢を信じた。……軍事戦略の常識上、ドイツは第一次大戦同様の二正面戦争の愚を再演せんとしているのに上記のような判断を行うとは人間の衝動心理の不可思議と言うの外はなかろう」と、回想しています。

さらに原四郎中佐は、「陸軍省軍務局長武藤章中将が、六月八日、〝ソ連が瓦解するなんて甘い観測をする者があったら、とんでもないことになる〟と述べた」ことに関連して、「果たして然らば、陸軍省軍務局として日本が依然として枢軸陣営に止まるべきか否かについての発想が当然なされて然るべきであるに拘らず、全くなされていないのである」と、慨嘆しています(『大戦略なき開戦』原書房、一九八七年、二二四頁)。

参謀本部作戦課に奉職していた井本熊男大佐は、「六月二十二日、ドイツがソ連に向かって攻撃を開始したという飛電は、たちまち三宅坂に伝播した。……航空班長久門有文中佐は、この情報を聞くや否や、〃ヒットラー誤てり〃と大声で叫んだ。……その声は真実となって現れた。しかし三宅坂一般の空気は、久門発言とはおおよそ対蹠的であった。ドイツの意図は数ヶ月の間にソ連を屈伏させる意気込みである。陸軍指導層には、それを信ずる者が少なくなかった。……顧みればドイツが大作戦を行うごとに、日本陸軍指導層は興奮狂喜した。どうすることもできない妄信が固定していたのである」と、回想しています（『作戦日誌で綴る大東亜戦争』芙蓉書房出版、昭和五十三年、五一四頁）。

「ドイツの絶対不敗」という情勢判断がいかに根拠のない希望的な願望に依存したものであったかを、陸軍の中枢幕僚将校三名の証言により、具体的に回顧しました。

次いで、南部仏印進駐に対する米英の反応に関する、我が国の政治・軍事指導層の情勢判断について顧みてみましょう。

米英反応への誤判断

昭和十六年（一九四一年）七月二日の御前会議は、新国策を決定するとともに、南部仏印への進駐を再確認しました。これに基づき翌三日、進駐準備の命令が発せられ、陸軍では平和進駐と武力進駐との両面の準備が行われ、七月二十八日、平和進駐が開始されました。この事態に対する米英の反発は、我が政府および軍部の指導者たちにとっては全く予想を超える厳しく激しいものでした。

そもそも南部仏印進駐は、日本側の論理によれば、「生存権」を得ようとする日本の行動を圧迫し、牽制・妨害しようとする英米側に対する自衛的措置であり、英米と戦うことを決意した上で実行したものではなかったと、波多野澄雄筑波大学教授は分析しています（『「大東亜戦争」の時代』、朝日出版社、昭和六十三年、二〇七頁）。

アメリカにとって独ソ戦の勃発という新たなる事態の展開は、ヨーロッパにおけるアメリカの戦略的な立場を強化する上で好ましい事態であると見做していましたが、同時に日本がドイツの対ソ攻撃に便乗してソ連を背後から攻撃することがないように、対日牽制を行いつつ、一方日本の南進をも阻止しようとしていました。

さらにアメリカは、暗号解読マジック情報により、日本の南部仏印進駐の企図を事前に承知しており、これは絶対に許容できない行為であるとしていました。したがってアメリカは、日本がアメリカの真意を誤解する余地がないように、明確なる対日警告を発していました。

駐米大使野村吉三郎海軍大将は、七月三日付公電で松岡外相宛に「又若シ独〝ソ〟戦争ニ関連シテ対南方武力行使ヲ為サルル決意ナリトセハ、日米関係ノ調節ノ余地ハ全然ナキモノト観測セラル」と危機感を募らせていました。しかし、これに対する松岡外相の訓令には差し迫った危機意識を窺い知ることはできず、日米交渉と南部仏印進駐が両立し得るものと日本政府は考えていました。

七月二十四日の大本営政府連絡会議における豊田貞次郎外相(七月の内閣改造で松岡と交代)の対米情勢観察でも、「石油ハ懸念セラルル所ナルモ、米カ全面的ニ石油禁輸ヲヤルカトウカハ問題タ」というもので、情勢をそれほど深刻には考えていなかったようでした。

参謀本部戦争指導班の七月二十六日付「機密戦争日誌」にも、「当班全面禁輸トハ見ス、米ハセサルヘシト判断ス、何時カハ来ルヘシ。其ノ時機ハ今明年早々ニハアラスト判断ス。海軍小野田中佐モ同意見」と、楽観的な記述が残されています。

しかし現実の展開は、日本側の予測とは全く逆の過酷なものでした。七月二十八日の我が国の南部仏印進駐に先立つ同二十五日、アメリカは「在米日本資産凍結令」を公布し、引き続き八月一日には「対日石油全面禁輸」を発動しました。

かくして我が国を取り巻く国際環境は、七月二日に決定した「帝国国策要綱」が前提とした条件とは全く異なった様相を呈しており、政府も統帥部もともに「独ソ戦の推移」と「石油の全面禁輸」とに関する判断に重大なる過失を犯してしまいました。これら一連の誤判断の累積の結果、八月九日に至り陸軍統帥部は年内の「対ソ武力行使」の企図を断念することになりました。

静かに顧みてみますと、我が国は明確なる「国家理念」、「国家目的」を確立し、明示することができなかったために、結果として地球規模の国際情勢の推移の中で日本が置かれた戦略的な立脚点を客観的に判断する能力を失っていました。

　昭和十五年（一九四〇年）八月末、バトル・オブ・ブリテンでドイツによる対英上陸作戦の実行の可能性が全く失われつつある時機に、日独伊三国同盟を締結してしまいました。昭和十六年（一九四一年）六、七月にアメリカが反枢軸陣営の中核的な勢力としての役割を強化しつつある時機に、南部仏印進駐を強行してしまいました。そして遂にはドイツ軍の対ソ攻勢がモスクワ正面において挫折した昭和十六年十二月八日という時機に、支那事変に加え米英蘭三国に対する多正面戦争に突入してしまったのでした。

　クラウゼヴィッツは、『戦争論』の中で「戦争をどういう状態で終結させるかという戦争終末構想がなく、戦争を開始する者はいない」と述べていますが、我が国の大戦に至る意思決定過程を、冥界のクラウゼヴィッツはどう評価するでしょうか？

企業篇

ダイエー――拡大戦略の挫折

図表 1-2-1　ダイエーの年表

昭和 32 年(1957 年) 4 月	大栄薬品工業㈱（ダイエーの前身）神戸市に設立
34 年(1959 年) 3 月	商号を㈱主婦の店に変更
39 年(1964 年) 1 月	首都圏に進出
39 年(1964 年) 2 月	四国へ進出
44 年(1969 年) 8 月	全国へ多店舗展開
44 年(1969 年)11 月	商号を㈱ダイエーに変更
46 年(1971 年) 3 月	大阪証券取引所市場第 2 部上場
47 年(1972 年) 3 月	大阪証券取引所市場第 1 部上場
47 年(1972 年) 3 月	東京証券取引所市場第 1 部上場
50 年(1975 年) 4 月	ダイエーローソン株式会社設立
55 年(1980 年) 2 月	小売業初の売上高 1 兆円達成
63 年(1988 年)11 月	福岡ダイエーホークス発足
平成 14 年(2002 年) 2 月	ダイエーグループ新 3 カ年計画発表
16 年(2004 年)12 月	産業再生機構による支援決定

1　薬屋からの出発

安売り哲学

ダイエーの歴史は、日本の経済の縮図を見るようなものです。戦後の焼け野原から不死鳥のようによみがえったものの、バブルによって一転不況になった日本経済を象徴しています。

ダイエーの歴史は創業者の中内㓛氏の歴史でもあります。中内㓛氏はダイエーを設立した前半は織田信長を思わせ、後半は豊臣秀吉の老後を思わせると言われます。ワンマン経営でダイエーを引っ張り拡大に拡大を続けた時代は破竹の勢いでした。ワンマン経営の弱点は、他人の意見を聞かないことにあります。上り坂のときは良いとしても下り坂のときは自分の判断、感覚が世の中の趨勢から外れていてもそれに気が付かないことにあります。

豊臣秀吉も上り坂のときは竹中半兵衛のような軍師が傍にいて良いアドバイスを行い、また、秀吉も聞く耳を持っていました。しかし晩年になると良いアドバイザーに恵まれず、また聞く耳も持たなくなり、豊臣家は秀吉の気持ちとは反して一代で終わりました。

創業者の中内㓛氏は、敗戦により戦地から復員し、荒廃した日本を見てショックを受けました。彼は戦時中、召集でフィリピンに行っていました。そのときの極限の体験が彼の仕事の基調になっていると言われています。ダイエーの急膨張と挫折は、フィリピンにおける飢餓体験からなのでしょうか。戦争から復員したとき見た神戸の景観はショックでした。このショックは、戦後の荒廃から復興し経済成長を遂げ、世界第二位の経済規模になった現在からは到底想像ができません。彼はこのショックから立ち直るには、全国の消費者に安い商品を届け、生活を安定させることが必要で、それが彼の大きな夢でした。

彼は商品のコストより、消費者がその商品を認めなければ、その商品の価値はゼロであるとの哲学を持っていました。しかし消費者の認める価値で商品を供給すると、勢い安売りになりかねません。そこで仕入れについてメーカーとの間で熾烈な戦いが行われました。

彼は哲学実現の第一歩として、昭和三十二年（一九五七年）四月、神戸市に大栄薬品工業株式会社を設立し、薬屋の一号店を大阪市旭区に開店しました。

昭和三十四年（一九五九年）三月、大栄薬品工業は株式会社主婦の店に社名を変更、主婦のための店をイメージしました。昭和三十七年（一九六二年）七月、さらに社名を株式会社主婦の店ダイエーに変更し、昭和四十四年（一九六九年）十一月、現在の株式会社ダイエーに変更しました。

中内㓛氏はダイエーの商号にはこだわりがあります。中内㓛氏の祖父は中内栄氏と言い、その「栄」に「大」をつけ「大栄」としました。「大」には大阪から栄えるという意味があったと言われています。

主婦の店と名付けたように、家庭の主婦をターゲットに流通を改革し、良い物を安く提供することにこだわりました。いわゆる薄利多売をモットーにしたコンセプトは、戦後の物のないときに商品を安価で豊富に提供したのですから大変繁盛しました。

薄利の商売は利益が少ないので、ある程度の売上を上げなければ、利益の額を確保できませんから、どうしても規模拡大へ走るように宿命づけられていたと思います。

戦後の日本は戦時中の物資欠乏の時代が終わりを告げました。戦後の猛烈なインフレを経験した人々は、物に対する憧れや飢餓感を持っていました。物の多い現在から想像することは難しいのですが、物資にあふれたアメリカ式スーパーマーケットは人々にとって憧れになりました。

小売の革命

アメリカに旅行した人たちは目の前に今まで経験したことのない、商品があふれる大型スーパーマーケットの現実を見て呆然としたものです。それまでの小売業は、小さな店で小規模の商売であったものが、大型店舗ではあふれるように商品が積み上げられていましたので、スーパーは客の目を引き家庭の主婦にアピールしました。

スーパーの出現は日本の小売業の形態を変えました。それまであった街角のタバコ屋とか小間物屋、炭屋などは姿を消しました。物のない時代に安い豊富な商品の品揃えは十分魅力的であり、それまでなかった大型店舗の展開は大成功しました。店舗は次第に地方都市へと展開されていきました。

日本に車社会が到来したのもスーパーの展開に無縁ではなかったでしょう。大型のスーパーは郊外に立地し広大な駐車場を確保しました。若い人を中心にライフスタイルが、車に乗ってスーパーに行き一週間分の必要な商品を買い、冷蔵庫に保管するようになりました。各家庭の電化、特に大型冷蔵庫の普及によりまとめ買いの習慣が一般化しました。日本全体がいわゆる中流社会の生活を謳歌し、消費は美徳と言われた時代でした。

何事もそうですが上りがあれば必ず下りが来ます。上っているときには峠は見えませんが、峠が見えたときは既にピークを過ぎています。しかし渦中にいれば自分の姿を客観的に見ることは難しいのです。盛りを過ぎれば急速に衰えが来ます。峠を越えると下りは速くなります。下り坂になる前に下りを見通すことは難しいのですが、必要なことです。

ダイエーは昭和五十五年（一九八〇年）に流通界に長い間君臨していた巨艦三越を抜き、売上高は一兆円を超え、流通業界第一位となりました。峠が近づいたのでしょう。そして、コンビニエンスストアの出現がスーパーの転機を告げました。

2 経済成長期の躍進

日本経済とともに、ダイエーの時代

ダイエーの売上高（単体）の推移を見ると図表1-2-2のようになります。

戦後の日本経済は昭和三十年代からいわゆる所得倍増の時代に入り、生活の質がそれまでとは変わり、消費が美徳と言われる時代に入りました。経済の規模は一進一退があったものの傾向としては拡大を続け、ついにアメリカに次ぐ規模にまで成長しました。

日本経済の成長とともにダイエーの売上も伸長し、昭和四十七年（一九七二年）の売上高は二四五二億二九〇〇万円であったものが、昭和五十年（一九七五年）には六二六二億一〇〇〇万円と二倍以上に増加しています。五年おきに一九七二年を一〇〇とした指数で見ると、図表1-2-2のように一九九〇年には指数が七〇九になり、売上高の規模は七倍以上に急成長しています。

図表 1-2-2　ダイエーの売上高推移

	売上高（百万円）	指数
昭和 47 年（1972 年）	245,229	100
50 年（1975 年）	626,210	255
55 年（1980 年）	1,006,892	411
60 年（1985 年）	1,255,857	512
平成 2 年（1990 年）	1,737,657	709
7 年（1995 年）	2,469,842	1,007
12 年（2000 年）	2,141,034	873
17 年（2005 年）	1,254,893	512
18 年（2006 年）	1,126,833	460
19 年（2007 年）	826,907	337

（注）　単体ベース
出所：有価証券報告書より

一九九〇年は昭和が終わり平成二年になっていますが、ちょうど日本経済がバブル期に入り、規模が異常に拡大していた時期です。ダイエーは日本経済の伸長に正比例して売上を伸ばし全国展開を目指しました。一九九〇年には東北から九州まで一八九店舗を有するまで成長しました。一九九五年になると全国展開が終わり、一八店舗の閉鎖はありましたが、北海道から沖縄まで三四八店舗を展開し、従業員は二万一四七五名を抱えるまでになりました。事業としてのピークを迎えたわけで、何か転換策を考えなければならなかったのでしょう。

歴史的に見てピークのない事業はありません。戦後の日本を見ても、経済復興の柱として増産に明け暮れた石炭産業はいまや消えていますし、繊維や造船にしてもグローバル化の波で不振にあえぎ転換を迫られています。かつて会社の寿命三〇年説がありましたが、産業の持つ困難な一面を鋭く捉えています。

人間は得意なことで失敗すると言われます。自信のあり過ぎは自信過剰になり、事実を見る目を曇らせてしまうのでしょう。自分では事実をよく見ている心算でも、慢心があれば目が曇ります。色眼鏡で見れば、事実より色がついて見えるのと同じだと思います。人の忠告を聞いても、素直に受け取れなくなるのだと思います。特にいわゆるワンマンと言われる経営者にその傾向があります。ワンマンの場合、自分は会社のことは何でも知っているという過信、ワンマンの周りに巣を作るゴマスリ茶坊主の存在から情報が偏り、自分が裸の王様になっている悲劇に気がつかない、真実の苦言を呈する人材を遠ざける、困ったことに社内の意見より外部の意見を重用する、といった状態になります。このような状態が社風になれば、その会社はいずれ駄目になります。会社の倒産原因の一つに悪い意味のワンマン経営が挙げられています。

ダイエーも早く気がついて方向転換していれば優良会社であり続けていたのではないでしょうか。覆水盆に返らずと言いますが、分岐点は紙一重だと思います。

スーパーマーケットとは別に、街角にコンビニエンスストアが出現しました。家庭の主婦や若者にとってコンビニエンスはまさに便利な存在で、毎日のお惣菜を買う習慣のある人々に歓迎され次第に定着してきました。これはスーパーにとって世の中の変化を告げる警鐘だったのでしょう。潮目の変化を感ずるべきだったのです。

イトーヨーカ堂はセブン-イレブンを作り、朝の七時から夜一一時まで文字通りセブン-イレブンの店を作りました。住宅の近くにあるコンビニエンスは、主婦や若者・共稼ぎの家庭にとって手短で便利な存在になり圧倒的に支持されました。スーパーに行くには車

図表 1-2-3　土地保有の推移

	保有面積（平米）	金額（百万円）
昭和 50 年（1975 年）	555,421	34,521
55 年（1980 年）	762,924	55,690
60 年（1985 年）	529,023	55,052
平成 2 年（1990 年）	355,350	39,958
7 年（1995 年）	1,620,857	108,858
19 年（2007 年）	1,005,964	117,453

出所：有価証券報告書より

が必要ですが、コンビニエンスは街角にあるので簡単に歩いて行けるし、日常の簡単なものは品揃えができているという便利さが広く受け入れられました。現在ではスーパーを凌駕するほどの売上を上げています。

ダイエーもセブン-イレブンと同じようなコンビニエンスのローソン・チェーンを展開しました。コンビニ業界は次第に各社が参入し、スーパーにとって強敵になっています。

3　不動産投資が裏目

固定比率の重み

日本が経験したバブル期は異常なときでした。都会の土地を中心にした値上がりは激しく、それを見た人は極端に言えば猫も杓子も不動産投資に走りました。不動産投資に走らない人は変人と見られたくらいの時期でした。不動産投資が不動産投資を呼び、不動産価格は鰻上りに上昇しました。ダイエーもこの熱病の被害者と言えるかもしれません。

前述したように、ダイエーの歴史は急速な店舗の全国展開が特徴的です。店舗展開にあたり店舗を自前で建築するか、賃貸でいくかは経営上の大きな判断です。自前で不動産を取得して店舗展開を図るには資金の調達が問題ですが、経済が成長しているときは投資した有形固定資産（土地、建物）が値上がりしますから、いわゆる含み益が発生します。不動産価格が上がる時期には含み益を持つ会社は良い会社と考えられていました。これが錯覚の始まりです。

資産の値上がりが続いていれば問題はなく、その含み益を担保にして新たな資金調達が可能になります。このように借り入れで調達した資金を固定資産に投資すると、すべて順調にいくと大多数の人は感じていました。一方、自己資本に比べ過大な固定資産投資は固定比率が急速に悪化する結果になります。固定比率を甘く見ては駄目で、仮に経済拡張期には問題がなくても、経済の低迷期には会社の命取りになります。不動産が値下がりに転じたときには既に遅く、固定比率を改善することはできません。

資本と固定資産の関係は固定比率で表されますが、自己資本より固定資産へ投資した金額が多ければ、換言すれば固定

$$固定比率(\%)=\frac{固定資産}{自己資本}\times 100$$ 100%以下が理想的

図表 1-2-4　固定比率の推移

昭和 50 年（1975 年）	140%
55 年（1980 年）	335
60 年（1985 年）	330
平成 2 年（1990 年）	268
7 年（1995 年）	357
19 年（2007 年）	246

（注）　単体ベース

比率が一〇〇%を上回れば資金は不安定な状態になります。

ダイエーの固定比率の推移に対して同業のイトーヨーカ堂はどうだったのでしょうか。イトーヨーカ堂の固定資産に対する方針は、ダイエーと正反対でした。いわゆる所有より利用という政策を堅持していました。

図表 1-2-5　固定比率

	ダイエー	イトーヨーカ堂
平成 8 年(1996 年)	361%	101%
10 年(1998 年)	381	99
12 年(2000 年)	353	108
14 年(2002 年)	－	109
16 年(2004 年)	649	107
18 年(2006 年)	378	81
19 年(2007 年)	246	109

(注)　単体ベース。イトーヨーカ堂は現在はセブン＆アイ・ホールディングス
100%以下が理想的

$$\text{自己資本比率(\%)} = \frac{\text{自己資本}}{\text{総資本}} \times 100$$

50%以上が安定

図表 1-2-6　自己資本比率

	ダイエー	イトーヨーカ堂
平成 8 年(1996 年)	21.79%	74.54%
10 年(1998 年)	19.15	73.65
12 年(2000 年)	20.98	71.75
14 年(2002 年)	－	67.75
16 年(2004 年)	7.48	69.38
18 年(2006 年)	13.43	90.50
19 年(2007 年)	27.08	90.25

(注)　単体ベース。イトーヨーカ堂は現在はセブン＆アイ・ホールディングス

この両社の固定比率を比較すると図表1-2-5のようになります。固定比率を見るポイントは、財務の健全性の立場から一〇〇%以下が理想的と考えられています。そのポイントでダイエーとイトーヨーカ堂を比較してみると、ダイエーは二四〇%から六五〇%の間であるのに対し、イトーヨーカ堂は一〇〇%前後の比率を示し、財務的には健全であるこ

とが分かります。

売上高の伸長を見るとダイエーは大発展しているように見えますが、財務的には危ない橋を渡っていたことが分かります。

また、会社の財務の安全性を見る指標に自己資本比率があります。会社の総資本（総資産）と自己資本の関係を見る指標で、図表1-2-6にある計算式で算出します。

この比率でダイエーとイトーヨーカ堂を比較してみると表のようになります。

このようにダイエーの自己資本比率は低い状態を続け、反対にイトーヨーカ堂は健全な比率を保っています。平成十四年（二〇〇二年）はダイエーの自己資本は債務超過でマイナスになります。イトーヨーカ堂の自己資本比率は七〇％前後をキープしているのに比べ、対照的にダイエーは二〇％位で低迷していた事実が分かります。自己資本比率を見ても財政的に危険な状態であることが分かります。

4 撤退のタイミングの見誤り

危険信号の見落とし

ダイエーは不動産投資から転換の時期を見誤ったと思いますが、決断できた時点があったか検証してみましょう。

事実が発生した後から分析することは、野球のピッチャーの交代時期の是非を後から評論するようなものですが、歴史に学ぶことは大切です。人間の持っている知識は過去の経験即ち歴史に学ぶことで習得できます。人類の歴史を見ると、現在起こっている現象と類似の現象が歴史上にあります。それらの事象を勉強することで、現在起きていることを判断するときに大いに参考になります。

さて会社の経営にとって財政上安全性に大きな矛盾を抱えながら経営を行うことは危険です。ダイエーは安全性に問題を抱えながらも解決せずにきた状態が分かります。ダイエーに撤退のタイミングがあったとすれば何時だったのか、そのヒントとして売上高と自己資本比率の推移を調べてみましょう。

ダイエーの売上高は図表1-2-7に見るように一九九五年にピークをつけています。日本経済は一九八六年から一九九一年にかけていわゆるバブル期を経験しました。戦後の日本経済は順調に拡大してきたので、バブルが終わってもまた経済が拡大すると見られていました。事実ダイエーの売上は、バブル期が終わっても数年の間上昇しました。これに自己資本比率の傾向線を重ねてみると、自己資本比率は一九九〇年にピークをつけていました。売上は拡大しているのに自己資本比率が落ち、危険信号が点滅していました。

ダイエーは一九七五年から一九九〇年にかけては比率を確実に改善しています。換言すれば、一九九〇年までは経営は順調であったと考えられます。一九九五年には比率が低下し、それ以来下落の道を辿っています。

一九九五年に自己資本比率が低下し、その傾向が継続している状態を見ると、一九九五年頃が全国展開していたうちの不採算店の閉鎖を考えるべき年であったように考えられます。売上高を見ても一九九五年はピークの年になっています。この年がターニングポイントだったのでしょう。

経営の効率を見るには、会社が事業に使っている資本のすべて、つまり総資本と経常利益の関係

図表 1-2-7　ダイエーの売上高と自己資本比率の推移

	自己資本比率（%）	売上高（百万円）
昭和 50 年（1975 年）	16.0	626,210
55 年（1980 年）	17.8	1,006,892
60 年（1985 年）	18.1	1,255,857
平成 2 年（1990 年）	23.6	1,737,657
7 年（1995 年）	21.1	2,469,842
12 年（2000 年）	21.0	2,141,034
13 年（2001 年）	15.5	1,915,795
14 年（2002 年）	−19.9	1,665,572
15 年（2003 年）	6.3	1,498,848
16 年（2004 年）	7.5	1,375,838
17 年（2005 年）	−32.5	1,254,893
19 年（2007 年）	27.08	826,907

（注）　単体ベース

$$総資本経常利益率(\%)=\frac{経常利益}{総資本}\times 100$$

図表1-2-8　総資本経常利益率の推移

	ダイエー	イトーヨーカ堂
平成 8 年(1996 年)	2.02%	9.72%
10 年(1998 年)	—	8.21
12 年(2000 年)	0.1	5.4
14 年(2002 年)	1.17	4.42
16 年(2004 年)	1.17	3.92
18 年(2006 年)	1.81	2.02
19 年(2007 年)	3.27	2.94

(注)　単体ベース。イトーヨーカ堂は現在はセブン＆アイ・ホールディングス

がよいと考えられます。この総資本経常利益率を見ると、スーパーマーケット業界は大変な競争社会であることが窺えます。ダイエーはこの一〇年間で二％から一％台に落ちていますが、イトーヨーカ堂も一〇年前九・七二％あった利益率が三％前後まで落ち込んでいます。この激しいスーパー業界の競争にダイエーは負けたものと見られます。

仮に、撤退を考えるのでしたら自己資本比率と総資本経常利益率や売上高から見て、一九九五年頃が判断すべき時期であったと思われます。

これらの状況を見ると、スーパー業界は曲がり角で、何か付加価値の高いものを見つけなければならない状態と考えられます。

予想以上の不動産の値下がり

ダイエーにとっての誤算は、不動産の価額は下落しないという思い込みに支配されていたことです。事実、日本の多数の会社は不動産の価格騰貴に幻惑され、本業とは別に土地の取得に走りました。土地の価格が騰貴している状態を見ると、誰でも誘惑に駆られま

す。土地価格騰貴の時期には、土地を所有することはそれだけで利益が出ますから、土地取得に拍車がかかるのもやむを得なかったのかもしれません。

一方、金融機関もそれに便乗して土地取得に関する融資を増やしたので、土地の価格が上昇しバブルという状態になりました。土地の取得に際して自己資金でまかなっていれば問題は少ないのですが、金融機関からの借入金で取得していれば、いずれは借入金の返済が必要になります。土地の価格が上昇していれば、土地を売却し利益を確保して借入金を返済できますが、土地価格がいったん下落に転じると、土地を売りたい人が多くなり、なかなか売却ができません。早く損を見切って売却できればよいのですが、またそのうちに価格が上昇するという期待感があり、売却の時期を失するのが通常です。

特に日本の場合、経済の回復とともに土地価格は上昇してきたという経験があり、決断が遅れているうちに巨額の含み損失を抱え込むことになりました。バブルの崩壊が日本経済に与えた影響は甚大で、特に土地に巨額の融資を実行していた金融機関は国家資本の投入を受け、再編成を余儀なくされました。

不動産を自己所有する方針のダイエーに与える影響は大きく、土地価格の下落は借入金返済の重圧に苦しむことになりました。

時代は所有より利用に変化していましたから、その時流の変化を読み取れなかった経営の失敗といえるでしょう。多くの会社がバブル崩壊の後遺症で倒産しましたが、巨大なダ

図表 1-2-9　昭和 52 年を 100 とした基準地価と名目GDPの推移

昭和52年を100とした基準地価と名目GDPの推移

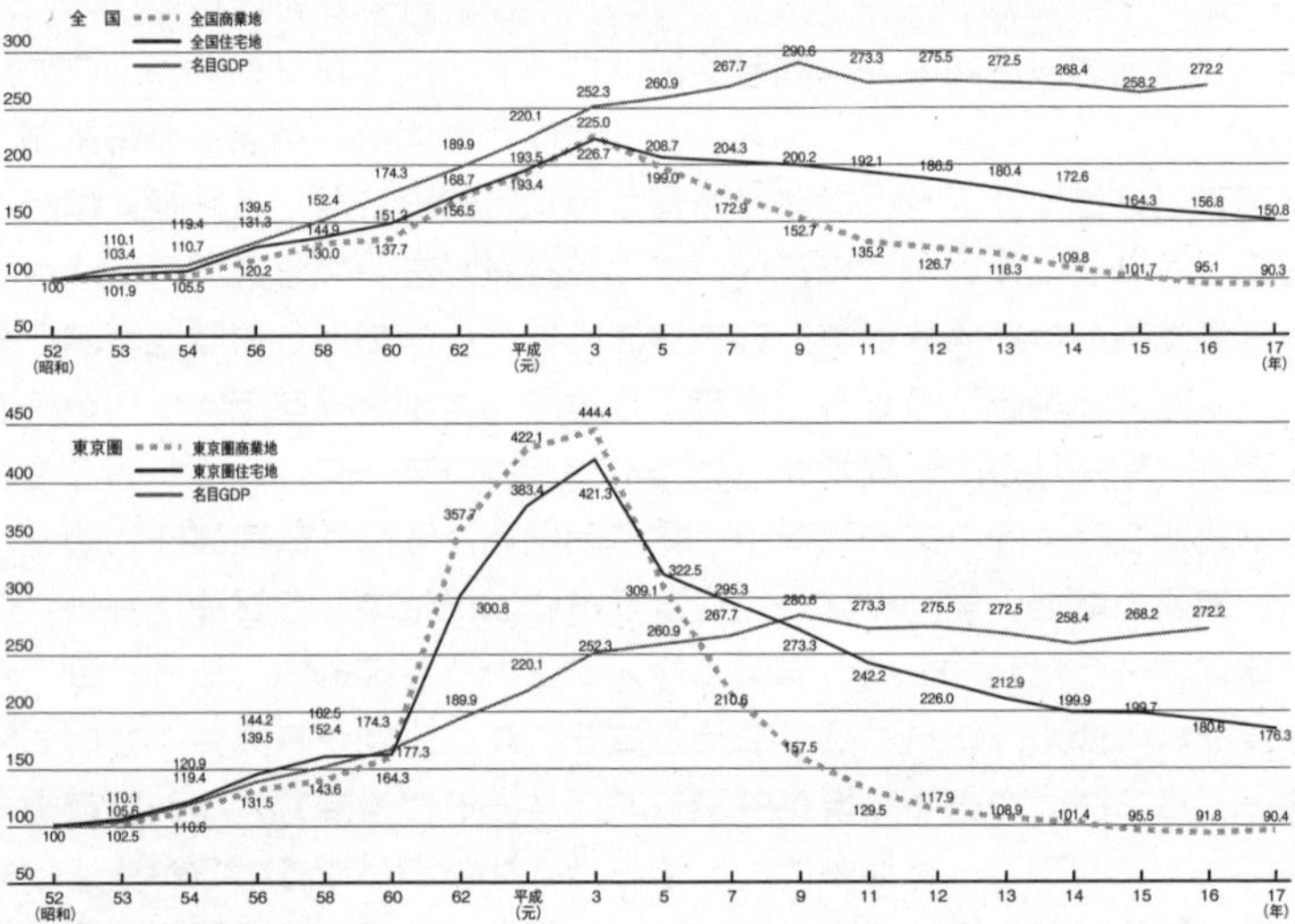

出所：不動産協会調べ

イエーも巨大なるがゆえに身動きができなかったのかもしれません。

社団法人不動産協会の作成した昭和五十二年（一九七七年）を一〇〇とした基準地価と名目GDPの推移を図表1-2-9に掲げました。平成に入りいわゆるバブルが終わってからの名目GDPと商業地の地価の推移は大変で、特に東京圏の商業地の地価の下落の激しさはまさに息を呑むばかりです。

借入金で土地を取得していれば、担保土地の価値が下落すればすなわち担保の価値が減少しますから、増し担保を要求されるでしょう。経営は重大な局面を迎えることになります。ダイエーは業務の面の問題があったでしょうが、土地値下がりの誤算が経営を直撃したものと考えられます。ダイエーにとって将来の見通しを判断すべき曲がり角は、バブル崩壊時の土地価格の先行きの見通しと、それに対処して土地保有の方針を変更すべきか否かを考えるべきでした。

将来への判断は誰にとっても難しいことですから、複数の専門家にアドバイスを依頼し、その意見を素直に聞くべきであったのでしょう。バブルはその時期の誰もが想像していた以上のインパクトを日本経済に与えました。その見通しは困難だったでしょうが、それだけに慎重な対処が必要でした。

ワンマン経営の限界

中内社長率いるダイエーは、強烈な個性の中内ワンマンの会社で、良きにつけ悪しきにつけ社長の影響が強く作用していました。

佐野真一著『カリスマ—中内㓛とダイエーの戦後—』によると、戦後を代表する経営者の松下幸之助、本田宗一郎、井深大に共通するものとして、創業経営者である、スタートが小規模であるという点、独特の経営哲学を持ち、その哲学で自分の世界を切り開いた「カリスマ」であった点を指摘しています。

中内氏は「戦後神戸から出て大きくなったのは、山口組とダイエーだけや」と言っていたそうですが、戦後のビジネス界で一時代を築いた英雄であったといえます。カリスマとワンマンはニュアンスが違い、カリスマの方が神がかっています。ワンマンよりもっと強烈で、有無を言わせないところがあります。

しかし、会社が成長し大企業になると組織が確立し、もはやワンマン社長でも会社の実態が摑めなくなってきます。会社の第一線で何が起こり、何が行われているかが摑みきれなくなります。特にワンマンの周りにいわゆるお茶坊主のような取り巻きがいれば、会社の真実が社長に伝わらなくなります。かつて中小企業の倒産原因の中に悪い意味のワンマン経営というのがありました。

ワンマン経営には功罪があり決断が速く自分で責任を負うのはプラスですが、他人や部下の意見を聞かず独りよがりのワンマンは弊害の方が多くなります。

ダイエーの場合を見れば、戦後ベンチャーで始めた薬屋を独特の仕入れと売りの哲学で急成長させ、小売業界で日本一の売上の会社にした手腕は、誰がなんといっても偉大なことです。問題は会社の組織が大きくなるにつれて、会社の本当の状態がトップに伝わらないコミュニケーション・ギャップができたことだと思います。真の状態が正しく伝われば、それに対する正しい対応が行われたと思います。大組織にありがちな硬直化した関係が、真の情報を伝達するうえでの障害になったのでしょう。

その後のダイエーは、平成十三年（二〇〇一年）に中内㓛氏はダイエーのすべての職を辞しました。そして平成十六年（二〇〇四年）十二月には、産業再生機構の支援を受けることを決定しました。

平成十七年（二〇〇五年）九月に、中内㓛氏はダイエーのその後を見ることなく死去しました。

5 全国展開からの撤収

夢やぶれる

中内㓛氏一代で全国展開した巨艦ダイエーは、産業再生機構の下で抜本的な経営再建を

目指すことになりました。再生機構は再生の基本方針として、

一．『自社保有方式』

二．『全国展開へのこだわり』

三．『事業多角化・拡大路線』

四．『低価格路線への過度の依存』

の原因を解消する方針で再生を試みました。その結果、ダイエーが目指してきた全国展開に終止符が打たれました。主な再生の動きを挙げると次のとおりです。

一九九九年　ほっかほっか亭（東日本エリア）譲渡
二〇〇〇年　ローソンを三菱商事グループに譲渡。リクルート譲渡
二〇〇一年　オレンジページを東日本旅客会社に譲渡
二〇〇二年　横浜ドリームランド閉鎖
二〇〇三年　ホークスタウン譲渡。新浦安オリエンタルホテル譲渡。神戸メリケンパークオリエンタルホテル譲渡
二〇〇四年　新神戸オリエンタルホテル譲渡。福岡ダイエーホークス譲渡
二〇〇五年　五三店舗閉鎖
二〇〇五年十一月　浦添店閉鎖

二〇〇五年十一月　仙台以外の東北地方、北陸、中国、四国の全店舗（下関、フランチャイズ店を除く）閉鎖
二〇〇五年十二月　ハワイオアフ島にある四店舗および現地子会社を売却
二〇〇六年　丸紅の傘下に入り、スーパーイオンと提携へ

このようにしてダイエーの目指してきた全国展開のビジネスモデルは崩壊し、丸紅の主導で再建する運びになりました。

戦艦大和はその巨大さゆえに、大きな働きをせず沖縄の藻屑と消えました。ダイエーもその巨体ゆえ小回りが利かず崩れ去ったのでしょうか。

会社が倒産するときは脆いものです。会社は人の集団と資本によって成り立っていますが、資本を動かし収益を上げ財政状態を健全に保つのは、会社の中の人、特に経営者の持っている理念、哲学、洞察力、決断力などの資質に負うところが大きいと思います。企業の中の人の要素、特に経営者の能力の大きさを痛感します。ダイエーの場合は、中内㓛氏という稀代のカリスマ、ワンマン経営者が一代で小売業ナンバーワンの偉業を成し遂げましたが、ワンマンの限界を見せつけられた結果になりました。

教訓

見通しのない戦略

戦争の始まりは、はっきりとした戦略に基づくものと、予期せざるものがあります。

大東亜戦争は、四年有余にわたる支那事変の解決に見通しを失った末の日本と英米蘭との新たなる戦争でしたが、その当時の日本の指導者は真剣に英米蘭と戦火を交えることになろうとは考えていなかったようです。問題の根本は、その当時のヨーロッパの情勢の変化をふまえた日本としての国家戦略が不明確であったことで、明確な方針と周到な準備なしに戦争を始めたことです。その結果、敗戦により多大の犠牲を国民に強いることになりました。

当時の日本はソ連と不可侵条約を結び、またドイツ、イタリアと三国同盟を結び、武力紛争相手は中国一国のみでした。中国と和解できれば戦争を回避できる可能性はありました。ボタンの掛け違いは予期せざるところに起き、昭和十六年（一九四一年）六月ドイツがソ連と戦争を始めたので、日本はドイツ、イタリアとの三国同盟を見直す必要がありました。時の首相近衛は、米国との関係改善を日本の安全保障上重要と考えていましたが、この考えは陸海軍統帥部や松岡外相の同意を得られず、松岡外相の独ソ開戦の可能性を低く見たミスジャッジと重なり、日本を対米開戦へと追い込んでしまいました。

対米開戦に至る経過を見ると、当時の日本には明確なる国家目的、国家理念が欠如していました。グローバルな視野で先を見通す力と情報が不足していたと見られます。

クラウゼヴィッツは『戦争論』の中で「戦争をどういう状態で終結させるかという戦争構想がなく、戦争を開始する者はいない」と述べていますが、長期的な視点で国家理念がなく国家戦略がないということは、国を滅ぼすことに繋がります。

一方のダイエーにおいても、かつての日本軍部と同様の間違いを繰り返しています。日本も大東亜戦争初期には戦果を上げ一見順調に見えましたが、国力・軍事力の差は年毎に現れ、また、一貫性のない戦争方針とあいまって、戦勢は受動に陥り、通商交通連絡線の遮断と本土への爆撃で、生産力を減殺され敗戦に至りました。

歴史は後から振り返ると〝ｉｆ〟はありますが、やはり客観的な事実を冷静に見て合理的に判断しなければ破綻します。ダイエーの場合も、日本の経済の成長期には店舗拡大はプラスに働き賞賛されましたが、経済の成長が終わると固定資産への過剰投資は土地価額の下落とともにすべてが裏目に出てきました。

先を見通した拡大方針による合理的な投資は会社を成長させますが、単なる進め進めの拡大は国家理念のないまま戦争に突入した大東亜戦争と同じ間違いを繰り返したことにほかなりません。

大東亜戦争とダイエーから得られる教訓は、まず、客観的な事実を正しく把握し、その事実を隠すことなく透明性を保つことです。大東亜戦争時の戦果の発表は、いわゆる大本営発表で戦果は誇大に損害は過少に粉飾された、全く透明性のないものでした。仮に情報公開・透明性があれば、必ず作戦に対する批判が出て何らかの対策処置を講じる努力が促進されたと思います。

ダイエーも同様で、日本一の小売業の企業の実態を毎期透明に開示し認識していたら、ごく早い時期に路線の修正が行われ、現在とは全く違った形になっていたことと思います。いずれにしても、事実を透明に開示し合理的な戦略と政策を樹立し実行することが何よりも大切であるという教訓になります。

第2章　無理な論理は駄目

軍事篇

日露戦争における卓越した戦争終末指導

1　ロシア帝国の東漸政策

ロシアの南下政策に関する〝if〟

「日露戦争は、日本帝国主義によるアジア侵略の始まりであった」とする見方考え方が、大東亜戦争の敗北以来久しく我が国の進歩的文化人と自認する人々の間に蔓延していますが、日露戦争は本当に我が国の侵略戦争だったのでしょうか？

ここで借問してみましょう。もし、あの日露戦争で我が国がロシア帝国に敗れていたとすれば、当時の満洲（現在の中国の東北地方）や朝鮮半島は、そして我が国の運命はどうなっていたでしょうか？

歴史学の世界では「歴史学に、ifを持ち込むことは邪道だ」ということになっていますが、現実の世界に生きて生活している生身の人間にとって、「実際には行われなかったけれども、もし行われていたとすれば、どういう事態が生じていたであろうか」という素朴かつ単純な疑問は決して消え去ることはありません。

当時のロシア帝国の東漸膨張政策の軌跡を顧みてみますと、もし我が国が日露戦争でロシア帝国に敗北していたとすれば、満洲や朝鮮半島は不可避的かつ当然のこととしてロシア帝国に併呑され、日本も植民地化の危機に見舞われたであろうことは想像に難くありません。

東漸政策をとり続けるロシア帝国は、一六四〇年以降、しばしば温暖な南部を目指し清国の支配領域であった黒竜江流域にも侵入し、清朝の軍隊と抗争を繰り返してきました。一八四〇年の阿片戦争でイギリスに敗北した清朝が屈辱的な不平等条約に屈するや、ロシア皇帝ニコライI世はニコライ・ムラヴィヨフを東部シベリア総督に任命し、伝統的な東漸膨張政策を復活させ、勢力圏の拡大を積極化させました。ニコライI世は「一度ロシア国旗を掲げた所においては、国旗を降ろしてはならない」という有名な領有宣言を行い、これ以降ははばかることなく東漸政策を高く掲げ領土拡張を国是にしました。

一八六〇年には、弱体化を続ける清朝に対して北京条約を強要し、一八五八年に共有地

図表 2-1-1 ロシアの領土拡張図

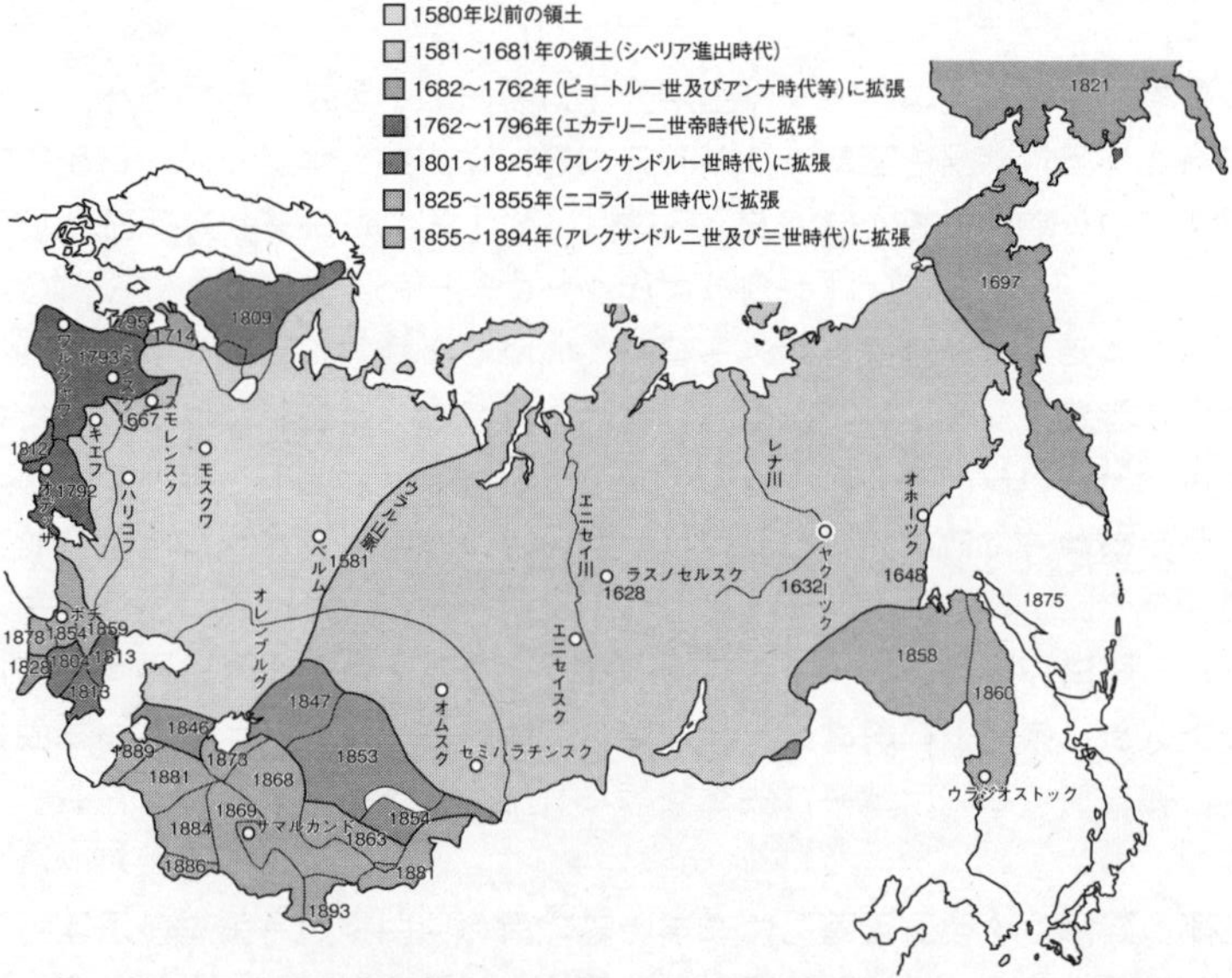

出所：『わかりやすいソ連——脅威の検証』中山正暉著、日本工業新聞社、1982年、一部略

にしたばかりのウスリー河以東の広大な地域（現在の沿海地方）を何ら労することなく獲得した上、満洲内を貫流する松花江の航行権を獲得し、満洲内部への浸透の確固たる足掛かりを築いてきました。

翌一八六一年にはロシアの軍艦ポサドニク号が対馬に来航し、ロシア海軍の基地設定のための土地租借を要求してきました。当時の我が幕府の対応は不徹底であったためロシア艦は対馬に居座りを決め込みましたが、約半年の後イギリスの厳重な抗議により漸く退去するという事件がありました。

一八六八年に明治維新で成立した日本の新しい政府のロシアに対する警戒心は、次に掲げる兵部大輔山県有朋の「徴兵制の建議」が言い尽くして余すところがありません。「現今のロシアは奢りたかぶり、勢い荒々しく、先刻セバストホール盟約（クリミア戦争の戦後処理）を破り、黒海に戦艦をつなぎ、南はイスラム諸国を奪い取り、インドに手をつけ、満洲の境を越え、黒竜江を上下しようとしている」と。

監軍となった山県は「軍事意見書」で、「東洋事情の最も切迫するものは露国の朝鮮に対する関係にある……シベリア鉄道竣工の日はすなわち露国が朝鮮に向かって侵略を始める日」であり、その日はすなわち「東洋に一大波瀾を生ずる日」であると警鐘を乱打しています。

日清戦争と三国干渉

明治二十七年（一八九四年）七月に勃発した日清戦争は、我が国の安全保障のため必須不可欠の要件である「朝鮮半島の保全」を確保するため、半島に対する清国の排他的独占的な影響力を排除することを目的として戦われました。

この戦争は大方の列強の予想に反して我が国の圧倒的な軍事的勝利のうちに終わりましたが、講和条約調印から六日後の明治二十八年（一八九五年）四月二十三日、ロシア、フランス、ドイツの三国は、日本の遼東半島の領有は、「朝鮮独立を有名無実とし」、「欧州列国の商業上の利益を妨害し」、「清国の首都を危うくし」、「東洋の平和を危うくする」との理由で、遼東半島を放棄するよう要求してきました。

いわゆる三国干渉です。我が国は日清戦争で清国に軍事的な勝利を獲得しましたが、さらに露仏独の三国を相手に新たな戦いを続ける余力はありませんでしたので、涙を呑んで三国の要求を受け入れ遼東半島を清国に返還する決断を下しました。

（注）監軍：明治二十年（一八八七年）の監軍条例によって制定された陸軍の教育を統括する機関で、明治三十一年（一八九八年）には教育総監部へ改称されている。よく混同されるが、明治十一年（一八七八年）に設立された監軍本部という軍令の執行機関（後に監軍部と改称され、明治十九年まで存続）とは全く異なる。

このため朝鮮半島に対する清国の影響力の排除を狙って戦われた日清戦争は、半島から清国の影響力を排除した途端に新たなるロシア帝国の大きな脅威に曝されることになり、「朝鮮半島の保全」は引き続き我が国の安全保障上の課題として残ることになりました。

それ以来我が国の朝野は「臥薪嘗胆《がしんしょうたん》」を合言葉に、国力・戦力の増強に努力を傾注し、新たなるロシア帝国の脅威に備えることを余儀なくされました。

我が国の政治、軍事の指導者たちが「三国干渉」から得た貴重な教訓は、「戦えば勝ち攻むれば取るも、其の功を修めざる者は凶なり。命《なづ》けて費留《ひりゅう》という」(軍事的な勝利を獲得しても、その軍事的な成果を戦争目的の達成に寄与させることができないようでは骨折り損のくたびれ儲けである)という『孫子』の文言でした。

明治二十九年(一八九六年)五月、早速ロシア帝国は、遼東半島を取り返してやった見返りとして、清国領土(満洲)を経由してウラジオストクに到達させる東清鉄道の建設や軍事秘密条項を含む露清同盟条約の締結を、清国に強要しました。さらに翌三十年十二月、ロシアは事前の予告なしに艦隊をもって旅順口を占領し、二五年を期限とする遼東半島の租借や東清鉄道から大連への接続支線の拡張を認めさせてしまいました。

武力戦で勝利を修めておりながら外交戦で敗北を喫し、「朝鮮半島の保全」という戦争目的を達成することができなかったことで、我が国の指導者たちは「戦争(武力戦)とは、他の異なれる手段をも交えて行う政治的交渉の継続である」というクラウゼヴィッツの命題を骨身に沁みて思い知らされたのでした。

2　日露戦争陸戦の経過概要

我が国政府は明治三十七年（一九〇四年）二月四日の御前会議で、ロシアとの国交を断絶し開戦することを決定し、翌五日ロシア政府に対し国交断絶の最後通告を行いました。同時に我が軍は動員を下令し、翌六日、陸軍部隊の派遣と、連合艦隊の出動が命ぜられました。司令長官東郷平八郎大将が指揮する連合艦隊の主力は、ロシア太平洋艦隊の主力の根拠地である旅順に向かい出撃しました。また瓜生外吉少将が指揮する第四戦隊と巡洋艦浅間などが、木越安綱少将が指揮する陸軍の臨時韓国派遣隊（四個大隊基幹、約二二〇〇名）を護衛し、九日仁川に上陸させました。

海軍は同じ九日、仁川沖と旅順港のロシア艦隊を奇襲し、ここに日露両国の戦火は火蓋を切りました。ここで開戦から戦争終結に至る間の日露両軍の兵力・装備兵器の数と性能の概略を、計数的に一瞥しておきましょう。

（注）金谷治訳注『孫子』（岩波文庫、一四四頁）によれば、「費留」の和訳は「むだに巨費を使ってぐずついている」としていますが、私は「骨折り損のくたびれ儲け」と訳しています。

図表 2-1-2　日露戦争全般経過図

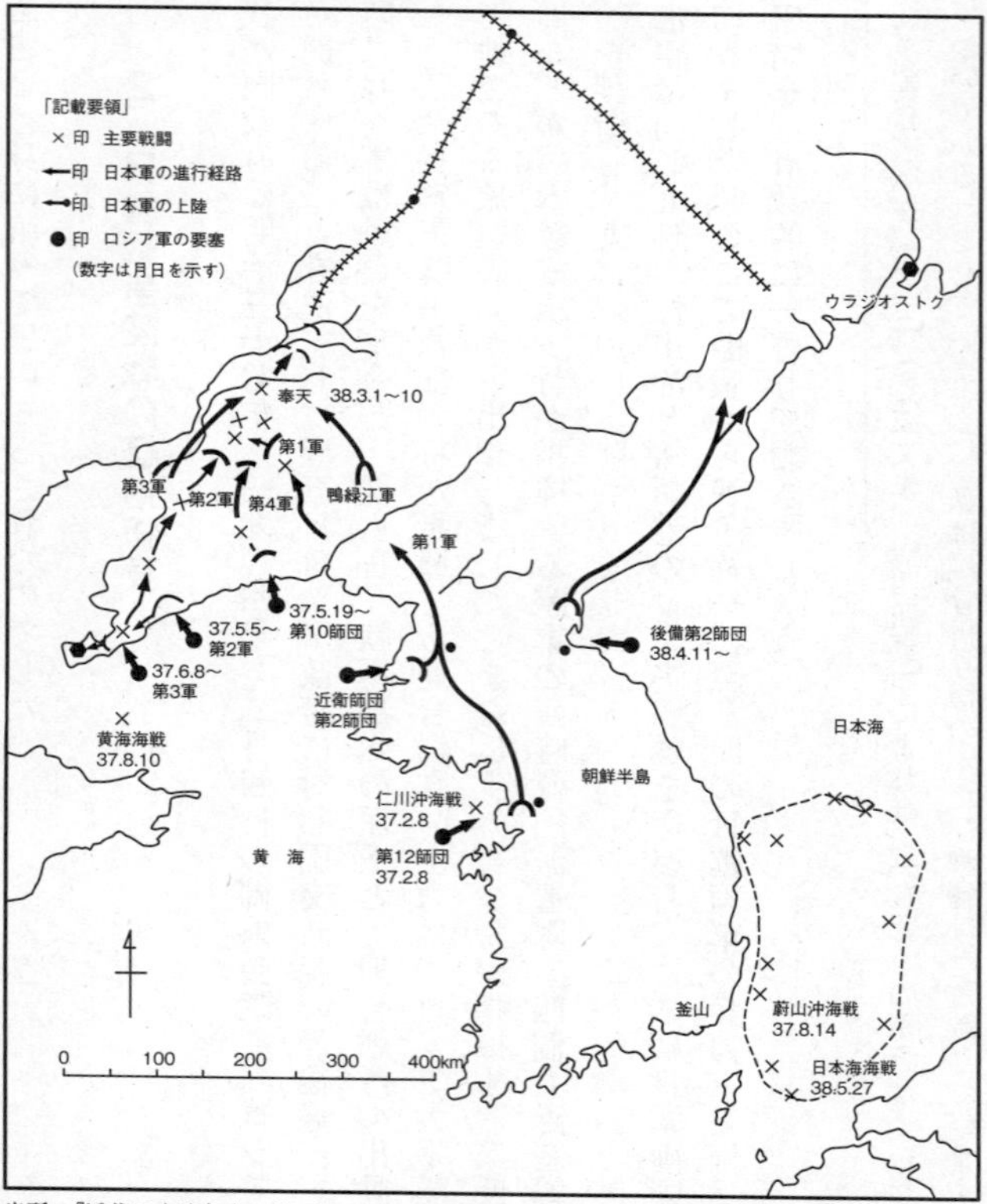

出所：『近代日本戦争史　第 1 編　日清・日露戦争』奥村房夫監修、同台経済懇話会、1995 年、一部略

図表 2-1-3 開戦前の両軍の陸軍兵力

	平時の野戦軍兵力				総兵力	戦時動員計画兵力
	歩兵	騎兵	砲兵	工兵・輜重加えた計		
日本軍	156 大隊	54 中隊	106 中隊	約 13.6 万	16.3 万	54.5 万
ロシア極東軍	77 大隊	43 中隊	19 中隊	10 万以下	10 数万	13.9 万 (全露 207.6 万)

出所:『大国ロシアになぜ勝ったのか』「戦争作戦の推移外観」原剛著、芙蓉書房出版、2006 年

図表 2-1-4 両軍の動員兵力

		歩兵	騎兵	砲兵	動員総兵力
1904 年 4 月頃	日本軍	157 大隊	36 中隊	77 中 452 門	36.7 万
	ロシア極東軍	106 大隊	66 中隊	208 門	約 20 万
1904 年 7 月頃	日本軍	235 大隊	51 中隊		52 万
	ロシア極東軍	234 大隊	150 中隊	684 門	約 50 万
講和前	日本軍	340 大隊	66 中隊		87.8 万
	ロシア極東軍	687 大隊	222 中隊	2260 門	100.0 万

出所:『大国ロシアになぜ勝ったのか』「戦争作戦の推移外観」原剛著、芙蓉書房出版、2006 年

日露両軍の兵力集中競争

開戦前の日露両軍の陸軍兵力は、図表2-1-3が示すように我が軍は約一六万三〇〇〇名で現在の陸上自衛隊の一五万名よりやや多く、ロシアの極東陸軍は十数万名でした。開戦にともない、日露両軍は戦力を逐次増強し、戦中の動員兵力は図表2-1-4が示すように、当初は我が軍が優勢でしたが、その後は極東ロシア軍が優勢になり、講和直前には我が軍を圧倒するようになっていました。

このような動員兵力の戦場への移動集中をいかに効率的に行うかは、我が軍は海上輸送に、ロシア軍はシベリア鉄道輸送によって制約されて

図表 2–1–5　主要会戦における両軍兵力と損害および機関銃・火砲数
(*砲兵を除いた数)

会戦名	日本軍				ロシア軍			
	兵力	損害	機関銃	火砲	兵力	損害	機関銃	火砲
鴨緑江	42,500	932	0	122	18,000	2,284	16	40
南山	36,400	4,387	48	198	15,000	1,336	10	125
遼陽	134,500	23,533	6	474	224,600	15,890	20	653
旅順＃1	50,765	15,860	48	380	33,700	1,500	43	488
旅順＃2	44,100	3,800	73	427	32,500	4,532	46	646
旅順＃3	64,000	16,936	73	426	31,700	4,000	34	638
沙河	120,800	20,497	12	488	221,600	41,346	32	750
黒溝台	53,800	9,324	12	160	＊105,000	11,743	?	428
奉天	249,800	70,028	254	992	＊309,600	89,423	56	1,219

出所：『大国ロシアになぜ勝ったのか』「戦争作戦の推移外観」原剛著、芙蓉書房出版、2006 年

いました。我が軍は開戦当初の戦力の優越に乗じて、当面の極東ロシア軍を捕捉撃破しようとしたのに対し、ロシア軍は初期における決戦を回避しながら我が軍の前進を遅滞させつつ、ヨーロッパ・ロシアからの増援兵力の来着による兵力の優越を待って、攻勢に転じ我が軍を撃破しようとしていました。

日露両軍は、動員兵力の戦場への集中を競いながら戦いましたが、それぞれの主要な会戦における両軍の兵力と損害および機関銃・火砲の数は図表2－1－5に示すとおりです。初期の鴨緑江、南山、旅順の攻撃は我が軍が兵力優勢で、遼陽会戦以降は奉天会戦に至るまで、ロシア軍が兵力優勢でした。

ロシア軍は、当初は防勢をとり、増援兵力の来着による圧倒的な兵力の集中優越をもって攻勢に転じるという基本的な軍事戦略でしたが、

一方では東洋一の強度を誇る旅順要塞の攻防という国家的な宣伝戦略上の要求にも応えなければなりませんでした。

このような二律背反の軍事戦略のため、作戦指導がややもすると消極受動に陥り、我が軍の積極主動的な攻勢に対し、特に側背の脅威に対し過敏となり後退を重ねてしまい、対外的に頽勢の印象を与えてしまいました。

陸戦経過の概要

我が陸軍は、明治三十八年（一九〇五年）三月十日には黒木為楨《ためもと》大将が指揮する第一軍主力を鎮南浦に上陸させ、臨時韓国派遣隊をも統一指揮し、鴨緑江に向け北進しました。そして、五月一日には鴨緑江の会戦でロシア軍を撃破し、緒戦を勝利で飾りました。

引き続き五月五日には、奥保鞏《やすかた》大将が指揮する第二軍を遼東半島の大沙河の河口の塩大澳に上陸させ、同軍は南山の激烈な戦闘を経て、五月三十日大連を占領確保しました。

次いで遼陽に向かい北進する第二軍の背後を脅かす恐れがある旅順要塞からの安全を確保するため、乃木希典《まれすけ》大将が指揮する第三軍が編成されました。

五月十九日、第一軍と第二軍との間隙を埋めるため、独立第一〇師団を遼東半島の大弧山に上陸させ、第一軍と第二軍とともに遼陽へ向かう態勢を整えました。

さらに六月二十日には、満洲に展開する部隊を統一指揮するため満洲軍総司令部が編成され、総司令官に大山巌大将が、総参謀長に児玉源太郎大将が親補されました。同月三十日には、独立第一〇師団を基幹にして野津道貫《みちつら》大将が指揮する第四軍が編成されました。

第一軍は、五月十一日に鳳凰城を占領し、引き続き北進して八月一日には摩天嶺、様子嶺の要線に進出しました。第四軍は八月一日には、析木城を占領し、第二軍も大石橋、次いで海城を占領して遼陽会戦の態勢が整いました。

満洲軍は、第一・第二・第四軍をもって、八月二十八日遼陽に対する攻撃を開始し、ここに開戦以来はじめての日露両軍の主力による決戦が行われ、激闘の末我が軍は遼陽を占領しました。

旅順攻略に任じた第三軍は、第一回（八月十九日〜二十四日）、第二回（十月二十六日〜三十一日）ともに攻撃に失敗し、十一月二十六日から開始された第三回攻撃の渦中において十二月五日に至り、砲兵観測点の二〇三高地を占領し、砲兵火力により旅順港にいたロシア艦隊を撃破し、漸く明くる明治三十九年（一九〇六年）一月一日に旅順要塞を陥落させることができました。旅順攻略については、「第7章　臨機応変に」において詳述しています。

遼陽を占領した満洲軍は、第一期の作戦目標を達成することができはしたものの、戦力は限界に達していましたので、遼陽の北方の要線に停止し戦力の回復と再編成に努めました。一方ロシア軍は、本国からの増援兵力の到着を待って攻勢に転じてきました。これら

図表 2-1-6 小銃の性能比較

	型式	口径	初速	最大射程	1弾倉
日本軍	三十年式歩兵銃	6.5 mm	700 m	2,000 m	5連発
ロシア軍	1891年式3リーニア銃	7.62 mm	620 m	2,000 m	5連発

出所：『大国ロシアになぜ勝ったのか』「戦争作戦の推移外観」原剛著、芙蓉書房出版、2006年

図表 2-1-7 機関銃の性能比較

	型式	口径	最大射程	発射速度	作動方式	冷却方式	移動
日本軍	ホチキス式	6.5 mm	2,000 m	450発	ガス利用	空冷	繋駕
ロシア軍	マキシム式	7.62 mm	2,000 m	600発	反動利用	水冷	二輪

出所：『大国ロシアになぜ勝ったのか』「戦争作戦の推移外観」原剛著、芙蓉書房出版、2006年

が十月の沙河の会戦、翌明治三十八年（一九〇五年）一月の黒溝台の会戦となり、我が軍は悪戦苦闘の末何とかロシア軍の攻勢を撃退することができました。

広島にあった大本営は、旅順要塞を陥落させた第三軍を再編成するとともに、新たに鴨緑江軍を編成し、満洲軍を増強した上で奉天において乾坤一擲の決戦を挑み、ロシア軍を後退させることはできましたが、敵野戦軍の主力を奉天周辺において捕捉撃滅する完全なる勝利を確実にすることはできませんでした。

主要な装備兵器の性能の優劣

小銃は図表2−1−6のとおり、我が軍は三十年式歩兵銃を、ロシア軍は一八九一年式リーニア銃を装備しており、性能は概ね同様でした。

機関銃は図表2−1−7のとおり、我が軍はフランス製の空冷式のホチキス式を、ロシア軍は水冷式のマキシム式を装備しており、両者の性能的な優劣はさほど大き

くはありませんでしたが、両軍の機関銃の運用上の巧拙には大きな差異がありました。

ロシア軍は、機関銃の防御的な運用に優れており、特に南山の戦闘では掩蓋《えんがい》に防護された機関銃や、旅順要塞における側防機関銃によって、我が軍は致命的な損害を蒙ることになりました。一方、我が軍は、機関銃の攻撃的な運用に慣熟していなかったため、装備数ではロシア軍よりも優っていたにもかかわらず、十分にその威力を発揮させることができませんでした。

野戦砲は図表2-1-8と図表2-1-9のとおり、我が軍は三十一年式野砲と同じく三十一年式山砲を、ロシア軍は一九〇〇年式速射砲と一八八三年式山砲を、それぞれ主力砲として装備していました。野砲については、ロシア軍の砲が我が軍より二年新しく、発射速度と射程で優れていました。ロシア軍の野砲は、駐退機による砲身後座式の新しい型でしたが、我が軍の野砲は、旧型の砲架後座式であったため、発射の度に反動で野砲そのも

図表 2-1-8　野砲性能比較

	型式	口径	最大射程
日本軍	三十一年式	7.5 cm	6,200 m
ロシア軍	1900 年式	7.62 cm	6,500 m

出所：『大国ロシアになぜ勝ったのか』「戦争作戦の推移外観」原剛著、芙蓉書房出版、2006 年

図表 2-1-9　山砲の性能比較

	型式	口径	最大射程
日本軍	三十一年式	7.5 cm	4,300 m
ロシア軍	1883 年式	7.62 cm	4,000 m

出所：『大国ロシアになぜ勝ったのか』「戦争作戦の推移外観」原剛著、芙蓉書房出版、2006 年

図表 2-1-10　奉天会戦における火力比較

	野砲	山砲	重砲	機関銃
日本軍	574	258	175	268
ロシア軍	1,039	120	60	56

出所：『大国ロシアになぜ勝ったのか』「戦争作戦の推移外観」原剛著、芙蓉書房出版、2006 年

のが後退し、一発射撃するたびに人力で砲架を元の射撃位置に戻さなければならず、発射速度は著しく劣っていました。

結果的に日露戦争の決勝戦になった奉天会戦における彼我の火力を比較したのが、図表2−1−10です。ロシア軍は野砲を主として用いたのに対し、我が軍は二八センチ榴弾砲などの重砲と機関銃を多用し、火力の優越を重視して勝利を追求しました。この頃には、我が軍の野砲も技術的な改善改良を加えられ、ロシア軍と同様の砲身後座式になっており、射程も延伸されていました。

日露戦争では戦場における弾薬の消費量が、戦前の予想をはるかに超えてしまい、弾薬補給、特に弾薬の製造と海外からの買い付けが追いつかず、戦力は攻勢の極限点に達していました。

3　奉天会戦後の作戦継続可能性の検討

奉天会戦後の作戦構想

明治三十八年（一九〇五年）三月十日、奉天会戦における我が軍は辛うじて一定の戦術的な勝利を獲得したものの、またもや極東ロシア軍の巧みな後退戦術により、ロシアの野戦軍主力を奉天周辺の要域において捕捉撃滅する、という我が作戦目的を達成することはできませんでした。

そこで奉天会戦以降の作戦を、いかに企画・展開すべきであるかという大問題に立ち至った満洲軍総司令部の苦衷を、同司令部が三月十四日に打電した稟議電報を軸に回顧してみましょう。

奉天で敗退した露軍は、一時期鐵嶺で停止したものの、三月十五日には四平街方面まで後退してしまいました。我が満洲軍は、後退するロシア軍を追尾して、その先端部隊は鐵嶺に、主力部隊は范河付近まで進出し、その後さらに一部の部隊が開原まで進出していました。

ロシア帝国の中央では、奉天での敗退があったにもかかわらず、三月十二日のツアーの御前会議では、引き続き戦争を継続する方針が決定されました。このような決定が行われたのは、海軍大臣がバルチック艦隊の東航と健闘に自信を示し、一方陸軍大臣が歩兵六〇個師団以上の戦力を満洲に増強する準備があると、必勝の自信を示したからでした。

ロシアの満洲軍総司令官クロパトキン大将は、奉天会戦の敗北の責任を取らされて、三月十五日、第一軍司令官に降格され、第一軍司令官であったリネウィッチ大将が満洲軍総司令官に昇格していました。

三月十一日、参謀次長長岡外史少将は、新しい作戦方針を満洲軍総司令部に伝えましたが、これに対し総司令部が返電したのが、総司令官大山巌大将の筆になる次の稟議電報

「政策ト戦略トヲ一致セシムルノ要義」でした。

4 満洲軍総司令官大山巌の政戦両略構想

奉天会戦後の大山の意見具申電報

奉天会戦が何とか我が軍が辛うじて勝利を得ることになりますと満洲軍総司令官大山巌大将は、満洲軍の以後の作戦において対露政策と軍事戦略とを吻合《ふんごう》一致させる必要が喫緊の大事であるとの状況認識から、明治三十八年（一九〇五年）三月十四日、次の電報稟議を、参謀本部に打電しました（原文はカタカナ書きですが、ひらがな書きに改め、句読点を付けました）。

「大元帥陛下の御威徳と将卒の忠勇とにより、奉天附近の会戦に於て一大戦勝を博し、敵の損害をして軍旗二旒、死傷約十萬以上、大砲五十門、小銃六萬、其他弾薬糧食等算うるに暇あらざるに至らしめたり。敵が此損害を醫し戦力の恢復するの困難なると同時に、十四五萬以上の損傷を補充するも、亦短時日の能くする處にあらず。故に我が戦力を恢復する迄は妄りに大兵を動かさざるを緊要とす。

さて我が戦力恢復後における戦略は我が政策と一致するを要す。換言すれば、益々進んで敵を急追すべきや、果た持久作戦の方針を取るべきやは、一に政策と一致するに非らざれば、幾萬の生命を賭して遂行せらるべき戦闘も無意味、否無結果終わるべし。若し戦略上の成功によりて政策の取るべき方針を決定せんとするが如きことあらば、真に軍隊は無目的の損傷を嘗めざるべからず。

是決して些細の事にあらず。抑も我が満洲軍の任務は、敵を遠く満洲より撃攘するにあり。故にこの大任務を達成せんとするには、鐵嶺を屠り、長春を略し、遂にハルピンを陥れ、尚敵を急追せざるべからず。然れども我が政策にして之に伴わざる時は、この懸軍長驅も畢竟無用の運動たるに過ぎず。

若し政策にして之に伴う時は、黒龍江岸迄前進するも、敢えて辞せざる處なり。要するに尚前進して敵を急追するも、持久作戦方針を取るも、豫め備うる處なかるべからず。殊に奉天附近より、鐵嶺以東に亘る山地を越えて大軍を進むるためには、兵站の施設上至大の準備を要す。

故に敵に殆んど再び立つ能わざる損害を与えたる今日において、今後の戦略を政策と一致せんと欲するを以って、敢えて閣下の高見を仰ぐ。　巌手記。」

大山電報に対する山県の対応

参謀総長の山県有朋大将は、即日この稟議電報を、明治天皇に奏上しています。このように我が国の国力・戦力の実態をよく承知していた最高軍事指導者たちにとって、奉天会戦における一定の勝利を契機として、いかに講和に帰結させるかは最大の関心事でありました。

そもそも大山巌大将は、満洲軍総司令部への征途に就く当日、見送りの山本権兵衛海軍大臣に対し、「満洲の戦さはオイドンがするが、軍配の挙げどころはオハンの御頼ん申す」(『元帥公爵大山巌』大山元師伝刊行会、昭和十年、六七二頁)と述べています。このような大山総司令官の言行に接するとき、元師が、「戦争目的の達成と作戦・戦闘の成果との相関関係」について的確な考え方を持った人物であったことを、窺い知ることができます。

さらに東京では三月二十三日、参謀総長山県有朋大将が、「政戦両略概論」を桂太郎首相、小村寿太郎外相らに提示しています。すなわち、我が国の国力・戦力は既に限界に達していることに留意を喚起し、さらなる攻勢をとるためには、これらを克服した上で、奉天からハルピンまでの約四〇〇余キロメートルの複線鉄道を敷設し、その後方連絡線の警備兵力の配備、武器、弾薬、その他の軍需品の補給は必要不可欠であることを強調するものでした。

(注) 元帥は米英ソ各軍のような階級ではなく、陸海軍大将のうち天皇の軍事的な御下問に応える「元帥府ニ列セラレル者」の称号で、軍人としての階級はあくまで大将。

しかし、このような必要性を現実に実行することは、当時の我が国の国力からは不可能なことでした。山県参謀総長は、「今後数年間戦争を継続するため、後顧の憂いがないようにせよ」と結んでいましたが、換言すれば早急に講和をしなければならないという意味でありました。

ここで想い起こさせられるのは、クラウゼヴィッツの次の文言です。

「戦争は、政治そのものの表現にほかならない。政治的な視点を軍事的な視点に従属させることは、不合理である。なぜなら、政治が戦争を生み出したのであり、政治は知性であるのに対して、戦争は単にその手段であって、その逆ではないからである。したがって、軍事的な視点を政治的な視点に従属させる以外にはありえない。……

あらゆる戦争は、その取り得る性格と主要な外見に関して、まずこれを生み出した政治的要因と状況から把握されなければならない。……多くの場合戦争は有機的な全体として見なされなければならず、個々の部分を全体から切り離して考察してはならないということである。すなわち、すべての個別の活動は、全体と合致し、この全体を貫く思想から発していなければならない。

このような見解からすれば、……戦争の大綱は常に政府によって、すなわち技術的に言えば、軍事機構によってではなく、政治機構によって決定されるべきことは、広く経験によって示されている」（『戦争論 レクラム版』美蓉書房出版、三四一～三四三頁）と。

こうして見ると、大山総司令官は、「戦争とは何か」というクラウゼヴィッツ的な戦争の本質についても、十二分に理解認識していたものと考えられます。

5 総参謀長児玉源太郎の東京派遣

満洲軍総司令官大山巌大将は、奉天会戦の戦況の奏上と政戦両略の有機的一体化のため、総参謀長児玉源太郎大将を、東京に派遣することに決しました。

命を受けた児玉大将は、三月二十二日、満洲軍参謀の田中義一中佐、東大尉らを帯同して、奉天を出発し、二十三日、大連港から讃岐丸にて出帆し、二十六日、宇品へ入港し、二十八日、東京は新橋駅に到着しています。

このとき、新橋駅に出迎えた参謀次長の長岡外史少将に対し、「長岡！ 何をボンヤリしとる？ 点火したら消すことが肝要じゃ。それを忘れてるのは莫迦じゃよ」と、気合を入れたという逸話が残されています。

三十日、大本営は、児玉総参謀長の会議への参画を得て、要旨次のような「明治三十八年三月以降における作戦方針」を策定しています。

①満洲軍は、従前の任務を継続し、ハルピン占領に向かい前進する。

②北韓軍はなるべく速やかに前進して韓国内の露軍を一掃する。
③速やかに樺太を占領する。
このため、第一軍は鐵嶺に、第三軍は蒙古の法庫門に前進させ、ロシア軍に「場合によっては日本軍は、ウラジヴォストークを攻略するのではないか」という懸念を抱かせ、牽制するとともに心理的に圧迫する方策に出ました。

このため新たに六個師団の増設、将校の養成補充、補充隊の充実などが計画されていました。三月十一日の作戦方針では、鐵嶺の攻略とされていたものが、総参謀長の強い要求によってハルピンの攻略と修正されました。

このことについて長岡参謀次長は、「それは正面のことで、裏面には底の底がある」とし、「おそらく満洲軍としては、講和を促進するためにも、また講和が不調に終わった場合にも対応に遺憾なきを期するため、ハルピンの攻略準備をしておかなければならないと考えたのであろう」と述べています。

我が国の苦境の実態を厳に秘匿して、顕在的な行動を積極かつ活発にすることは、外征の我が将兵の士気を旺盛にするとともに、ロシア軍の将兵に連敗に継ぐ連敗の挫折感を抱かせ、新司令官リネウィッチ大将を牽制するためにも重要なことでした。

三十一日、児玉大将は、宮中に参内し、ろ獲した露軍の軍旗を奉呈し、明治天皇に奉天会戦の戦況について逐一奏上しています。また大将には招宴を賜り、伏見貞愛親王、同博恭親王、参謀総長山県有朋大将、陸軍大臣寺内正毅大将ほか四七名が参席しています。

この帰国の機会を捉え児玉総参謀長は、元老を筆頭とする要路の人たちに戦争終結の大事なることを熱心に説いてまわりました。また大本営の会議にも参画し、今後の対応、満洲軍が採るべき作戦方針について論議を重ねています。特にバルチック艦隊の東航とあり得るロシア軍の反撃に備え、厳に戦争終結の企図の秘匿を重視して対応を練っています。

児玉総参謀長の敵情判断は厳しいもので、露軍は奉天で敗れはしたものの、四平街周辺の要域に着々と次のような規模の兵力を展開しているものと見積もっていました。

・クロパトキンが指揮する第一軍は、四平街以東の要域に、歩兵一六六個大隊、騎兵一八個中隊、砲兵四七個中隊が展開している。
・カウリバルスが指揮する第二軍は、四平街以西遼河以東の要域に、歩兵一七六個大隊、騎兵四二個中隊、砲兵六八個中隊が展開している。
・ミシチェンコが指揮する騎兵集団は、遼河以西の蒙古地域に、騎兵四八個中隊、砲兵三個中隊が展開している。
・レネンカンプが指揮する集団は、北山城子海龍城方面に歩兵一二個大隊、騎兵四二個中隊、砲兵一四個中隊が展開している。
・ビリデンビルバが指揮する第三軍は、公主嶺一帯に、歩兵一二八個大隊、騎兵一二個中隊、砲兵四八個中隊が展開している。

これらのロシア軍の兵力は、当時の我が満洲軍の概ね三倍に匹敵する規模であり、これを撃破するためには、少なくとも新たに六個師団と約一〇億円の戦費を要し、約一年以上の準備期間を覚悟しなければならないと、児玉大将は考えていました。

しかし、当時の我が国の実情は、これ以上の財政負担に耐えることができないことを、十分に理解認識していた児玉大将は、早期の戦争終結を喫緊の大事と考えていたのでした。

さらに、児玉総参謀長は、今後の満洲軍の基本的な態勢について、次のような条件整備について衆議を一致させるため、獅子奮迅の努力を重ねていました。

・満洲の占領区域内における後方兵站業務を円滑に処理するために、総兵站監部を編成して満洲軍総司令官に隷属させ、その総兵站監は総参謀長の兼職とすることにした。

・関東州において民政を行うために民政長官部を編成して、これを総兵站監に附属させることにした。

・満洲軍の前進計画に伴い、鉄道を改修し輸送力の画期的な増強を図ることにした。

以上のような政府における戦争終結のための態勢づくりと、大本営との満洲における野戦軍の作戦遂行の基盤整備を周到に行った後、五月五日、東京を出発し、下関、釜山を経て十二日、京城に到着し、さらに義州、連山関、遼陽等を経て、二十日、奉天の満洲軍総司令部に帰着しています。

帰任の途上、様子嶺を通過するときに、祖国の危急存亡の難事に殉じた将兵に想いを致し、児玉大将が詠んだ一詩があります。

「様子嶺頭雲影微。　江流十里入残暉。
青風隔樹鳥空語。　墓下香消不堪換。」
（満洲の地にも春風が吹き渡って、処々に鳥の鳴き声が聞こえるが、祖国のために殉じた我が勇士の魂魄に慰めるよすがもない）

児玉大将が、奉天に帰任して一週間後の五月二十七日、我が連合艦隊は対馬海峡にロシア帝国バルチック艦隊を撃破する偉業を為し遂げました。

6　ポーツマス講和会議の妥結

明治三十八年（一九〇五年）六月九日、米国大統領セオドア・ルーズヴェルトから我が国に対して、「日露講和の斡旋」についての好意的な通告がありました。

しかし、これは我が国政府が駐米公使高平小五郎を通じ、ルーズヴェルトに対しあくまでも米大統領の「直接且全然其一己ノ発意ニ依リ」ということで、六月一日にロシア帝国との講和の斡旋を依頼したことによるものでした。

このような政府の行動をうながした誘因こそ、満洲軍総参謀長児玉源太郎大将が一時帰国の際に戦争終結の必要なことを、要路の人たちに誠心誠意かつ熱心に説得した努力の賜物であったと言って過言ではありません。

このような児玉大将の尽力は、戦争目的を達成するために、軍事が果たすべき役割、特にその限界についての的確なる見通しと見識がなければ、決して為すことのできないものです。

奉天会戦の辛勝直後の最も機微なる時機を捉えて、総参謀長を東京に派遣した総司令官大山巌大将の見識と、児玉大将に対する信頼感こそ、ポーツマス講和をもたらした見えざる最大の要因であったと言って決して過言ではありません。

7　おわりに

日露戦争は、我が国にとっては未曾有の国難であり、文字通り国力・戦力の限界ギリギりまでの力を振り絞って戦われた国家総力戦であり、作戦・戦闘においては徹底した軍事合理主義を貫徹させなければ生存を勝ち取ることはできないという危機意識に支配されていました。

そこで満洲軍の大山巌総司令官が、明治三十八年（一九〇五年）三月十四日の稟議電報の趣旨に基づき総参謀長の児玉源太郎大将を東京に派遣し、戦争終結のための総合的な国策の促進を図り、ポーツマスの和議に至った経緯を見てきました。

大山、児玉両将軍の言行を顧みるとき、「戦い勝ち攻め取りて、その功を修めざるは凶なり。命《なづ》けて費留《ひりゅう》という」（作戦・戦闘に勝利し、敵の要地を占領したとしても、その軍事的な成果を戦争目的の達成に帰結させることができなければ、それは費留、すなわち骨折り損のくたびれ儲けと言わなければならない）という箴言《しんげん》の本質をよく理解認識しており、いわゆる『孫子』的な教養を体得していたと窺うことができます。

さらに満洲軍総司令部は、戦後の政戦略上の方針についても、次のような意見を具申しています。

「我が陸軍の戦後に於ける経営を企画するに方り、最も戒心すべきは戦勝の予光に駆られ、国家の大計を顧慮せず、国力不相応の軍費を要求して急激に拡大の軍備を拡張せんと欲し、為に国運の衰微を招くに在り……戦後の経営は是非とも拡張を除きては整理充実を先にし、その進歩に応じ爾後の拡張を律するを要す」と。

この満洲軍総司令官大山巌大将の警鐘を、日露戦争の次の世代の政治・軍事の指導者たちは、果たして真摯に受け止めたのかどうか。顧みるとき、「勝者敗因を秘め、敗者勝因を蔵す」の箴言を具現実行することの至難なことを改めて噛み締めざるを得ません。

企業篇

松下電器（現パナソニック）の七転び八起き

1 七転び八起き

図表2-2-1 松下電器の年表

大正7年（1918年）	松下電気器具製作所創立
12年（1923年）	砲弾型ランプ考案
昭和6年（1931年）	ラジオの自社生産開始
8年（1933年）	大阪・門真に本店、工場を建設
20年（1945年）	終戦に伴い民需生産再開
27年（1952年）	フィリップス社と技術提携
34年（1959年）	アメリカ松下電器設立
36年（1961年）	会長松下幸之助　社長松下正治
39年（1964年）	熱海会談を開催
43年（1968年）	創業50周年
46年（1971年）	NY証券取引所に上場
48年（1973年）	松下幸之助相談役に
平成元年（1989年）	松下幸之助逝去
10年（1998年）	創業80年
12年（2000年）	中村邦夫社長就任
18年（2006年）	大坪文雄社長就任

町工場からの出発、挫折と再生

松下電器産業（現パナソニック）の歴史は松下幸之助の歴史でもあり、まさに七転び八起きの歴史でした。松下電器にはどうしても松下幸之助のイメージが付いて回ります。

松下電器の歴史は、松下幸之助が戦前に起業したベンチャーがその基盤になっています。創業者の松下幸之助氏は、明治二十七年（一八九四年）十一月二十七日和歌山に生を受けました。会社は家庭電器を中心に発展してきましたが、彼と電気のつながりは大阪電燈の内線係見習工になったことから始まっています。その経験を基にして大正七年（一九一八年）松下電気器具製作所を創業、事業家としての第一歩を踏み出しました。

自転車用のライトとかソケットの製造から始め、事業は順調に発展し、創業四年にして従業員五〇人を抱えるまでに成長しました。第一回の試練は昭和四年（一九二九年）の経済不況でもたらされました。この不況は操業を半日とすることで乗り切りました。

松下は不況を乗り切るために新製品を開発し、むしろ不況を梃子《てこ》に成長しました。普通の人なら不況になると元気がなくなりますが、不況をバネとして次の成長の鍵を掴むのが松下の特徴といえます。

昭和六年（一九三一年）の末には、配線器具、電熱、ラジオ、ランプ乾電池の四部門で二〇〇余りの製品を持つまでになりました。従業員も増加し、その頃には一〇〇〇人を数えるまでに成長しました。

昭和二十年（一九四五年）の敗戦時には従業員は二万人、工場は六〇の規模まで成長していました。敗戦により日本中は今まで経験したことのないショックに見舞われました。松下も例外でなく売上減に直面、どのようにして従業員の雇用を維持するかが大問題でした。幸い戦後の日本経済は、昭和二十五年（一九五〇年）に起きた朝鮮戦争による特需で成長のきっかけを掴みました。朝鮮戦争は不幸な出来事で、国家間では、その後遺症は現在でも続いていますが、戦争で痛んだ日本経済にとって大変な僥倖をもたらしました。日本経済はこの戦争による特需で復興のきっかけを摑んだといっても過言ではありません。

当然、松下電器も恩恵を受け、特需景気で懐具合の良くなった一般消費者の購買意欲の増加とともに需要が増えました。家庭の主婦の労働を軽減する電気洗濯機は、主婦層に歓迎され、TVや電気掃除機とともに三種の神器と言われました。新婚家庭は、電化製品に対する購買意欲が強く、これが家電各社の生産を刺激し、会社の業績を大いに改善しました。松下電器も例外でなく、家庭電化の恩恵をフルに受けました。

水道哲学

松下幸之助の経営哲学を示すものに、有名な水道哲学があります。現在では状況が若干異なっていますが、つい最近までは水やお茶はタダと考えられていました。湯水のように使うという言葉にあるように、水はいくらでもあり値打ちはないと考えられていました。

タダといえば空気があります。空気の価額を考えたことはないと思いますが、タダと考えている空気も昨今では排気ガスの規制に見られるように、きれいな空気を得るためにはコストがかかりますから、空気もタダではなくなりました。人間が生きるには空気、しかも公害のない空気が何時でも必要です。

松下幸之助は水や空気のようにコストを考えないで、家電製品を誰でも購入して使えるように大量に供給したい、というのが彼の哲学でした。事実、洗濯について考えると、電気洗濯機が出現するまでは洗濯は家庭の主婦にとっては重労働でした。仮に電気洗濯機が生産されても高価であれば、主婦にとって高嶺の花であり買えませんから、物はあっても物がないのと同様です。主婦が買える値段ではじめて存在価値が生まれます。主婦が買える値段で販売するためには大量生産しコストを下げなければなりません。大量生産してコストを下げることで、換言すれば水が水道の栓をひねることで好きなだけ利用できるようにしなければ、というのが松下幸之助の考えでした。電気掃除機とか電気冷蔵庫についても同様です。

水がタダということは、昨今は事情が少し異なってきました。水道の水の質が低下したこととか、消費者の水に対するイメージが変わったので、ボトルに入った水を買って飲むことに抵抗を感じなくなっています。飲み物についてはコカ・コーラに始まり、壜に口をつけて飲む習慣が戦後定着しました。次いで缶入りの飲料が出現し、自動販売機の普及とともに飲料は壜か缶から飲むのが普通になり、違和感がなくなりました。

お茶についても同様で、伊藤園の「お〜いお茶」が市場に現れたときはお茶を買って飲むことに違和感がありましたが、現在ではすっかり定着し、茶葉を急須に入れて飲むほうがマイノリティになっている状況です。事実、現在の新婚の家庭には急須も茶葉もないと言われるまでになっています。お茶はボトルで飲むものと思われています。

松下幸之助はかつて「水道の水にお金を払って飲む人はいない。それは水の量が多いからだ。もし少なければお金を払うことになる。生産者の使命は生活物資を水道の水のように、安く大量に供給し、人間の生活を豊かにすることにある」と述べました。彼は良い製品を安く生産し提供することで社会に貢献できる。社会に貢献することで、結果として会社に利益がもたらされるとの信念を持っていました。

今は顧客満足度をいかにして上げるかを考えていますが、松下は顧客の満足度を考えるとともに、社会への貢献を意識していたと思います。ＣＳＲ（Corporate Social Responsibility）が叫ばれていますが、彼は早くから会社の社会に対する役割を認識して実行していました。

２　戦後の苦境と幸之助の決断

グッド・タイミング

戦後の家庭電器は電気冷蔵庫、電気掃除機、電気洗濯機などいわゆる白物がブームになり、家庭内に浸透していきました。家庭電器器具は三種の神器といわれ各家庭は競って購入しました。各家庭のニーズは次第に高価なＴＶ、クーラーなどに移り、家庭電器業界はいわゆる高度経済成長、所得倍増の時代を迎え躍進していきました。

これらのブームは東京オリンピックまでがピークで、次第に沈静化の方向に向かってい

図表2-2-2　松下電器12年の歩み　（単位：億円）

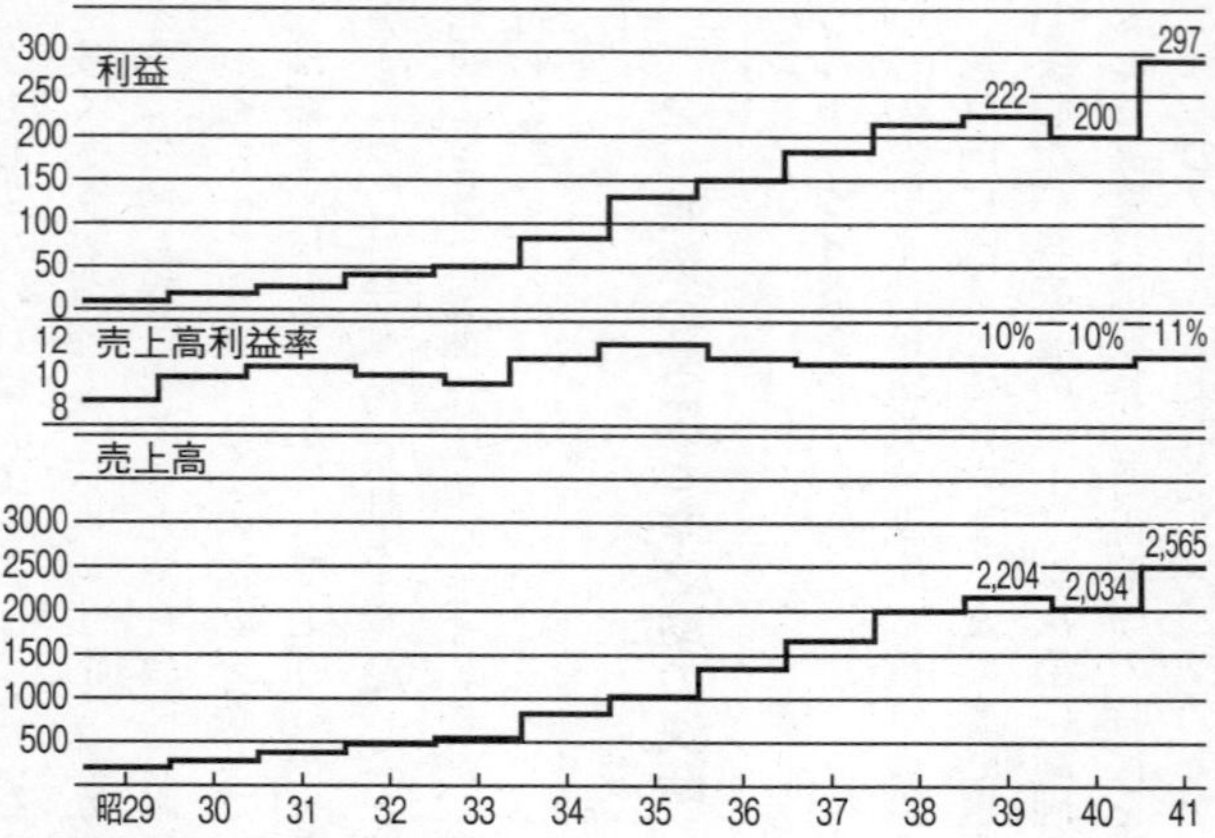

（注）　各年度とも上・下期の合計数字。利益は見込み。
出所：『松下連邦経営』石山四郎著 p.7、ダイヤモンド社、1967年

ました。昭和三十九年（一九六四年）の松下電器はそれらの影響を受け、売上高が減少し利益も減りました。その陰で系列の販売店は軒並み経営を悪化させていました。これは松下電器にとっても経営上の危機でした。

昭和三十九年夏、松下幸之助は売上減少の事実を見て、会社の経営は何かが間違っていると考えました。熱海に販売店、代理店の社長に全員集まってもらい、直接話を聞くことになりました。その会合で各社長の話を聞き、会社の方針の間違いを素直に認めて全員の心を摑んだ話は有名です。

松下幸之助は営業本部長代行に就任し、販売網の改革に取り組みました。これが松下電器のひとつの転機になったと

して有名です。松下幸之助にはタイミングを見る独特のカンがあったと思います。どんな良いことでもタイミングを間違うと意味がなくなります。熱海会議の場合も独特のカンでタイミングを摑み、販売店や代理店の心を摑んだわけです。経営には理の経営と情の経営がありますが、熱海会議は情の経営が販売店などの感性を摑んだものと見られます。何が現場で現実に起こっているのか、真の問題点は何かについて、現場の意見を直接聞く率直さが販売店などの人たちの気持ちをしっかり、摑んだのです。人は感情の動物ですから心を通い合わせること、相手の心を摑むことが大切です。

松下政経塾と素直

松下幸之助の残したものに松下政経塾があります。神奈川県の辻堂駅から歩いて一五分くらいの閑静なところに校舎が建っています。政経塾のキャンパスの中に平屋の日本式建物があり、生前松下幸之助が上京した折にはこの家に宿泊していたと言われています。閑静な家屋で、家の中には松下幸之助の書いた色紙が飾ってあります。その色紙は幸之助氏の直筆のもので、「『素直』松下幸之助」とのみ書かれています。

塾生がこの家屋に入る都度この色紙を見るわけですから、幸之助が一番塾生に伝えたかったことだと思います。素直に物事を直視する、換言すれば現在起こっていることを素直な目で見て、素直に受け入れることの大切さを教えています。

幸之助はすべての事実は現場にあると考えていたので、現場の意見を素直に受け入れ、素直に反応することを経営の基本と考えていたようです。

また松下幸之助は『掃除』の大切さを強調しています。掃除には物理的な掃除とそれ以外の意味もあり深い内容を持っています。工場の前を掃除するとか工場の中を掃除するのは当たり前のことですが、例えば工場の中を掃除することで整理整頓が進み、無駄なものの在庫が目につきますから無駄な在庫が一掃されます。工場の中における整理整頓の結果、ゴミがなくなり物が通路をふさぐことがないので当然作業効率が上がります。

倉庫の中の掃除である整理整頓は、無駄な在庫をなくすので在庫の回転は良くなり、死蔵品とか陳腐化品がなくなり、資金の効率が良くなります。帳簿のことを考えても、例えば売掛金の場合を見ると、不良勘定が掃除されキチンキチンと回収される勘定だけであると、勘定の残高は健全であるといえます。

掃除という言葉は考えれば考えるほど、深い意味を持っていると思います。

松下連邦制と採算

松下幸之助は本来、身体が丈夫でなかったと言われています。そのためなのか、彼の会社経営の特色は自分の権限を部下に委譲し、分権を徹底したことです。製品別に分権制度を徹底し、利益管理を行わせていました。

図表 2-2-3　旧松下連邦の関連図

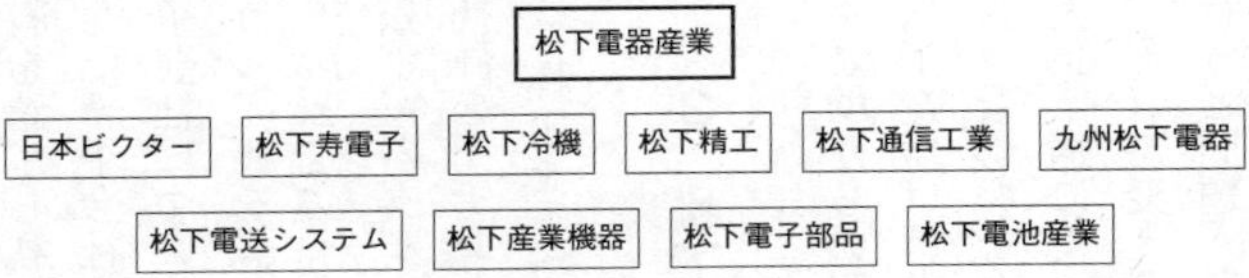

かつて福岡製紙を系列化したときのことが、松下の考えをよく表しています。

1. 金は一銭も貸さない
2. 役員は一人も派遣しない
3. 従って自分たちでやること
4. 関係会社だからといって取引にフェイバーを与えない

以上が福岡製紙に対する条件であったと言われます。つまり独立独歩でやれということです。親会社が子会社に対し融資をするのはよく見る現象だが、松下幸之助は銀行が融資をしないような会社ではどうにもならないということでした。金融機関に自社の状態、将来への展望を理解してもらうこともできず、融資を受けられないようでは経営者として失格としています。

一見きついようですが、獅子がその子を崖から落とすとか、可愛い子には旅をさせろというのと同じ思想で、厳しいことがかえって会社を強くするという妥協のない信念から出たものです。

オランダのフィリップス社と合弁会社を設立したときにも、松下は独特の手法を示し、合弁の会社には経営指導をするということで、経営指導料を請求し払わせたことは有名です。経営に対し自信を持っていなければできないことでした。子会社に対し甘い経営は許さないというスタンスでした。

子会社についても二年で配当できなければ経営は失格ということで、経営を交代するというルールを課しており、厳しい経営を要求していたわけです。一人前の会社は二割配当が当然とし、子会社にとってハードルは高かった。

松下電器グループが発展するにつれて多くの会社がグループに所属してきます。これらの会社群をキチンと管理するのは容易ではありません。全部を直接コントロールできないとなれば、権限を委譲し、各自の会社が一定の方針の下で独立して経営するしかありません。

3　松下幸之助亡き後

幸之助からの脱却

松下電器は創業者の松下幸之助の影響が強く、幸之助の平成元年（一九八九年）の逝去は大きな影響を会社に与えました。松下電器は巨大会社グループに成長しており、いわゆる大企業病に侵されていました。松下幸之助は松下電器の成功物語の中で次第に神格化され、それを変えることができない状態になっていました。どんな会社でも同じ体制で経営を行うと問題が発生してきます。会社があって世の中があるのではなく、世の中があって会社が存在します。

世の中は絶えず変化しています。昨年と今年を比較してみると変化がないようですが、風水害による土砂崩れひとつを見ても、昨年と同じ状態でないことが分かります。同じように見えるのは人間の錯覚でしょう。

自然の変化に象徴されるように、会社を取り巻く環境は絶えず変化しています。環境が変化するのであれば、当然会社もその変化に沿って変化し対処しなければ、変化に取り残されます。変化に対処するには、的確な判断とスピードのある対処が必要です。いくら判断が正しくても、対処が遅れれば判断は活かされません。

松下電器についても同様で、世間の変化に対処することが必要で、幸之助流の理念は別として、経営は時代の変化を汲み取って対応しなければなりません。松下幸之助の始めた連邦制は、時代とともに会社ごとの投資と製品に重複が見られ、松下グループ全体として効率が低下してきました。

松下幸之助の後、歴代の社長は昭和五十二年（一九七七年）には娘婿であった松下正治が会長になり、山下社長の体制をとりました。山下飛びといって幸之助による抜擢の人事でした。昭和六十一年（一九八六年）には谷井社長、平成五年（一九九三年）には森下社長、平成十二年（二〇〇〇年）には中村社長と代わりました。平成十八年（二〇〇六年）には、中村社長は会長になり大坪社長の体制になっています。

中村社長の登場のときは、松下電器のいわば危機の時期で、会社は赤字を計上していました。会社の危機的状況のとき、救世主として中村氏が経営者として登場したわけです。松下電器は運勢の強い会社だと思います。会社の歴史にあるように七転び八起きを繰り返し、不死鳥のように蘇り、成長を繰り返しているのです。

中村社長の登場で、松下電器は目を覚まし、再び息を吹き返しました。

松下興産の処理

松下興産は昭和二十七年（一九五二年）に松下幸之助が全額出資して創業したので、松下家の資産管理会社の性格を持っていました。松下幸之助はこの会社に思い入れがあったのか、不動産開発の現場に自らヘルメットをかぶって視察したと言われています。松下興産は松下家の資産管理に徹していれば問題はなかったのですが、幸之助の次に孫娘の婿である関根氏が社長に就任しました。松下幸之助は「土地で儲けることは一番いかんことや」と言っていましたが、松下幸之助の力の衰えとともに不動産投資に走りました。一九八〇年代の後半から日本経済はバブル期に突入しましたが、その頃の風潮として不動産に手を出さないものは馬鹿だと思われた時期です。松下興産も時流に乗って不動産事業にのめりこみました。この後遺症は大きく動きがつかなくなりました。

土地に手を出した会社は、ほぼ例外なく過剰債務に苦しみました。土地の取得を自己資金で調達していれば問題はありませんが、取得資金を借入金に頼っていれば当然のことですが、資産価値が下落してくると借り入れ資金の返済に窮することになります。例えば一億円の土地を一億円の借入金で取得したとして、土地の価額が五〇〇〇万円に下落したとすれば、その土地を売却しても借入金を返済できません。五〇〇〇万円の借入金の返済原資は他の資金に頼らなければなりません。仮に余資がなければ、返済不能に陥ります。土地を売却しなくても、減損を計上すれば五〇〇〇万円損失が発生します。当期の利益がなければ五〇〇〇万円は純資産の部をマイナスにしかねません。いわば債務超過になります。

気がついてみれば、松下興産の負債は七〇〇〇億円以上に膨れ上がり松下電器、銀行、松下家が金融支援をしましたが焼け石に水の状態でした。早晩何か抜本的な手を打たなければならない状態に追い込まれていました。つまり松下グループにとって頭の痛い大きなお荷物になっていたのです。

会社創業の経緯から見て誰も口出しはタブーとされ、触らぬ神に祟りなしという状態でした。一方このままズルズル放置しておけば、松下電器の信用にもかかわる重大な案件でした。

さらに平成十七年（二〇〇五年）から企業会計では、いわゆる減損会計が実施され、資産の含み損は適正に処理することが強制されました。中村社長は松下興産の処理を決断しました。まず、松下電器と松下家とを厳格に区別し、松下興産は電器の子会社でなく松下家の会社であるとして、興産が自らの努力で処理するようにしました。興産は金融機関等の債権放棄や松下電器の支援を要請し、再生のうえ現在はＭＩＤ都市開発として再出発しています。

松下興産は松下家のものとはいえ、負の資産を処理することは松下電器にとって大変勇気のいることでした。中村社長は筋を通して、松下グループの負の問題を適切に処理しグループに力を蘇らせました。

4　中村社長の決断

従来方式からの撤退

松下電器が赤字体質になり経営の抜本的な見直しが必要となったとき、救世主として登場したのが中村邦夫氏でした。中村は原理主義者と言われているように、合理的な思考に基づき物事を処理できる素質を持っています。赤字の会社を立て直すということは、言うは易く行うは難しです。特に松下電器の場合は創業者である松下幸之助のイメージが強く、従来の経営を抜本的に変えることは難しい状況でした。一方、松下電器の状況は抜本的な改革がなければ赤字の克服は困難と見られていました。

た。中村邦夫は改革者として現れ、見事に会社の仕組みを変え、会社を黒字体質に変えました。松下電器の救世主と言っても過言でなく、たぶん松下幸之助も喜んでいることでしょう。松下幸之助の素直を実践、素直な目で会社を見直し、先入観なしに素直に欠陥を是正し再生させました。中村社長の改革は、松下幸之助の方針に反抗していると捉える人がいますが、松下氏の人生観である素直を、率直に実行したものと思います。

中村社長は従来の連邦制の欠陥が、各社で同じような製品を作り、重複投資が多く資源の無駄使いが多かった。また、従業員についても終身雇用制を採り、組織が硬直化していたので、改革したわけです。従来方式を変えることは、いわば神格化されていた創業者の方針を変えることに繋がり、タブー化していたのを、原点に返り実態に合うように改革したのです。改革は、結果からすれば容易に見えても、その困難な時点で立案し実行し成果を上げるのは、容易でありません。

中村社長の「創業者の経営理念以外には聖域を設けず、破壊と創造を徹底的に進める」という理念が松下電器の経営を根底から変革する力になりました。再生するには、シュンペーターのいう創造的破壊が必要ですが、勇気を持って実行し素晴らしい成果を上げました。

先ず、労働組合と話をして人員整理に着手しました。松下電器は戦後一時人員整理を行った経験がありますが、その後は幸之助の方針で人員整理は避けてきました。日本の伝統的な組織は、定年まで会社に勤める終身雇用制で、松下電器も例外ではありませんでした。終身雇用制は日本の会社の長所でもありましたが、反面組織がピラミッド型になり、どうしても年功序列型になる欠陥がありました。年功序列型は身分が安定するので、腰をすえて仕事ができる長所がありますが、欠点としては組織が硬直化し、適材適所の処遇がし難い点があります。

経済が安定成長を続けているときは問題が露呈しませんが、経済が不安定で低成長のときには、組織の硬直化は生産性の向上を阻害する要因となります。松下電器も例外でなく、ピラミッド型の欠点が露呈していましたが、改革ができずに欠損を計上する会社になっていました。

中村社長は先ず、硬直化した組織を柔軟な組織に変更することを断行しました。具体的にはそれまでの部課制をチーム制に改めました。チーム制にすることで組織は柔軟になり、意思決定が速くなりました。その組織がピラミッド型からフラット型に移行したことを意味しています。時代の変化が速い現代において意思決定を速くすることは、どこの企業にとっても最重要な課題です。

ピラミッド型では決裁を受けるのに階段が多く時間がかかります。また階段を上っていく間に印鑑の数が増え、誰が本当に責任を負っているかが分からなくなります。つまり全員が持たれ合いの状態で曖昧です。ノキアが言うように印鑑が三個で決裁できるようにすれば、責任と権限の関係が明確になるし、決裁が速くなり対外関係が円滑になります。

縦の関係は重要ですが、同じくらい横の関係が重要です。会社の中にある知識と経験を組織の中で共有することで、会社の知識ベースは飛躍的に改善されます。日本の会社は特に縦割りが強く、部門間に壁があり、相互間の知識共有ができにくい環境が指摘されています。

従来方式の見直し

中村社長は組織の中にたくさんの壁があり、壁を排除しなければ松下の持っている力の総力が発揮できないことに気づきました。こんな無駄な話はないわけですが、分かることとそれを実行することは全く別問題です。

中村社長は部門間、子会社同士の間、親会社と子会社の間で重複した研究や生産が実施されている非合理性を精力的に是正しました。重複を避けることは当然のことですが、無駄を省き資源を集中し効率を上げることができます。誰でも考え付きますが、実行に移すには内部の抵抗を排除しなければなりません。中村社長は選択と集中を実行しました。つまりグループ全体で効率を上げることを考え実行しました。またグループの中では兄弟会社として別格とされてきた松下電工の株式を買い増し、子会社にしました。

松下の方針がストレートにグループ各会社に行き渡る体制が確立しました。また、ブランド政策を見直し、それまで使っていたナショナル（National）とパナソニック

(Panasonic)を将来パナソニックに統一する方針を採りました。ブランドは会社のイメージと直結し、ある意味では非財務資産の中でも価値のあるものと考えられます。会社の価値は財務上の資産を基礎とし、それに非財務の要素すなわち組織力とか人材の力、マーケットシェアなどを評価して決まってきます。ブランドの持っている価値、信頼感は財務的な評価は難しいとしても、M&Aの場合などでは暖簾の基礎として高い評価を受けることがあります。

一般の消費者は会社の名前は知らなくても、ブランドでその商品と会社について一定のイメージを持っています。実際に消費者が商品を買うとき、有名ブランドと無名のブランド品が並んで店頭に陳列されていれば、よほど価格差があれば別ですが、価格に大きな差がなければ無難な選択としてブランド品を選びます。松下がブランドを統一の方向で決めたことは大きいと思います。

実績で見る松下電器の変化

図表2-2-5で見るように、単体決算は中村社長の就任時には経常損失および当期損失の状態でした。連結の数字も同様で連結経常(税引前)利益および連結当期利益とも欠損を計上していました。会社は親会社・子会社ともに赤字の状況で、松下電器は存亡の危機にあったと言えます。

図表 2-2-4　単体決算ベースの売上高の推移

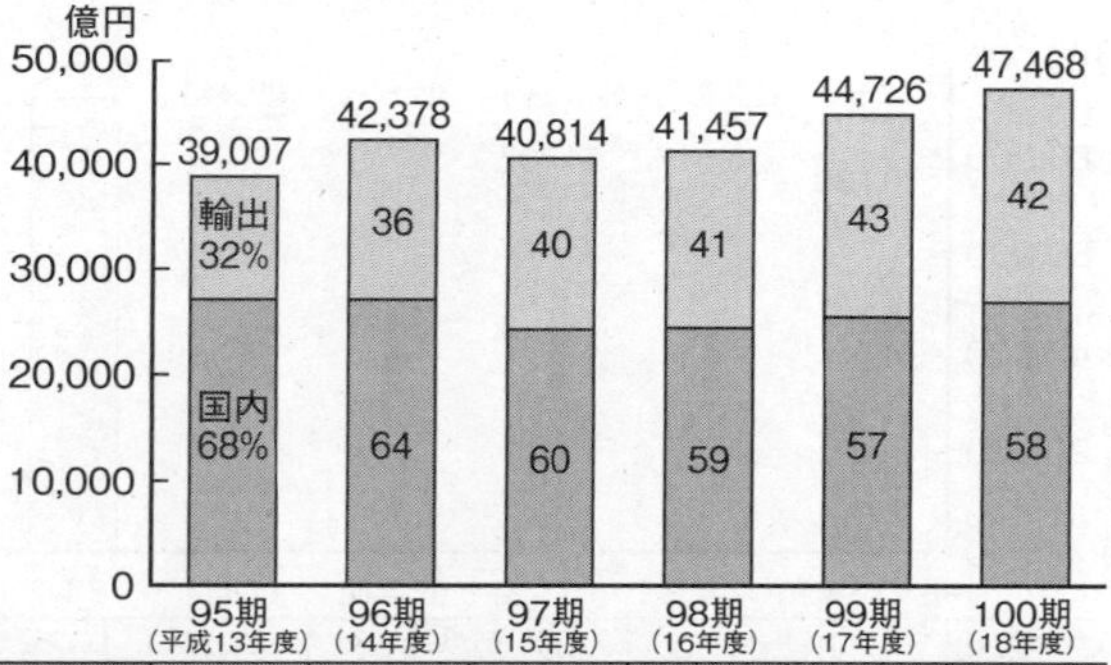

前年度比	81	109	96	102	108	106%

出所：松下電器ホームページより

図表 2-2-5　経常利益・当期純利益の推移

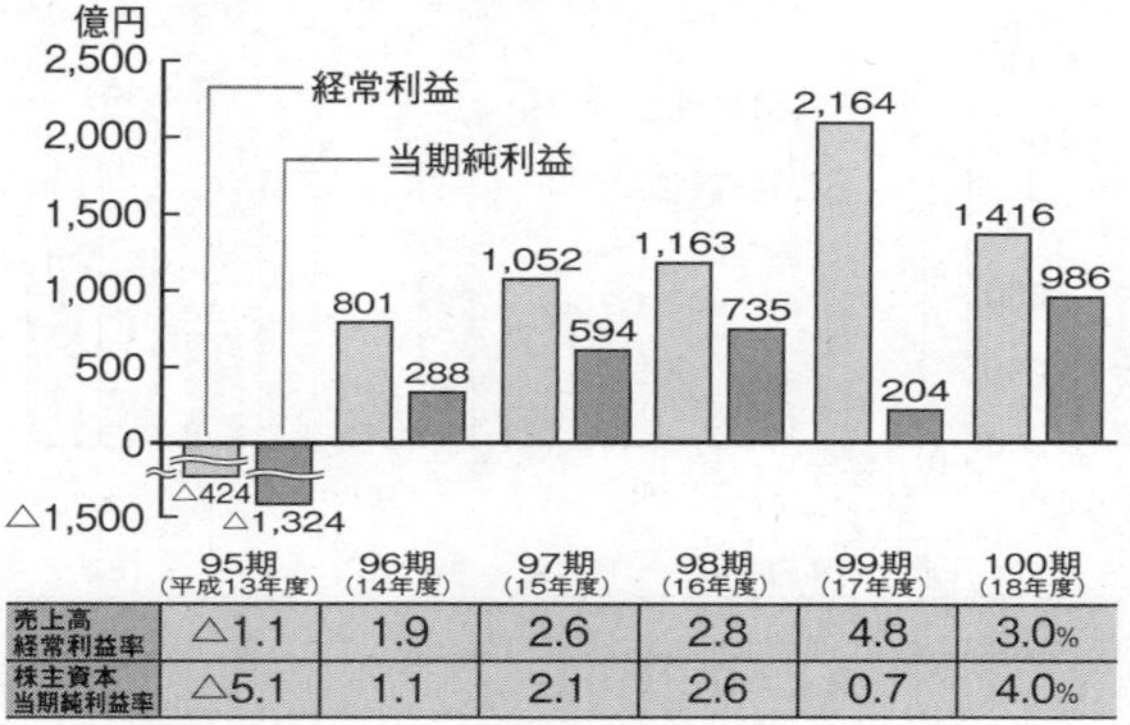

売上高 経常利益率	△1.1	1.9	2.6	2.8	4.8	3.0%
株主資本 当期純利益率	△5.1	1.1	2.1	2.6	0.7	4.0%

出所：松下電器ホームページより

図表 2-2-6　連結決算ベースの売上高の推移

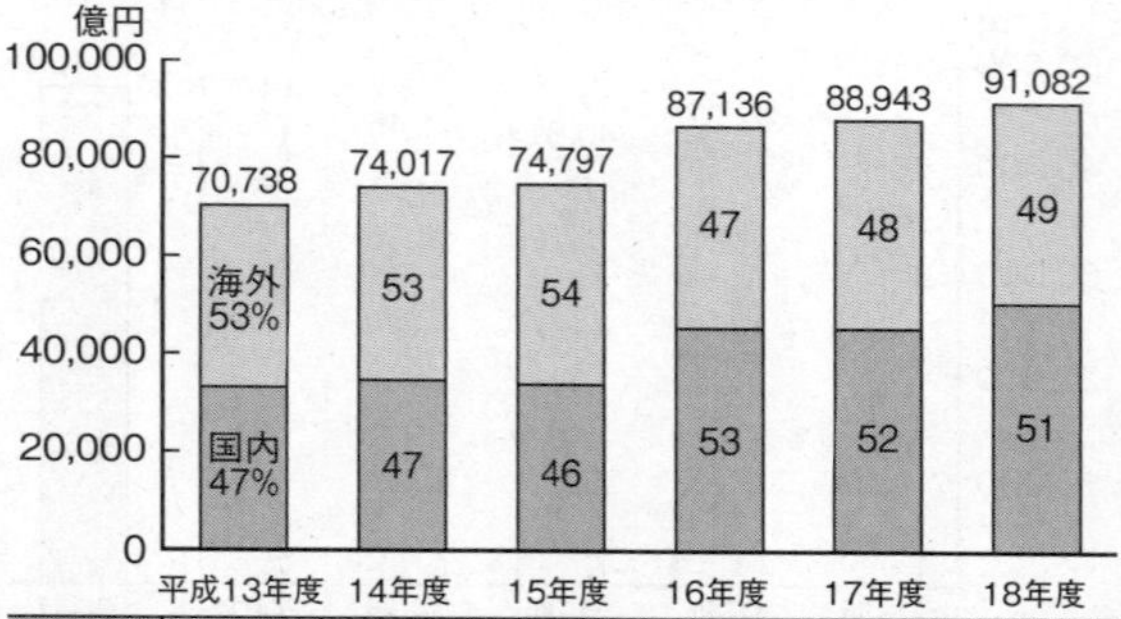

前年度比	91	105	101	116	102	102%
連単倍率	1.81	1.75	1.83	2.10	1.99	1.91倍

出所：松下電器ホームページより

図表 2-2-7　経常利益・当期純利益の推移

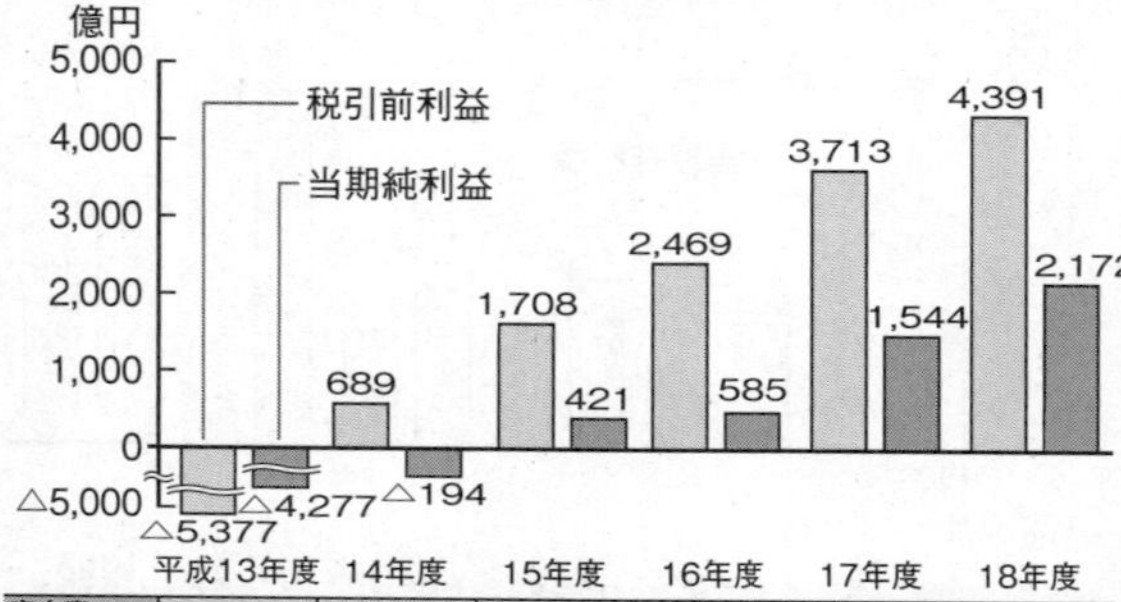

売上高 税引前利益率	△7.6	0.9	2.3	2.8	4.2	4.8%
株主資本 当期純利益率	△12.2	△0.6	1.3	1.7	4.2	5.6%

出所：松下電器ホームページより

中村社長就任後の状態は、子会社群の画期的な再編成などいろいろいわれていますが、経営者の成績というか評価は端的に決算書に表れます。決算書はいわば経営者の成績通知書といった趣があります。経営者の努力の結果は売上高や利益の面にストレートに表れます。数字は客観的な事実を表すものですから、会計監査を受け適正と評価されていれば、その数字は会社の真実を表していると見ることができます。

中村社長が就任し、破壊と創造を実行した成果は決算書に如実に表れます。先ず単体決算を見ると、平成十四年度には売上高が前年度比一〇九%伸びています。この伸びは国内販売より輸出の伸びによって支えられていることが窺えます。この売上の伸びの結果、経常（税引前）利益は平成十三年度四二四億円の損失から八〇一億円の利益へ、また当期純利益は同一三二四億円の損失から同二八八億円の利益へと急速に改善されています。一方の連結決算では、平成十三年度に比べ平成十四年度の売上高は一〇五%増の七兆四〇一七億円に達し、経常（税引前）利益は平成十三年度五三七七億円の損失から平成十四年度は一六八九億円の利益に急回復しています。当期純利益については平成十四年度はまだ一九四億円の純損失でしたが、平成十五年度に至り四二一億円と利益ベースになっています。

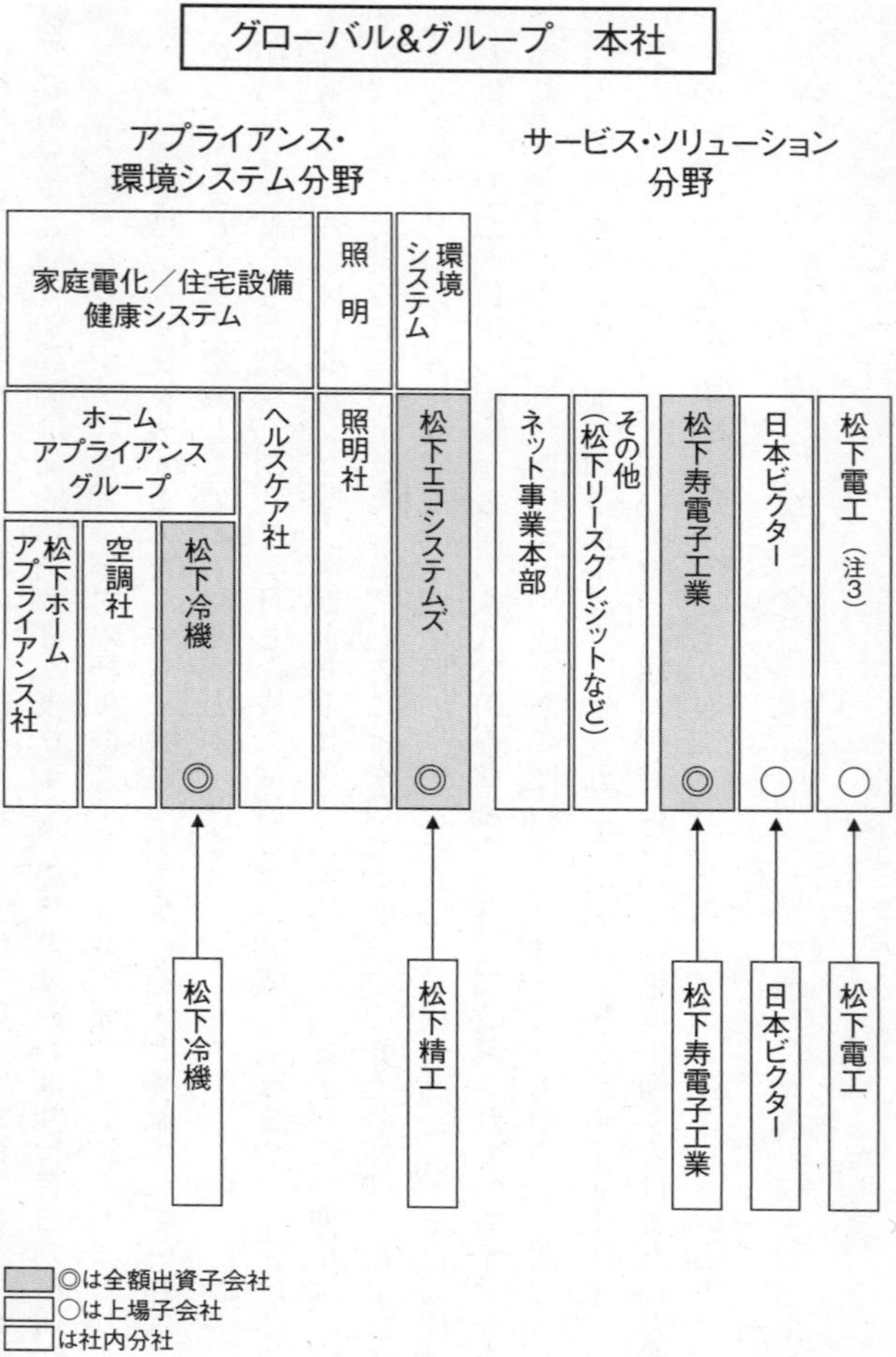
グローバル&グループ　本社
アプライアンス・環境システム分野
サービス・ソリューション分野
家庭電化／住宅設備健康システム
照明
環境システム
ホームアプライアンスグループ
松下ホームアプライアンス社
空調社
松下冷機
ヘルスケア社
照明社
松下エコシステムズ
ネット事業本部
その他（松下リースクレジットなど）
松下寿電子工業
日本ビクター
松下電工（注3）
松下冷機
松下精工
松下寿電子工業
日本ビクター
松下電工
◎は全額出資子会社
○は上場子会社
は社内分社

図表 2-2-8　松下のグループ再編

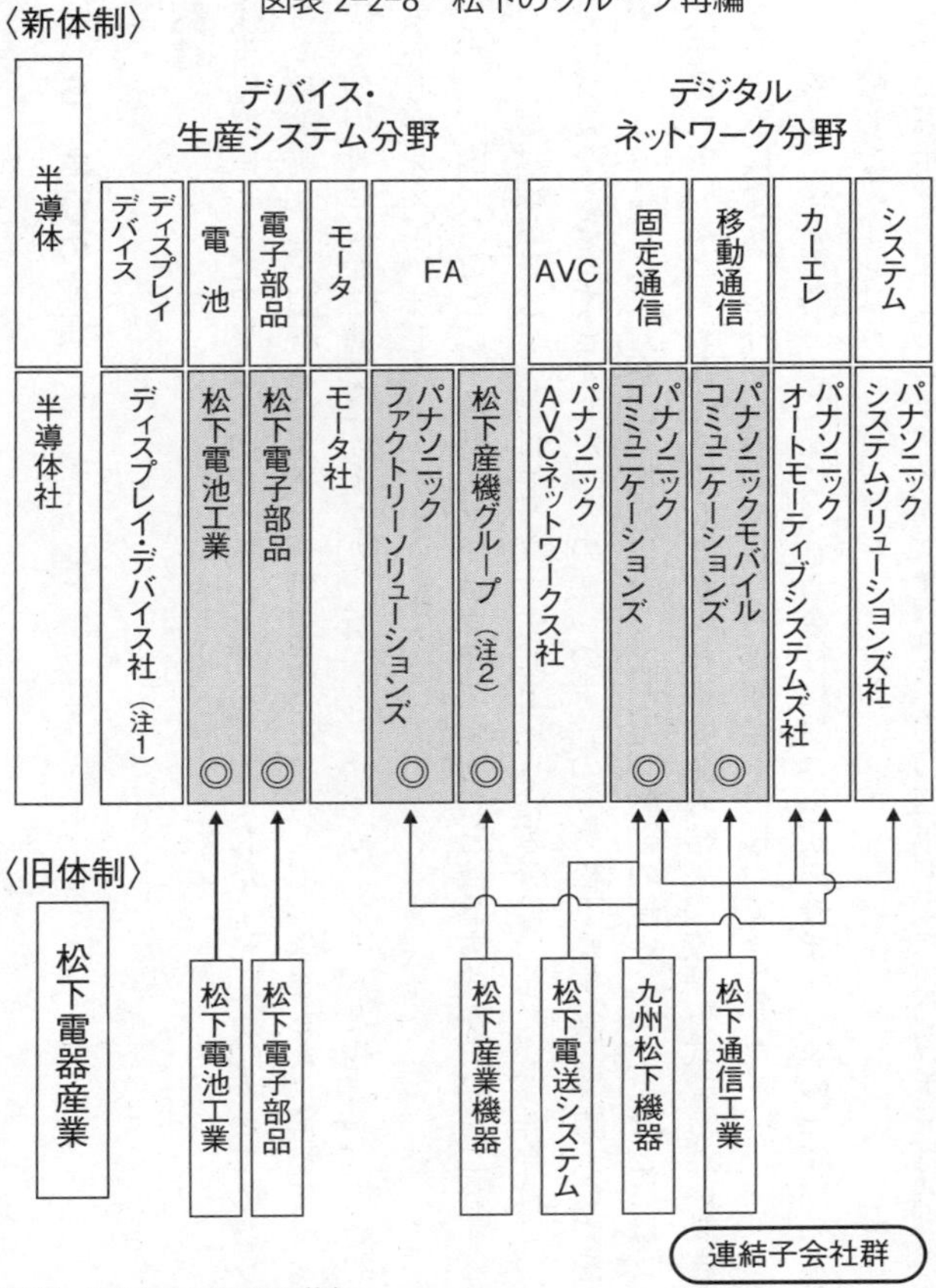

（注1）　2003年6月にAVCに統合
（注2）　2003年10月に松下電器産業を松下産業情報機器と松下溶接システムの2社に
（注3）　2004年3月に子会社化の予定
出所：『松下の中村改革』日経産業新聞編，日本経済新聞社、2004年

5 再びの成長

躍進

松下電器にとってTVは大切な収益を上げる部門でした。しかし、かつてのブラウン管のTVは陳腐化し、消費者の選択は薄型TVへと移行していきました。薄型TVはブラウン管を使いませんから薄型に仕上がり、折からのサッカーブームと相まって爆発的に流行する兆しが見えていました。

しかし、困ったことに、薄型TVではプラズマ方式と液晶方式が市場を二分する状況でした。小型は液晶方式、大型はプラズマ方式という住み分けでしたが、昨今はこの境界が次第に見えなくなってきました。この二つの方式のうち松下はプラズマ方式に力を入れ、シャープは液晶方式に力を注ぐ状態になりました。動きの速いスポーツなどにはプラズマ方式が優れていると言われてきましたが、技術開発の結果、液晶方式でも速い動きを再現できるようになり、二社間の優劣はむしろ価額競争に移ってきました。

ところで、松下電器とよく比較される会社にソニーがあります。この三年間の連結決算書を比較してみましょう。

二〇〇五年度（二〇〇六年三月期）並びに二〇〇四年度（二〇〇五年三月期）の連結決

算の数字を比較すると、松下とソニーを売上高で見ると松下のほうが上回っています。営業利益について見ると、松下はソニーの約三倍以上になっています。かつて中村社長が就任した直後の平成十四年、二〇〇二年には、松下は欠損でしたから、二年くらいの間にソニーを逆転したわけです。

図表2-2-9　松下、ソニーの最近3年間比較

（連結、単位：億円）

	2005.3（平成16年度）		2006.3（平成17年度）		2007.3（平成18年度）	
	松下	ソニー	松下	ソニー	松下	ソニー
売上高	87,136	71,596	88,943	74,754	91,081	75,673
営業利益	3,085	1,139	4,143	1,913	4,595	717
当期利益	585	1,638	1,544	1,236	2,171	1,263

出所：有価証券報告書より

ソニーの経営に若干問題のあった時期でしょうが、松下電器の変わり方は鮮やかです。この間の事情を見ると、会社の中にいる従業員に変更はありませんから、経営者という人の要素が会社の経営に与える影響の大きさに驚くばかりです。

松下電器を取り巻く環境は、韓国のサムスンをはじめ競争相手が多く、経営判断の失敗は三洋電機やパイオニアが苦戦しているように、少しの油断が命取りになる世界です。松下は、かつてＶＨＳで成功した日本ビクターの株式を売却し、子会社から除外いたしました。中村社長の代に目標とした営業利益率一〇%を目指して果敢な手を打っています。

日本ビクターの開発したビデオにおけるＶＨＳ方式は、ソニーのベータ方式に勝ち、世界方式になりましたが、時代はビデオからＣＤやＨＤＤに急激に変化しました。新しい技術開発競

争に負けると生存競争に負けますし、その後の商品化や量産化に後れをとると、業界から淘汰される恐れがあります。

業界はかつてのように国内の競争相手を見るだけでは不十分で、グローバルに視野を広げ、競争相手の動向を見つめ分析する必要があります。

松下電器は営業利益率一〇%の達成を目指していますが、ますます経営者の先見力、決断力が必要な時代に突入しています。

教訓

先入観のない素直な目

明治における日本国家は、明治十九年（一八八六年）に開国して以来、列強の狭間で国の存続を問われていました。特に、隣国のロシアと中国（清朝）の存在は直接の脅威をもたらしていました。その時点の朝鮮半島が清国の影響下に置かれると、日本は安全保障上重要な問題を生じました。そこで、明治二十七年（一八九四年）に日清戦争が始まり日本は軍事的には勝ちましたが、遼東半島の租借を行ったため新たに深刻な問題を提起しました。三国干渉以来、臥薪嘗胆して戦備を増強していた日本にとってロシアの脅威は国運を左右するとして、ついにロシアと開戦することになりました。当時のロシアは陸軍大国で到底日本は太刀打ちできないと思われていました。

しかし、幸い日本軍は満洲（現中国東北地区）における会戦で勝利を収めましたが、国力から見てそれ以上の戦争継続は困難と見られていました。日本として日露戦争をどのようにして終結するかは、軍をはじめ政治の面においてもはなはだ頭の痛い問題でした。仮に終結の方法を間違えば、日本は破滅する可能性もありました。

時の児玉総参謀長は素直に戦線とロシア軍の増強を観察分析した結果、ロシアは当時の満洲における日本軍の兵力の約三倍を準備していることが分かりました。また日本国は財政的にも負担力が限界に達していることも知りました。そこで、このまま戦争を続けることは日本にとってプラスにならないと判断し、米国に日露講和の斡旋を依頼し戦争を終結しました。日本を破滅から救ったのは、戦争指導者が彼我の実力を素直な目で見て冷静に判断したからです。

この素直な目は、松下電器産業（現パナソニック）の創業者である松下幸之助氏がことあるごとに話していたことに通じます。松下電器は戦前、小企業として発足、その後何度かの困難を乗り越えて、現在は世界的な大企業としての地位を確保しています。しかし、昭和三十九年（一九六四年）の松下電器の不振に際しては、社長を退いていた松下幸之助氏が熱海に特約店を集め、特約店の社長の話を聞いて、これは大変だということで土下座して松下電器の不明をわび、それがきっかけで業績が持ち直しました。会社の経営者にとって重要なことは今、現場で起きていることは何か、何が問題点なのかを早く掴み、即座に対策を講じることです。ファクト・ファインディングとも言いますが、会社の実情を早く掴み、直ぐ対策を打つことが何にも増して重要です。

会社の実情を摑むには素直な目が必要です。色眼鏡をかけてみれば色が付いて見えますし、ゆがんだ眼鏡で見れば世の中がゆがんで見えます。また、我々が目で見ているものは脳で判断していますから、先入観のある頭脳で判断していては先入観に左右され実態が見えません。人間の目はカメラと違い、見たものを頭が映像として判断します。したがって先入観のない素直な気持ちで物事を見なければ、本当のことは分かりません。会社の経営にとっても、国家間の戦争の場合でも、常に素直な目で真実を追究し、正しい判断が必要です。

明治の軍人政治家と昭和の軍人政治家を比べてみると、素直な目の違いが際立っています。また、成功し発展している会社と倒産に追い込まれる会社を見ると、やはり会社の実情を曲げて解釈している経営者のいる会社は業績を悪くしています。特にリーダーの資質、考え方とその根底にある哲学の違いが、会社の運勢の明暗を分けています。

第3章　決断は迅速に

軍事篇

信長の金が崎撤退

1　「死地」に陥った信長の不覚

活字離れと年配者に慨嘆されている現代の若者でも、織田信長と聞けば大方は「桶狭間の戦い」や「長篠の合戦」を、あるいは「本能寺の変」を連想するでしょう。

しかし本章で取り上げる「金が崎撤退」を目にして、瞬時に織田信長の名を思い出すことができる若者は、戦国時代の合戦にいささかの興味と関心を持っている人々以外ではほとんどいないでしょう。

偉大なる国民史家であった徳富蘇峰は、大著『近世日本国民史　織田信長（三）』において、信長の生涯最大の不覚を、この「金が崎撤退」と「本能寺の変」の二つであったとしています（小室直樹著『信長』ビジネス社、平成二十二年、四十～四十一頁）。戦後日本に屹立する卓越した社会科学者（あるいは方法論学者と呼ぶ人もいます）である小室直樹先生の筆を拝借して、信長の「金が崎撤退」の概要を少し長くなりますが、抜粋引用しながら描写してみましょう。

信長最初の不覚

「桶狭間」や「長篠」で時代を画する戦術的な偉業を成し遂げ、その戦果を自身の戦略的な大目的の達成に昇華させた偉大なる信長にしては、「金が崎からの撤退」も「本能寺の不覚」も、当世流に言う「危機管理意識の欠如」にほかなりません。では「金が崎の不覚」を小室先生は、どのように認識しておられるでしょうか。

「蘇峰学人は言う。

〝信長一生に、大いなる不覚が二回あった。一回は浅井長政の反覆にて、金が崎退陣の難儀をした。浅井は我が妹婿だ。浅井には格別の待遇をした。浅井はよもや我には背くまいとの自信は、信長をして、ほとんど九死に一生の死地に、陥らしめたが、ついにようやくこれを切り抜けた〟

元亀元年（一五七〇年）、天下布武の大業は、まさにならんとしていた。

この年、四月二十五日、信長は、突如として朝倉征伐の兵を起こした。

二日のあいだに、要衝手筒《てづつ》城、金が崎城を取った。引壇《ひきた》城もまた落城。

信長はまさに木芽峠を越えようとしていた。

朝倉義景の本城一乗谷《いちじょうがたに》城は、一撃指呼の間。

疾風迅雷耳を掩《おお》わざるの速攻。

朝倉氏は、猛虎の前の羸羊《るいよう》のごとし。

朝倉氏を併呑すれば、すでに近畿を平定している信長の勢力は、誰も拮抗できなくなるほど強大になる。

天下布武目前か。

このとき、浅井長政が反撃した。

信長は、補給を断たれ、腹背に敵を受けた」と。

たとえ妹婿であろうとも、浅井氏と朝倉氏との浅からぬ因縁・交誼の経緯を一考し、かつ長政の父親である久政の旧守的な性格について少しでも関心を抱いておれば、信長ほどの人物が最悪の事態が生起し得る可能性について何らの対応策をも準備していなかったことは、信じ難い気持ちです。しかし、このような疑念を抱くことは、後知恵の利に依存し過ぎるもので、歴史を学ぶ上では阻害要因になるものでしょうか。

2　信長の戦略観「天下布武」

信長の目的合理性

信長の戦略目的：小室直樹先生によれば、信長の生涯を一貫しているのは、目的合理性であり、その戦略目的は「天下布武」であったと喝破しておられます（『信長』ビジネス社、平成二十二年）。

つまり信長畢生《ひっせい》の大戦略（グランド・ストラテジー）の目的は、「天下布武」すなわち日本の国家的統一でした。したがって、信長は「天下布武」という大戦略の目的達成のため、彼の意志と全能力を集中させました。

信長らしい典型的な戦役の二大双璧は、桶狭間の合戦と長篠の合戦とされています。これらのいずれの合戦においても、信長は戦場における戦術的な勝利に引き続く戦果の拡張、すなわち追撃を行いませんでした。

「天下布武」に一点集中された具体的な戦略行動計画

井沢元彦氏によれば、信長の大戦略的な目的である「天下布武」は、「地方在住の武士が汗水たらして荒野を自ら開拓した墾田を、名実ともに自分たち武士の所有にしたいという悲願」を達成しようとするものであったとしています（『逆説の日本史⑩戦国覇王編』小学館、平成十四年）。

井沢氏によりますと、「自分で開拓した土地を自分のものにするという悲願」は、平将門以来のものでしたが、将門（九〇三～九四〇）は、「東国独立を目指す強力な意志」を持っておりながら、この意志を具現する具体的な戦略行動計画を策定していなかったというのです。

平清盛（一一一八～一一八一）は武士で初めての太政大臣になりましたが、貴族社会の枠組みの中での限定した役割しか果たせない政権でした。つまり「自分で開拓した墾田が、何故自分の所有にならないのか？」という武士の悲願に応えることができなかったために、平家の政権は僅か二〇年で滅んでしまったというのです。

これらに対して源頼朝（一一四七～一一九九）は、「幕府の創設」、「守護・地頭の設置」という戦略行動計画の具体的な実践によって、将門以来の武士の期待に応えました。「武士が開拓した墾田が、自分の所有にならないのは不合理である」という合理的な論理に支えられていたからこそ、頼朝は「歴史の変革者」たり得たとしています。

信長（一五三四～一五八二）は、頼朝と同じように「変革の意志」に加え、具体的な戦略行動計画を策定し実行したからこそ、「歴史の変革者」たり得たのだと井沢氏は観察しておられます。

以上のような井沢元彦氏の見方とは異なる「天下布武」の見方をするのは、『信玄の戦争――戦略論「孫子」の功罪』（ベスト新書、平成十八年）で、独特の「信玄」論を展開した国士舘大学の海上知明経済学博士です。

海上氏は、井沢氏が「平清盛が貴族社会の枠組みの中での限定した役割しか果たせなかった政権」と規定しておられることに対して、より直截に表現すれば「西国武士中心の政権であって」、「清盛は、関東豪族の要望に限定的にしか応えることができなかった」のであり、逆に「頼朝は関東中心の思想を全国展開したのであって」、「守護・地頭の設置」についても「あくまでも清盛の政策を、頼朝は継承したものであった」と、理解すべきではないかと問題を提起しておられます。

さらに海上氏は、信長は武士が土地を所有するという従来の「一所懸命」の考え方を否定し、これを破壊して「兵農分離」の考え方を創出したと主張しておられます。つまり武士を土地から切り離しサラリーマン化してしまい、信長自ら武士を制御支配する仕組みを作り上げようとしていたと見ておられます。

これは近世ヨーロッパ大陸に登場した絶対王政や中国の皇帝制に近い政治体制で、当時の日本人の常識を根底から覆してしまう革新的な考え方ではなかったかというのです。信長が狙ったのは、中央集権的な武士型官僚制の支配体制の確立であったのではないかという問題提起をしておられます。

同じく「武士」と言っても、将門から信長までは約六八〇年もの長い時間の推移がありますので、それぞれ焦点の絞り方による両氏の見解に相違が生じています。

将門は平安中期の武士が発祥する揺籃期の、清盛は武士が歴史の舞台に躍り出てくる形成期の、頼朝は武士が権力を確立する成長期の、そして信長は鉄砲伝来による戦争様相の変革期の、それぞれ時代の潮流に揉まれしごかれる生き様が、特徴的に浮かび上がってきます。

特に信長において決定的な特徴は、南蛮人渡来による異質な文物情報の流入、農業生産性の向上、商工業の活性化といった時代環境が、鉄砲の操作に慣熟した足軽衆の実戦配備化という軍事的な要請と相乗して、兵農分離を必要にしかつ可能としたものと考えられます。

いずれにしても「天下布武」を高く掲げる目的合理主義者である信長は、「日本全国の統一」だけに焦点を絞り、持てる有形無形のエネルギーのすべてを、この一点に脇目も振らず集中し邁進しました。

信長畢生の二大危機の最初の試練であった浅井長政の反覆に際しての金が崎退陣の迅速果敢な決断こそ、信長の唯一の大戦略の目的である「天下布武」を源泉とする目的合理性による論理的な帰結でした。

3　美濃平定から北陸戦役へ

桶狭間合戦後の美濃を取り巻く戦略情勢

永禄三年（一五六〇年）の桶狭間の合戦から一〇年後の元亀元年（一五七〇年）に姉川の合戦が起こりました。この間の信長の行動は、ただ一つの戦略目的である「天下布武」に収斂されていきました。

今川義元を桶狭間の奇襲で討ち取った騎虎の勢をもって、信長は一気呵成に尾張を鎮定すると、直ちに「天下布武」を成就するための戦略的な最終目標である上洛のための準備態勢の整備に取り掛かりました。

その信長の前途に障壁となって立ちはだかったのは、斎藤道三が守護土岐頼芸から収奪した北方の隣国・美濃でした（道三の父の時代からという国盗り二代説もあります）。信長が道三の娘である濃姫を妻に迎えたのは、長期的な視点からする宥和のための政略結婚でした。

ところが信長の舅である道三は、土岐頼芸の落胤であったという風説もあった嫡子の義龍に討たれ（これについても近年異説が存在しています）、父親殺しの義龍も病死し、その子義興が美濃の国主として稲葉山の井口城に構えていました。

斎藤義龍の反逆事件は、美濃を攻略して、上洛のための前進拠点にしようと好機を狙っていた信長にとっては、舅の仇を討つという絶好の大義名分を得ることになりました。

美濃を攻略する前に、信長は周辺の戦略環境を優位にするため、永禄五年（一五六二年）に岡崎の松平（後の徳川）家康と攻守同盟を結び、翌六年には娘の五徳を家康の長男信康に嫁がせ、後顧の憂いを取り除きました。

周辺の戦略態勢を有利に整えたうえで、信長は木曾川と飛驒川を越えて美濃に侵攻を開始しましたが、稲葉山の井口城の攻略に難渋しました。

そこで信長が狙いを定めたのが、美濃の北側の北近江に勢威を誇る浅井長政でした。遠交近攻の策をもって浅井と結び、美濃の斎藤龍興を牽制し、情勢を有利に導こうとするものでした。

信長は、妹のお市を長政の正室にし、浅井に有利な条件での同盟を申し込みました。つまり、信長と長政とは義兄弟の盃を交わし、ともに協力し南近江の守護大名六角氏を討ち、上洛の暁には、天下の大事は二人で取り決めることにし、美濃を長政に提供してもよいというものでした。

信長との同盟で浅井氏にとっての懸念は、浅井氏と緊密な友好関係にある越前の朝倉氏と尾張の織田氏が犬猿の仲であることでした。そこで長政は、信長に「朝倉を攻略する場合は、浅井に事前通告する」ことを約束させました。

このように美濃に対する包囲網を築いたうえで信長は、斎藤龍興の重臣であった美濃三人衆の稲葉一鉄、氏家卜全、安東伊賀守を調略により寝返らせることに成功しました。次いで木下藤吉郎に墨俣の砦を築かせ、ここを根拠にして井口城を攻略し、永禄十年（一五六七年）八月、龍興を追放して美濃を平定し、信長の上洛への道程はより一層着実に整えられていきました。

美濃平定後の将軍義昭の影響力の陰陽

この頃名目だけの将軍足利義昭は、自らの将軍としての権威を担保する軍事力を決定的に欠いており、軍事的な保護を、甲賀の和田惟政、観音寺山城の六角義賢、若狭の武田義統、越前の朝倉義景などに依存し、寄食居候の相手を転々と取り替えていました。そして義景に見切りをつけた義昭が、最後に目をつけたのが美濃を征服し隆々たる武威を誇る尾張の信長でした。このとき信長は、征服した稲葉山を「岐阜」と命名し、ここを前進基地として上洛の好機を虎視眈々と狙っていました。

信長は、将軍義昭からの依頼状を受け取ると、渡りに船とばかりに義昭の上洛を援助することを快諾しました。

足利義昭は、永禄十一年（一五六八年）七月十六日、朝倉義景の一乗谷を出発し、浅井長政の居城である北近江の小谷山に立ち寄り、二十五日には美濃の立政寺に宿泊しました。翌二十六日には信長は義昭に見事な贈り物をしたうえで、饗応の限りを尽くして大いに歓待したと言われています。

その後九月七日に至り信長は、尾張と美濃の兵六万余を率いて、南近江の六角氏を掃討したうえで、遅れて出発した将軍足利義昭を擁し、同月二十九日、ようやく念願の上洛を果たしました。この際、信長は、将軍義昭の警護のためという名目で朝倉義景と浅井長政とに兵力の提供を求めましたが、長政は応じ、義景は応じませんでした。

信長の上洛で京の人々は田舎大名の狼藉を恐れていましたが、信長は木曾義仲の二の舞を踏むことなく、軍の規律を厳正にし、御所や京の町の治安の維持につとめ、人心の収攬に心を砕きました。そのうえで、信長は朝廷に奏上して足利義昭を第一五代将軍の座につけました。

当時三五歳だった信長は、三二歳の義昭を将軍に祭り上げ、次第に将軍を傀儡にして、将軍義昭の名をもって諸々の指令を発するようになりました。義昭は信長の歓心を損ねないようにという配慮から、信長に感状と足利の家紋、そして管領斯波氏の家督の相続を与えることを持ちかけました。

信長は、「感状と家紋は拝領するが、管領の家督を相続するには、陪臣の身としては過分のことである」と言って、辞退しています。その代わりにと言って、和泉の堺と近江の大津と草津に代官を置かせて欲しいと願い出ています。

信長にとって管領職より、陸海交通の要衝である堺、大津、そして草津を支配下に置き、産業商業の流通を押さえるほうが遥かに重要であると考えていました。

信長は、義昭を伴い上洛した次の年、九カ条の「殿中御掟」、そして追加七カ条を定め、将軍の政治活動を規制しました。つまり足利将軍のロボット化でした。不満をつのらせた義昭は、次第に諸国の大名たちに「信長追討」の密書を発するようになりました。

4　信長の越前攻略

信長の「将軍義昭の権威」利用術

信長は、足利義昭という「将軍」の権威を利用することによって、政界の中核に存在感をもたらすことができるのですが、義昭を慴伏《しょうふく》させなければ「変革の意志」を具体化することはできません。

信長が「天下布武」を実現するためには、将軍義昭の権力基盤を支える大名たちを圧服し、軍事的威力を強化することが不可欠でした。

この頃の信長の威力が及ぶ勢力圏は、美濃、尾張、伊勢、山城、大和、河内、摂津、和泉であり、三河、遠江は同盟者である徳川家康、近江は妹婿の浅井長政の勢力圏でした。

信長にとって恐るべき大敵である武田信玄が支配する甲斐、上杉謙信の越後はともに京の都からは遠すぎますので、圧伏すべき要域は、朝倉義景が支配する豊かな越前、山国で攻め難い丹波、雑賀や根来といった厄介な鉄砲衆が蟠踞《ばんきょ》する紀伊、忍者の根拠地である伊賀などでした。信長は、これら周辺地域の中で戦略地政学的に攻略すべき要域を、将軍と内応する可能性が大きな朝倉義景の越前に定めました。

勢力圏の拡大を行うにしても戦いで大切なことは、疑義のない明白なる「大義名分」の有無でした。ところが朝倉攻略には、おあつらえ向きの「大義名分」がありました。

信長は、衰えたといえども幕府という権威を利用することを忘れませんでした。それは、義昭に突きつけた「五箇条の事書」でした。この「事書」は、義昭の権力の行使を信長の意図の範囲に制御しようとするものでした。

朝倉義景が将軍と内通していることを警戒した信長は、永禄十二年（一五六九年）十二月、義景に「京に出仕し、将軍に年頭の参賀をせよ」と命じましたが、義景はこれに応じませんでした。そこで明くる永禄十三年四月、二条城で催される観世・金春の能楽に将軍の招待状を出し、朝倉義景の出方を窺いました。

信長が予測したとおり、と言うより仕掛けたとおり、義景は上洛しませんでした。そもそも義景は、信長を蔑視していました。なぜならば、越前の朝倉氏と尾張の織田氏は、ともに斯波武衛の臣下であり同輩であったからです。

朝倉氏も織田氏も、ともに山名氏の傘下にありましたが、応仁の乱を機に朝倉氏は寝返って公方家、つまり細川氏方に与《くみ》することになってしまいました。やがて朝倉氏は斯波義敏のもとで権力を握り、遂に越前の国の守護職を譲られ、越前の国主に上りつめてしまいました。

というわけで、織田家は朝倉を裏切り者であると非難し、朝倉家は織田を陪臣に過ぎないと蔑視し、互いにいがみ合っていました。その後、織田勢が斎藤氏の美濃に攻め入ったとき、越前の朝倉氏は斎藤氏からの救援依頼を受け、たびたび美濃に援軍を送り両家は互いに合戦を繰り返し、両家とも心よからず日々を過ごしてきました。

信長の朝倉義景討伐

朝倉義景が、形式的ではあるにしても将軍義昭の「上洛命令」を無視したことは、義景の討伐を渇望する信長に形式論理的な「大義名分」を与えることになってしまいました。

当時信長は、岐阜から京へしばしば上洛を繰り返していました。永禄十三年（一五七〇年）四月十四日、信長は二条城の完成を祝って能の興行を催しています。この晴れがましき慶賀の席には、徳川家康、松永弾正、北畠のほか摂家・清花などのお歴々が集まり盛会をきわめました。しかし、この華燭の祝い席に朝倉義景の姿は見られませんでした。

この日から六日後の四月二十日、信長は三万余の大軍を率いて京を出発し、いつものように近江へ入りました。ところが信長は、近江を経て岐阜には帰らず、将軍の命令に背いた武藤友益を討伐するという触れこみで、きびすを返して機敏に琵琶湖の西岸から若狭に進出し、越前の敦賀に向かいました。同月二十三日には改元されて、元亀元年（一五七〇年）になっています。

元亀元年四月二十五日、信長が率いる軍勢は敦賀平野に殺到し、その日のうちに朝倉家の属城で、朝倉景恒が守る手筒山城を奇襲し陥落させ、城兵一三七〇余名の首を落としています。

信長は攻撃の気勢を緩めることなく、翌二十六日の払暁には手筒山と尾根続きの金が崎城への攻略を命じていますが、このとき信長は、木下藤吉郎に景恒に対する調略を命じています。

藤吉郎は軍使として金が崎城に赴き、景恒に対して「貴方がこの城で討ち死にをされても、主君の義景殿には少しの益もない。この場は一旦命を助かり、いずれの日にか大功を立てられることが忠義であろう」と説得しています。

手筒山から金が崎に後退して城を守っていた景恒は、藤吉郎の勧告にしたがい、夜になって城を明け渡し、城将、士卒ともども助命されています。これにより金が崎城の南方に位置する疋田城の守兵も、織田軍と一戦を交えることなく、二十七日早暁には城を明け渡し、すべて本拠の一乗谷に後退してしまいました。

わずか三日間の攻撃と調略で朝倉の主要な前進拠点である手筒山、金が崎、疋田の三城を陥落させたことで、信長は大いに満足でした。正に信長が畢生の戦略目的として掲げた「天下布武」の実現は、指呼の間にあるかのように思われました。

信長は引き続き越前の一乗谷への攻略を行うべく、軍勢の再編成を命じました。つまり北陸道の難所として古来から有名な要衝である木の芽峠越えを前に、有形無形の戦力の増強のための準備と、遠来の軍勢に敦賀での休養のため一日の猶予を与えました。

ところが豈図らんや、金が崎城に本陣を推進し全軍の指揮をとっていた信長に、不吉な情報がもたらされました。それは信長の妹婿である浅井長政の軍勢が、織田軍の背後の海津に進出し、江南の六角の残党もこれに呼応し不穏な動きをしているというものでした。

ここで信長の奇襲侵攻を蒙った朝倉側の対応と、参戦の要否・可否を検討する浅井側の対応を垣間見てみましょう。

浅井長政の苦衷の対応

朝倉側は、信長のこの電撃的な奇襲侵攻を全く予想しておらず、防衛態勢は穴だらけでありました。金が崎城も危殆《またい》に瀕している危機的な状況の渦中で応急的な対応の策を練りました。

信長の侵攻を知った朝倉義景は、かねてから軍事同盟を結んでいた北近江の浅井長政に対して援軍を求めました。もっとも義景は、「上洛命令」を無視した段階で、長政の父で隠居している浅井久政に対して、危急の際の救援について息子を説得するように周到な根回しはしていました。

図表 3-1-1　金が崎撤退関連略年表

1560	永禄 2		桶狭間の合戦
1562	永禄 5		信長、松平元康（徳川家康）と同盟
1567	永禄 10		信長、稲葉山城を奪取、岐阜城と改名
1568	永禄 11		信長、足利義秋（義昭）を岐阜城に迎え、六角氏を撃破、義昭を奉じて上洛、義昭、征夷大将軍になる
1569	永禄 12		信長、伊勢北畠氏を攻略し屈伏
			信長、義昭に二条御所を建設し献ず
1570	永禄 13		信長、将軍義昭に「五箇条の事書」を突きつける
			信長、朝倉義景に義昭の能楽招待状を出す
		4 月 14 日	二条城で能楽盛大に行わる、義景、上洛せず
	元亀元年	4 月 20 日	信長、朝倉氏討伐のため越前に出兵
		27 日	浅井長政、朝倉氏救援のため信長の背後連絡線を攻撃する
		28 日	信長、迅速機敏に決断し、湖西沿いに京に向かい撤退
		30 日	信長、京の本能寺に生還
		5 月 21 日	信長、岐阜城に帰還し軍勢を再編成
		6 月 19 日	信長、近江に出兵
		28 日	織田軍と朝倉・浅井連合軍、姉川の合戦

浅井家では、先ず「浅井の事前の同意なく朝倉を攻略しない」という浅井・織田両家の誓約を、信長が踏みにじったことを非難し、朝倉を援け、信長と一戦を交えるべきであるという反信長派がいました。一方、信長が無断で朝倉侵攻に踏み切ったのは、なまじ事前に通告したならば、浅井が朝倉との板挟みになって困るであろうという配慮であるに違いないから、ここはしばらく事態を静観してはどうかという一派がいました。

そこで隠居をしていた父・久政が、将軍義昭の「御内書」を読み上げ、亡父亮政が小谷城を築城してから度々朝倉家からいかに多くの援助を受けてきたか恩義あることを述べ、朝倉家を援け信長と戦うべきであると強調しました。一同の深層心理に及ぼしたものは、将軍からの「御内書」でした。かくして浅井家は、信長と一戦交えることに衆議は一決しました。

国主の長政は、美しい愛妻お市の方の兄である信長と敵対することは回避したいと考えていたようですが、お家の衆議には従わざるを得ず、越前に向け出陣し、織田軍の後方連絡線を遮断しようとしていました。

金が崎城の本陣で、浅井家に不穏な動きがあるとの情報に接した信長が、「まさか妹婿の長政が、俺を裏切るとは？」と半信半疑でいるとき、長政の正室で妹のお市の方の使者が、陣中見舞いとして、布袋に入れた小豆を届けてきました。

信長が見舞の布袋を手にとってみると、布袋の両端が紐でくくってありました。信長はお市の方が、この布袋の中の小豆のように織田の軍勢が、朝倉と浅井の両軍に挟撃される危機的な状況に陥っていることを報せてきたことを瞬時に悟りました。

信長の迅速なる戦線離脱の決心

四月二十七日の日暮れどき、木の芽峠の物見（偵察）にでかけた川並衆の侍大将が、越前の防備が約五〇〇〇名の士卒で周到に行われており、士気も高揚しているようであると報告してきました。木下藤吉郎は、これには何か裏があるなと第六感で感じました。すなわち近江の浅井長政が朝倉側に寝返ったのではないかというかねてからの危惧でした。事実、浅井家の宿老である磯野丹波が率いる約一〇〇〇名規模の部隊が、琵琶湖の北岸の海津に進出し、足を止め動く気配がないことも判明し、戦略環境が大きく変化している兆候であると藤吉郎は勘を働かせていました。

信長は、妹婿の長政が義理の兄である自分に背くことがあるなど夢想だにしていませんでしたので、完全に虚を衝かれた想いでした。冷徹で慎重な信長でしたが、己と妹婿の関係は磐石であると過信し、心に隙が生じていたことを認めざるを得ませんでした。

織田・朝倉・浅井の勢力均衡に大きな変化が生じた厳然たる現実に直面した信長は、「天下布武」なる大きな戦略目的を達成するために、当面の戦術的な対応を大転換しなければならないことが緊急の課題であることを慧敏にも自覚していました。

長政の裏切りを承知した時点において、策源（信長の戦力の源泉である美濃・尾張）からの後方連絡線（後方兵站の補給幹線）が遮断される危険性を瞬時に感知して、撤退を即断即決した信長の非凡な資質は、高く評価されなければなりません。

越前への侵攻の第一関門になる木の芽峠を攻略している最中に、浅井勢が朝倉方に寝返り織田軍の後方の補給路を遮断すれば、約三万名の織田の軍勢は急速に減衰することは避けられません。後方兵站の安定確保が作戦戦闘の死命を制することを、信長は十二分に理解認識していました。この後方兵站に関する意識が、同じ日本人であっても信長と大東亜戦争時代の将軍たちとの大きな違いでした。

信長は、妹婿の長政が明敏な資質を備えた武将であることを認めていましたが、父親の久政や家老たちの意見を判別して主動的に的確な判断を下せなくなる性格的な弱さがあることも理解していました。

また父親の久政は、かつては優れた武将であったと評価していましたが、年齢を重ねてからは旧来の陋習を打破する気概を消尽し、時勢の変化を見抜く眼力に陰りが生じてきていることを懸念してもいました。

己が置かれた戦略環境の大きな変化の特質を看破した、信長の攻撃から撤退への戦術的な基本方針の転換は、迅速果断でした。この信長の決断は、軍事戦略的にも戦術的にも至当で極めて真っ当なものであったと、戦史的にも高く評価することができます。

しかし、これを現実に実行することは、奇蹟でも起こらなければ、尋常な人間業では到底実現することが不可能な難事の中でも最難事でした。

5 金が崎から京への奇蹟的な撤退行動

藤吉郎の見事な撤退掩護

図表 3–1–2　元亀元年（1570）金が崎撤退前後の信長の動き

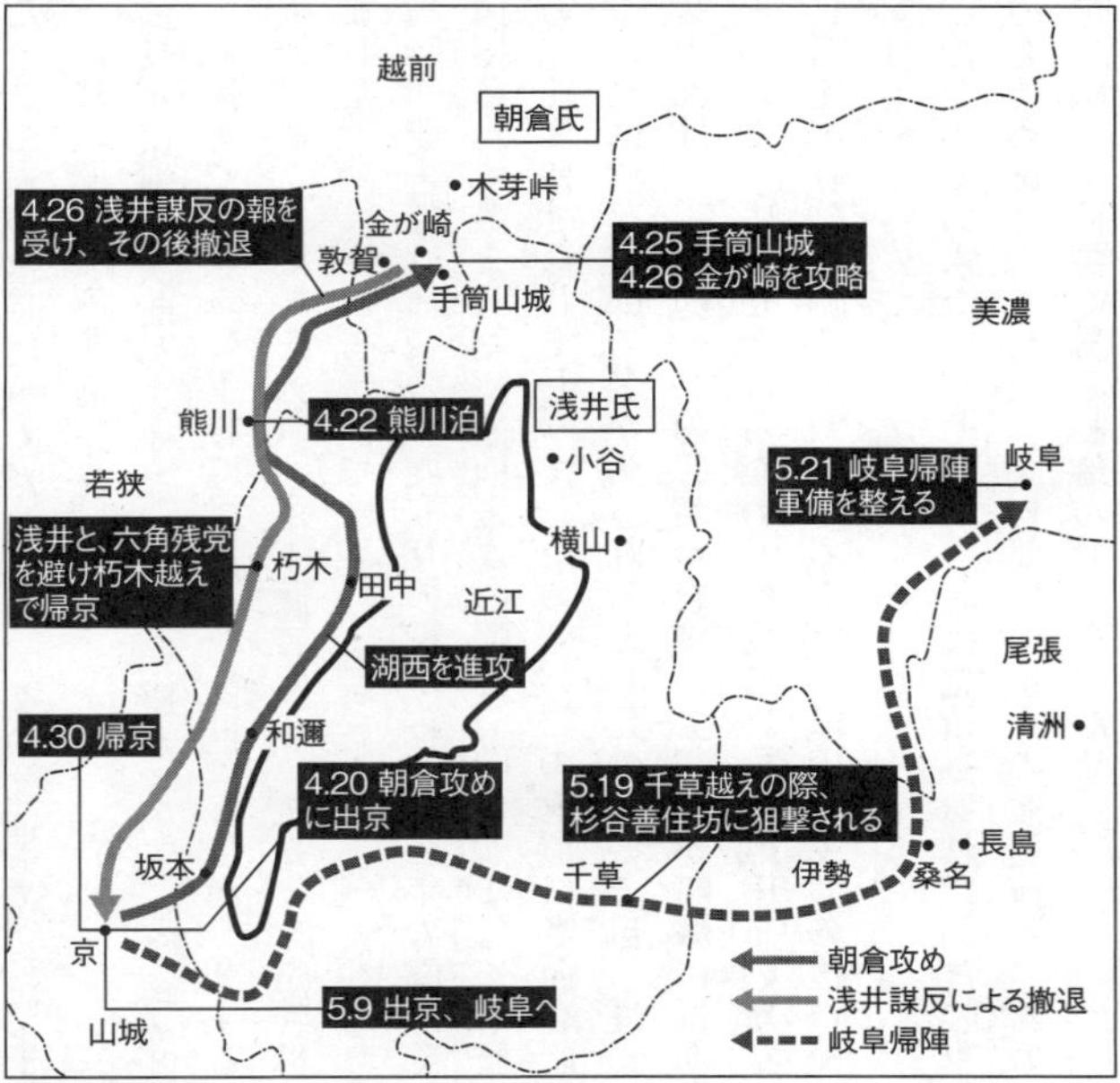

出所：『歴史群像シリーズ：織田信長』学習研究社、2001 年

　元亀元年（一五〇〇年）四月二十八日の夜には、信長は約三〇〇〇名の手勢のみを率い、金が崎城を離脱し、図表３－１－２のように琵琶湖の西岸沿いに、敦賀から熊川、朽木、大原、八瀬を経て必死の逃避行の末、早くも四月三十日の夜には政治の中枢である京都にたどり着いています。

　この最も困難な金が崎からの撤退作戦は、正に奇蹟としか言いようがない強運に恵まれたものでした。この天が信長に恵んだ強運と、この強運を巧みに生かすことができた信長の行動を、次に垣間見てみましょう。

信長が撤退を決断しますと、先ず家康が主力の撤退掩護に任ずる殿軍を申し出ましたが、信長とて同盟軍の主将に討ち死が不可避の後衛を託することは、本意ではありませんでした。そこに間髪を入れず木下藤吉郎が、尻払いを是非仰せ付け賜わりたいと申し出てきました。

当時、藤吉郎は信長の草履取りの役から約一三年の歳月を経て、三〇〇〇貫の知行取りに抜擢されていました。越前侵攻の際は、晴れがましくも歴戦の諸将を差し置いて、栄誉ある先鋒に任ぜられておりましたので、この危機に身命を賭して最も困難な殿軍を引き受けなければ、藤吉郎の名が汚されると必死の想いで自ら進んで難局に立ち向かいました。

藤吉郎は、手勢約一二〇〇名余を率いて、金が崎城にはあたかも織田勢の本陣が構えているかのように見せかけるため、信長の馬標や織田軍の旗指物など数百旒を林立させ、約二〇〇挺の鉄砲を備えて威嚇するなど、織田軍主力の後退掩護の態勢準備に渾身の努力を払いました。

このためか約六ないし七〇〇〇名と見積もられた朝倉の軍勢は慎重に構え、なかなか城攻めを始めませんでした。藤吉郎は、主力の撤退掩護のためには、最小限二刻（四時間）の時間稼ぎが必要であると踏んでいました。

そこで二刻半（五時間）の掩護のときを稼いだと判断した時機に、藤吉郎は無用の戦闘による損害を回避するため、金が崎城を放棄して後衛の殿軍の一斉離脱、そして後退を命じました。

織田軍の撤退を偵知した朝倉勢は、雪崩を打ったように藤吉郎の一団を捕捉しようと果敢な追撃を加えてきました。追いすがる朝倉軍に対しては、槍衆に守られた約二〇〇の鉄砲隊が五〇挺ずつ交互に射撃を繰り返しながら追っ手の猛攻を食い止めました。

なおも執拗に追撃の勢いを緩めない朝倉勢の追っ手に対して、主力の佐々鉄砲隊約三〇〇挺も藤吉郎軍の収容に尽力しました。ようやく朝倉勢の追っ手から逃れ、五月一日の夕刻、大原の里に到着し警戒態勢を解いたとき、藤吉郎の手勢は約半数の六〇〇名余に激減していましたが、信長の期待に違わず、藤吉郎は見事に撤退掩護の任務を果たしました。

僥倖に恵まれた信長の強運

このように木下藤吉郎が殿軍として獅子奮迅の戦いを繰り返し、信長および主力の撤退掩護に尽力している間、信長最大の危機は、朽木谷の領主である朽木信濃守元綱が、弱勢の供回りだけに守られた信長の領内通過を認めてくれるかどうかでした。

朽木元綱にしてみれば、敗残孤影の信長の領内通過を認めるか、懐に入った窮鳥に等しい信長を捕らえ、その首を朝倉義景に差し出し、領地を安堵してもらった上で熱い恩賞をもらうか、いずれにするか打算する思案のしどころであったに違いありません。

強きにつき、弱きを殺す恣行反覆《しこうはんぷく》は戦国武将の常ですから、躊躇し遅疑逡巡すべき理由は何もなかったはずでした。ところが元綱は、自ら信長の道案内までして、信長の京への帰還を手助けしたのでした。何と強運な男でしょうか、信長は！

小室直樹先生は、この時代の典型的な謀反人であった松永久秀が、どうしたわけか、このときにかぎって、生命がけで信長に忠義を尽くしたと驚嘆しておられます。

松永久秀といえば、主君を殺し、将軍の足利義輝までも殺し、後には信長にも二度までも謀友を起こした人物です。その松永久秀が、〝元綱は、某《それがし》が旧知にて候《そうろう》、希《ねがわく》は彼を説き、証人をださせ、御案内申させむ〟と言ったというのです。

わずか数騎の供回りを連れただけで落ち延びてきた信長の代理人である松永久秀が、唐突にも、道案内をしろ。かてて加えて殊もあろうに、証人（注：人質のこと）まで差し出せと要求するのですから、全く破天荒な言辞でした。

久秀は、〝もし彼聞き入れずば、刺違えて死するまでに候〟とまで言い切って朽木元綱を説得したと伝えられています。久秀の死にもの狂いの説得に押されたのでありましょうか。元綱は、信長の領内通過を認めるだけでなく、道案内までしたのでした。

かくして信長は、この戦国時代の梟雄にして老獪な武将で、最も信頼できないはずの松永久秀の信じ難い心変わりに助けられて、一命を救われました。正に僥倖としか言いようのない強運に恵まれた奇蹟でした。他の凡庸な武将と異なるところは、この危急存亡の渦中で転がり込んできた強運を生かす強烈な意志と非凡な能力を、信長は持っていたことでした。そして信長は、自分さえ生き残っていれば、捲土重来が可能であるという根本を見失うことがなかったことです。

後に秀吉は、次のように述べています。「織田信長と蒲生氏郷が戦ったら、信長が勝つであろう。何故ならば勇猛果敢な気性の氏郷は、率先陣頭に立って戦い、氏郷は緒戦において討ち死にするだろう。総大将の氏郷の首が揚げられた瞬間に、勝敗が決する」と。

この戦国時代の戦争の慣わしを熟知する信長は、総大将として最後の瞬間まで生き残る努力を続けることを最も重視して実行したのでした。

後日談——信長の捲土重来

京に生還した信長は、堺から鉄砲を調達する商取引の仲介の場になっていた法華宗の本能寺を本陣として、陣容の立て直しに精励しました。京の巷では、近江の浅井や六角に背かれ、岐阜、美濃への連絡線も遮断され、信長は苦境に陥っているとの風説が流布されていました。

信長は先ず朝野の心理的な動揺を鎮めるため、武威が健全であることを顕示しなければなりませんでした。そこで先ず若狭の石山城を根拠に蠢動する武藤友益を威圧し、母親を人質に取り圧伏しました。

次いで朝廷の禁裏の修築普請の作業現場を自ら視察し督励するなど、悠然たる態度を示しつつ、一方本陣の本能寺を表敬訪問する公家たちに対しては精一杯のもてなしで、健在ぶりを印象づけました。その陰で、堺からの鉄砲や弾薬の調達を始め、戦力の回復増強に余念なく努力を傾けました。

京の都の安寧を見届けた信長は、五月二十一日には本拠地の岐阜城にいったん帰還し、戦力の本格的な再編成を周到綿密に行いました。

岐阜で軍勢を立て直した信長は、六月十九日、朝倉・浅井連合軍を討伐するため、近江に向け行軍を開始しました。

近江に雪崩込んだ信長軍と朝倉・浅井連合軍は、六月二十八日、姉川を挟んで激突し、戦国時代における最大規模の野戦が展開されました。この戦いの勝利は信長の手に帰しましたが、両陣営に決定的な結果を招くに至らず、さらに三年余の歳月を費やし、元亀四年（一五七三年）八月二十四日、一乗谷を攻略し朝倉義景を滅ぼし、返す刀で八月二十七日、小谷城を攻略し浅井久政、長政の父子を自害させ、信長はようやく「天下布武」への基礎を確立し、「金が崎退陣」の雪辱を果たしました。

6 「天下布武」のための主戦場はどこか？

外部環境の激変にともなう基本的な方針の転換、つまり既成の方策の実行の可能性について「見切り」をつけ、新たなる方策に転換し捲土重来を期することほど、組織の最高指導者に求められる重要な条件はありません。

この際、長期的な戦略目的を確立し堅持することと、当面の戦術的な行動方針を外部環境の変化に柔軟に適応させることは、二律背反の窮地に追い込まれるように思えますが、実はそうではありません。

金が崎における信長の迅速果断なる戦術的な撤退の決断は、「天下布武」という長期的な戦略目的を常にあらゆる情勢判断の基礎にしていた信長の思考回路から発するものでした。

そして撤退目標を「京」に選定し、脇目もそらさず一目散にこれに向かって直進したのも、「天下布武」の重心（クラウゼヴィッツの『戦争論』が強調した戦争におけるセンター・オブ・グラヴィティ）が、「京」にあることを信長は論理的に理解認識していたからにほかなりません。

冒頭で触れたように、信長らしい典型的な戦役の二大双璧は、桶狭間の合戦と長篠の合戦ですが、いずれの合戦においても、局地的な戦場における戦術的な勝利に引き続く戦果の拡張、すなわち追撃を行いませんでした。

かつての陸軍大学校における図上戦術であれば、緒戦の戦術的な勝利をもって戦場内における敵野戦軍の捕捉撃滅を行わないとすれば、あるいは戦場外に撤退する敵野戦軍に対する追撃を敢行することなく手を拱いて傍観するというような将校学生の答案が出されたとしたら、いずれの答案も教官から厳しく叱責されたに違いありません。

なぜならば帝国陸軍においては、戦場の内外において敵の野戦軍主力の捕捉撃滅を徹底的に追求するナポレオン的な殲滅戦原理こそ、戦争において勝利を獲得するための基本的な原理であると信奉されていたからです。

そこには「戦争における勝利とは何か？」という問題意識が、帝国陸軍においては極めて希薄であったからと言えるのではないでしょうか。

帝国陸軍は極端な攻勢至上主義の弊害に陥り、戦争目的が何であるかについて深く考えることなく、敵の野戦軍の捕捉撃滅や敵の重要地域の占領などに執着していました。

このような未成熟な戦争観が及ぼした失態については、「第1章　大東亜戦争開戦前夜の戦略的混迷」や「第4章　南京で〝ビスマルク的転換〟は何故起こらなかったか？」などで論じたとおりです。

信長が『孫子』を愛読していたという史料は見つけられていませんが、『孫子』の「火攻篇」には、「戦えば勝ち攻むれば取るも、其の功を修めざる者は凶なり。命《なづ》けて費留《ひりゅう》という」とあります。

つまり「戦えば勝ち、また、重要地域を占領したとしても、その軍事的な成果を戦争目的の達成に昇華させることができないとすれば、それは不吉な兆候である。これは時間の浪費であり、骨折り損のくたびれ儲けである」ということです。これは戦場における戦術的な成果が、戦略的な目的の達成にどういう効果を及ぼしたかということが大切であるという意味です。

信長が『孫子』を読んでいたか、いなかったかにかかわらず、彼は「戦争の本質」を十二分に理解認識していたと言えます。つまり桶狭間でも長篠でも信長には、義元のあるいは勝頼の野戦軍を捕捉殲滅する意図は全くありませんでした。既に獲得した一定の軍事的な成果をもって、戦争目的は達成されてしまったので、それ以上の軍事的な努力は「骨折り損のくたびれ儲け」に過ぎないと、信長は考えていたのでしょう。

企業篇

日産自動車――日本的経営からの脱皮

1　車の魅力

戦後は乗用車へ

日産自動車はトヨタ自動車と並び日本の自動車業界を二分していました。日産の歴史は戦前に遡ります。一九三三年十二月資本金一〇〇〇万円で横浜市に設立されました。設立時の社名は自動車製造株式会社でした。翌一九三四年六月に社名を現在の日産自動車に改称しました。一九四四年に本社を東京に移し、社名も日産重工業株式会社に改称しました。

戦後の一九四九年八月再び日産自動車株

図表 3-2-1　日産自動車の年表

昭和 8 年(1933 年)	12 月	自動車製造㈱横浜市に設立
9 年(1934 年)	6 月	日産自動車㈱に改称
19 年(1944 年)	9 月	日産重工業㈱に改称
24 年(1949 年)	8 月	日産自動車㈱に復帰
35 年(1960 年)	9 月	米国日産設立
36 年(1961 年)	9 月	メキシコ日産設立
37 年(1962 年)	3 月	追浜工場完成
40 年(1965 年)	5 月	座間工場完成
46 年(1971 年)	3 月	栃木工場完成
52 年(1977 年)	6 月	九州工場完成
59 年(1984 年)	4 月	英国日産製造設立
64 年(1989 年)	4 月	欧州日産設立
平成 6 年(1994 年)	1 月	いわき工場完成
11 年(1999 年)	3 月	ルノーと資本参加を含むグローバル提携契約
	10 月	日産リバイバルプラン発表
13 年(2001 年)	6 月	カルロス・ゴーン社長就任
17 年(2005 年)	2 月	新経営体制発表

式会社に復帰し、一九六六年八月にプリンス自動車工業と合併しました。

日産自動車はトヨタと同様、乗用車、商用車を中心に生産してきました。戦前はダットサンの商号で小型乗用車を生産し、戦後はブルーバードに代表される乗用車を生産、中型のセドリック、プリンスと合併後はプリンスのスカイラインなどを生産してきました。

プリンス自動車は戦前の中島飛行機の流れを汲み、エンジンの性能が良く、スカイラインのスポーツタイプは、グランプリで優勝した性能を誇っていました。

図表3-2-2　日産とトヨタの生産台数（全世界）

	日産	トヨタ
平成 2 年（1990 年）	3,017,571	4,028,919
8 年（1996 年）	2,731,644	3,174,300
11 年（1999 年）	2,465,863	3,086,559
14 年（2002 年）	2,428,279	5,464,216
17 年（2005 年）	3,293,339	7,711,647
18 年（2006 年）	3,428,981	8,180,951

出所：有価証券報告書より

ところで、戦前の日本は貨物自動車の生産は行っていましたが、乗用車については日産のダットサンがあるぐらいでした。戦後、航空機メーカーにいた優秀な技術者が自動車メーカーに入ったので、エンジンをはじめ車の性能が向上してきました。日本においても世界に通用する乗用車を造りたいという機運が生まれ、当時の通商産業省が国民車構想を出し、ようやく乗用車生産が始まりました。その頃の日本の乗用車は、長時間高速運転に耐えるエンジンがなく、輸出は無理でしたが、次第に改善改良を重ね乗用車の品質が向上してきました。日産はブルーバードを販売、トヨタはコロナやクラウンを生産販売していました。

トヨタに比べ日産は、世界的なベストセラーカーである、例えばカローラのような車がなく、次第に市場におけるシェアが低下し、経営に赤信号がつくようになりました。日産は「技術の日産」と言われましたが、大衆の好む車の開発の分野においてトヨタの後塵を拝することになりました。

巨体ゆえの悩み

巨大会社である日産自動車の舞台回しを行ったのは、フランスから来たカルロス・ゴーン氏です。会社には困難な時期に救世主のように現れ、会社を危機から救う人がいます。危機のときにそのような人が現れなければ、会社の再生は困難です。

日産のような巨大な会社は、たとえれば巨大タンカーのようなもので、惰性がついて走っていますから止めるには時間がかかり、ましてや方向転換には相当なエネルギーを使わなければ難しいのが実態です。日産も従来の経営の方向転換に力を注いできたわけですが、巨体を止めることができず、惰性で進みつつあったのが実態と思います。よほどの大きい力でブレーキをかけないと、方向転換は難しいことです。

会社を良くするにはどうしたらよいかについては、古来多くの人が論じましたし、また実例が多数あります。本を読んだだけでうまくいくのであれば、経営破たんに瀕することはないはずです。日産には、カルロス・ゴーン氏が言うように優秀な社員が多いのは事実でしょうが、それでもうまくいかないのが人間の社会でしょうか。

アメリカの例でも、かつて巨大な航空会社であったパン・アメリカン航空が、方向転換できずに倒産しました。パン・アメリカン航空はアメリカを代表する航空会社で、それが破産するとは何人も想像できませんでした。事実は小説より奇なりを地でいった感じがします。

また、最近ではエンロンが、同様に巨大なためにブレーキが利かず倒産しました。巨大企業でもどこかに落とし穴があるのでしょう。国家も同様で、戦前の日本は、ブレーキが利かず戦争に突入し、敗戦まで突っ走った苦い経験があります。

日産は経営不振の打開策として自力再建は困難と考え、どこかとの提携を模索していましたが、一九九九年にフランスのルノーと合意し提携しました。その後ルノーは株式を買い増し、二〇〇二年には保有株式数が四四・四％になりました。日産はルノーの傘下に入りましたが、再生できるかについては若干疑義の目で見られていました。日本においては、フランスのルノーの知名度はそれほど高くなく、果たして上手く再生できるか未知数と見られていました。

2　日本式経営からの撤退の決断

経営不振の打開

日産自動車はトヨタ自動車と並び日本の自動車業界における二大巨人でしたが、トヨタが有名なカンバン方式を開発し、原価を削減して着実に実力をつけていったのに対し、日産は労働争議などに足を引っ張られたり、意思決定の問題を残し、次第にトヨタに離されていきました。

図表 3-2-3　営業利益率の推移

（単独、単位：%）

	日産	トヨタ
平成 2 年（1990 年）	3.5	9.9
4 年（1992 年）	0.8	1.4
5 年（1993 年）	− 0.9	1.1
6 年（1994 年）	− 1.0	0.9
7 年（1995 年）	− 2.2	2.5
8 年（1996 年）	1.1	3.0
9 年（1997 年）	3.1	5.7
10 年（1998 年）	2.4	7.2
11 年（1999 年）	0.5	7.2
12 年（2000 年）	− 0.5	6.6
18 年（2006 年）	5.1	9.9

出所：有価証券報告書より

このままいったのでは市場のシェアがじりじり下がり、会社の維持に危険信号が付くような事態にまで追い込まれていきました。会社の経営陣は単独の会社再建を断念し、前述したように、フランスのルノーの資本を入れ、ルノーの力を借りて再建することを決断しました。

ルノーは、タイヤの雄であるミシュランの子会社の再建に辣腕を振るっていたカルロス・ゴーン氏を招聘していましたが、日産の再建にあたり彼を派遣することを決めました。カルロス・ゴーン氏の派遣は日産に劇的変化を与えました。

図表 3-2-4　連結業績　（単位：億円、％）

	平成 12 年	13 年	14 年	15 年	16 年	17 年	18 年
売上高	59,771	60,896	61,962	68,286	74,292	85,763	94,283
連結営業利益	826	2,903	4,892	7,372	8,249	8,612	8,718
営業利益率	1.4	4.8	7.9	10.8	11.1	10.0	9.2

出所：有価証券報告書より

ルノーの傘下に入ったことは取りも直さず、日本式経営を止めることを意味します。このつらい決断を下したのは当時の社長であった塙氏です。ゴーン氏の登場によって日産は復活しましたが、そのシナリオを書き、実行した塙氏の決断は大きな成果を挙げました。日本の大会社に外国人を社長に迎えることは一般常識では考えられないことです。その決断が日産を見事に再生する原動力になりました。

一方、ルノーから日本に派遣されたゴーン氏は、言葉の問題や習慣の違いの克服が大変だったと思いますが、それを克服したのも大きい出来事です。平成十三年（二〇〇一年）にカルロス・ゴーン氏に交代してから日産自動車の経営結果の改善は目覚ましく、連結売上並びに連結営業利益を見ると図表3－2－4のようになっています。

表で見るように売上高の増加はあまり大きくはりませんが、営業利益の変化は劇的です。営業利益率で見ると平成十二年には一・四％であったものが、平成十三年には四・八％になっています。平成十五年には一〇・八％と一〇％を超えました。したがって平成十二年には連結純利益が欠損でしたが、平成十三年から利益に転じています。

カルロス・ゴーン氏は平成十六年（二〇〇四年）には営業利益率を八

図表3–2–5　売上原価率と営業利益率（連結、単位：%）

	売上原価率	営業利益率	摘要
平成10年（1998年）3月	74.3	1.3	
11年（1999年）3月	74.8	1.7	
12年（2000年）3月	76.5	1.4	
13年（2001年）3月	76.1	4.8	ゴーン氏社長就任
14年（2002年）3月	73.4	7.9	
15年（2003年）3月	71.4	10.8	
16年（2004年）3月	71.5	11.1	
17年（2005年）3月	74.1	10.0	
18年（2006年）3月	74.7	9.2	
19年（2007年）3月	76.7	7.4	

出所：有価証券報告書より

%にするとコミットしていましたから、コミットは十分達成されたわけです。

連結決算で平成十年から十九年までの売上原価率と営業利益率の推移を見てみましょう。

図表3-2-5で見るように、ゴーン氏が社長に就任した期から原価率は下がり、営業利益率は向上しています。彼は社長に就任したとき営業利益率を八%にするとコミットしましたが、就任後三年目で八%を上回りコミットを果たしています。さらに一〇%を突破したのですから素晴らしいことです。

売上原価の改善

売上原価率は売上に対する工場原価の割合ですから、換言すれば売上に対しどのくらいのコストが掛かっているかが分かります。売上原価が低ければ、工場生産の効率が良いことを示します。彼が社長になる前の原価率は七六%ですから、たとえて言えば売値一〇〇万円の車の工場原価は七六万円であったということです。彼が社長になって三年目の平成十五年には工場原価率は七一%台まで下がっています。三年間で一台あたりのコストが五%下がったことになります。その結果、営業利益率が向上したことになります。

原価の内訳について、連結の数字は公表されていませんから、単体の決算で工場原価の原価要素別の動きを調べてみます。

図表 3-2-6　原価率の推移　（単体、単位：%）

	材料費	労務費	経費	売上原価率
平成 10 年（1998 年）3 月	83.6	8.7	7.7	81.9
11 年（1999 年）3 月	82.3	9.2	8.5	83.6
12 年（2000 年）3 月	81.7	8.1	10.2	87.0
13 年（2001 年）3 月	82.6	9.0	8.4	82.9
14 年（2002 年）3 月	81.6	9.9	8.5	78.2
15 年（2003 年）3 月	82.7	9.2	8.1	78.5
16 年（2004 年）3 月	83.1	9.4	7.5	79.0
17 年（2005 年）3 月	80.0	8.6	11.4	82.6
18 年（2006 年）3 月	80.0	8.2	11.8	81.9
19 年（2007 年）3 月	78.7	8.3	13.0	84.0

出所：有価証券報告書より

工場原価の要素は材料費、労務費、経費の三要素から構成されます。原価は売上に対し比例的に変動する変動費と、売上とは関係なく発生する固定費があります。変動費の主なものは材料費です。車一台造るのに必要な鋼材などの材料の代金です。この材料は設計仕様を変えることで節約でき、また仕入れ業者と折衝して単価を下げることで軽減されます。

ゴーン氏登場の成果

自動車の場合、材料費の比率が高く、この比率を下げることがポイントになります。労務費は工場がオートメーション化し、作業がロボット化しているので、次第に比率は低下していくものと見られます。その反対に設備投資が増え、結果として減価償却費（経費）が増える傾向になります。

減価償却費は代表的な固定費です。固定費は生産が行われても、行われなくても発生しますが、生産が増えると一台当たりの固定費の金額が低くなります。

日産の場合、平成十年に八三・六％あった材料費が平成十七年には八〇・〇％へと削減されています。いろいろと合理化の努力をしたことが裏付けられます。

しかし、一時目覚ましく低下していた売上原価率が、このところ上昇に転じているのが気になります。設備投資関係の経費を吸収するだけの生産台数の伸びがないことが問題なのでしょう。

日産の損益計算書を見ると、売上高に大きな変動がないのですから、利益増加の原因は原価の削減に尽きます。いずれにしても、カルロス・ゴーン氏はコミットメントで宣言したように、日産自動車を蘇らせたわけです。

平成十六年の売上原価率（連結ベース）は七一・五％ですから、工場原価で総利益が二八・五％出ているということになります。一〇〇万円の車を一台あたり販売費や一般管理費を割りかけると一万一〇〇〇円の利益が出るということです。トヨタは一台売って営業利益は九万六五〇〇円ですから、日産のほうが効率が良いといえます。

ここで考えなければならないのは、日本式経営では駄目なのかということです。たまたま日産自動車は経営が不振になりましたが、一方の旗頭であるトヨタは純粋の日本式経営で世界に雄飛し、ゼネラル・モータズを抜いて世界一の座を狙っています。その他の業界を見ても、日本式の経営で成功している会社があります。したがって、日本式の経営方式に問題があるというより、以前の日産の経営陣の経営手法に問題点があったのではないかと考えられます。

かつてジャパン・アズ・ナンバーワン（Japan as No.1）と言われた時代があり、日本式の経営は世界中から非常に注目を浴びました。その後続いてきたバブル期に日本の経営者は自信を失いましたが、その間でも立派な経営を行い躍進している会社があります。経営者の問題が大きいと思われます。通常、日産のように歴史が古く、業容の大きな会社が外資の力を借りる決断は容易にできません。仮にルノーの資本を入れなかったらどうなっていたかは、歴史の〝if〟を考えることになり難しいことですが、今日の結果を見ると、日産の決断は妥当であったと評価されると思います。そのつらい決断を下したのは当時の社長であった塙氏です。

ルノーの資本を代表して社長に就任、見事に会社を再建したカルロス・ゴーン氏の業績は偉大ですが、そのカルロス・ゴーン氏登場のきっかけを作った塙社長の決断は大いに評価されます。日本式経営で行き詰まった日産を再生したのは、合理的な経営手法と信念を持ち、それを実行したゴーン氏の手腕です。

3 コミットメントの力

コミットメント

ルノーの資本が入り、ルノーが株主になると、経営の責任はルノーに移ります。ルノーにしてみても多額の資金を投入したわけですから、極端にいえば日産の経営に失敗すればルノー自体の経営にひびが入ることになりかねません。当然有能な、しかも日本人と融和できる人物を送らなければなりません。

そこで白羽の矢が立ったのがカルロス・ゴーン氏です。彼はすでにタイヤのミシュランで業績を上げており、ルノーにスカウトされた人材でした。彼は日本行きの話があったとき、先ず家族の反応が心配でした。家族と一緒に日本へ来たとき、奥さんや子供が日本のことを気に入ったので、彼は日本行きを決心したと話しています。もし家族が日本行きに賛成しなければ、今日の日産はなかったかもしれません。

ゴーン氏は社長就任に当たり三つのコミットメントを掲げました。コミットメントとは約束で、必ず実行するということです。仮に実行できなければ社長を辞職する決心です。換言すれば、職をかけての約束です。この辺が日本人の感覚と違うところです。

彼は当然達成できるという確信のもとでコミットしたわけですが、その当時の日産の状況を考えると大変勇気のいるコミットでした。再建のためには工場閉鎖とか系列の見直し、人員整理などの難問が待ち構えていました。いずれをとっても実現には相当のエネルギーが必要です。大変な覚悟と日産の従業員に対する信頼がベースになっていました。異国の地で仮に失敗すれば、彼の将来は暗いものになったでしょう。男一番の勝負であったと思います。

二〇〇二年に有名な日産一八〇のコミットメントを発表しました。一八〇の意味は、ゴーン氏によると、一は販売台数の一〇〇万台増、八は営業利益率八％、〇は負債ゼロでそれらの三つの組み合わせです。

① 日産は二〇〇四年末までに販売台数を一〇〇万台増やす。
② 二〇〇四年末までに実質有利子負債をゼロにする。
③ 営業利益率を八％にする。

コミットメントの達成は二〇〇三年にすでに営業利益率は一〇・八％になり実質有利子負債もゼロになりました。換言すれば、ゴーン氏のコミットメントは二〇〇三年にほぼ達成の目途がつきました。当時の日産の置かれていた状況を考えると不可能にも近い約束でしたが、宣言して実行したことは賞賛に値すると思います。

彼の自伝によると、毎朝七時半には出社し現場をまわり、現場の真実を肌で感じた毎日のようです。彼は日産の従業員の能力を信じ、能力を最大限発揮できるようにクロス・ファンクショナルを推進しました。クロス・ファンクショナルは部門間の壁を突き破り、社内の知識を共有する考え方です。クロス・ファンクショナルを実施する前は部門間に壁があり、お互いの情報や知識を共有する態勢になっていませんでした。

4　日産の復活

営業利益率の改善効果

日産の復活をトヨタやホンダの数字と比べてみましょう。

日産自動車の数字をホンダやトヨタと比較すると、図表3－2－7のようになります。自動車を製造し販売した結果は、売上営業利益率に反映されます。自動車各社の数字はほぼ同じようですが、日産は他の二社より若干上回った数値を示しています。数字を見る限り日産は完全に復活したとみられます。

日産の特徴は他社に比べコストが低いことです。ゴーン氏が社長になって大胆に工場の閉鎖を断行しました。コストを下げるために必要とはいえ、従来の経営者では過去のしがらみや情緒の面でためらいがあったでしょうが、ゴーン氏は必要と判断したことは実行し

図表 3-2-7　売上営業利益率　（連結、単位：%）

	2007年	06	05	04	03	02
日産	7.4	9.2	10.0	11.1	10.8	7.9
ホンダ	7.7	8.8	7.3	7.4	8.6	8.7
トヨタ	9.4	8.9	9.0	9.6	8.2	7.7

出所：有価証券報告書より

ました。

仕入れについても従来の系列からの調達を原則として止め、世界コストの感覚で合理的な価格の仕入れに変更しました。ここでも日本式の義理人情は無視され、合理的な調達に一本化されました。鋼板の調達についてもこの方式は徹底され、コストを劇的に引き下げました。

内部的にはクロス・ファンクショナルで社内知識の共有を図ると同時に、外部の外注先や下請け先も含めて一堂に会し広く知識を共有し、コストを下げ、顧客満足度を上げる努力をしています。その努力は当然意思決定のスピードを上げることに繋がりますので、新車の開発はかなり短縮されたと言われています。

車と中京地区

日本の乗用車造りは、トヨタをはじめとして中京地区が創業の地になっています。大手で日産が例外的に関東地区で創業されています。新しい日産に対し、トヨタの特色は日本式経営が特色と言われています。トヨタの経営の特色は、豊田自動織機の創業者である豊田佐吉氏の「改善」の精神にあります。豊田佐吉は発明王でもありますが、その精神は絶えず改善改良することにあり、休むことがなかったと言われます。どんな場合でも満足せず、もっと良いものへの改善と前進でした。その精神が次から次へと引き継がれ、トヨタのバックボーンを形成していると見られます。

トヨタの本社は田舎の豊田市にあります。トヨタは偉大なる田舎と称される名古屋地区に本拠を置いています。名古屋地区の会社には共通した特色があります。地味で堅実ということです。中京地区の土地柄から来るのでしょうが、中京地区の会社は無借金会社が多いという特色があります。金融機関から見れば困った存在でしょうが、無借金の会社は地味ですが不況期に強く、不況をバネに成長する特色があります。また粘り強いというのも特色に挙げられると思います。

トヨタに見られる改善の継続性は、中京地区の特色なのかもしれません。自動車会社を考えてもトヨタ、ホンダ、スズキ、ヤマハなどすべて中京地区なのもうなずけます。改善改良は『看板方式』という手法に成熟し、いまや継続的改善改良とともに「KANBAN HOUSIKI」、Continuous Improvementという言葉として世界的に知られ、看板方式を見習い導入する会社が増えてきました。

トヨタはフォードを抜き、GMを射程内に捉えたと言われているほど躍進していますから、日本式経営も評価されていると思います。

一方のホンダは、本田宗一郎氏が一代で戦後立ち上げた会社で、今や有数の自動車会社に成長しています。ホンダは、本田宗一郎氏のDNAが代々引き継がれています。ホンダは三つの喜びを掲げています。創る喜び、売る喜び、使う喜びです。また本田宗一郎以来夢を追いかけ、現在はジェット飛行機の開発製造に生きがいをかけています。トヨタ、ホンダ、日産ともに日本の製造業を代表する会社ですが、日本の会社で日本人以外の経営者の下でどのようなハイブリッド経営が行われるか将来が楽しみです。

5　グローバル経営へ

新しいコミットメント

日産自動車はルノーの傘下に入ってから、日本市場だけでなくルノーと共同して世界を見る経営に変わりました。日産一八〇の計画を達成した後、新たに『日産バリューアップ』をコミットしました。

すなわち、『日産バリューアップ』は、

①　この三年間を通じてグローバルで自動車業界中最高レベルの売上高、営業利益率を維持する。

②　平成二十年度末までにグローバルの年間販売台数四二〇万台を達成する。

③　三年間で投下資本利益率二〇％以上を確保する。

以上の三つのコミットメントです。日産はグローバルを視野に入れ、新しい挑戦を始めました。コミットメントで目標を明示し、それに向かって進む手法は欧米流の手法ですが、社員にとって目標が明確であり、やるべきことがはっきりしているという長所があります。戦国時代でいえば旗印を高く掲げ、全体の進む方向を明示し、すべての力を一点に集中するところに長所があります。会社の方針を明示することは、社員にとって進むべき方向が分かり働き甲斐があります。目標が明示されず、ただやれやれでは士気が上がらず力も出ません。

ゴーン氏がルノーから日産に来て、日産の社風は変わったと言われます。会社にはすべて長い間かかって醸成された社風があります。一朝一夕には社風は形成されません。その意味では良い社風はその会社にとって目に見えませんが、財産であるといえます。日産がゴーン氏が着任したお陰で良い社風が形成されたとすれば、大変な財産を取得したといえます。

コミットメントという新しい財産を社風の中に真に取り込むことができれば、グローバルに通用する知的資産でしょう。日本人は目標を設定しても必ず達成するというコミットではなく、一応の到達の目安として捉えがちです。したがって、達成できなくても、その理由の分析が明快であれば、許容されるところがあります。それでは、目標は必達でなく縛りの緩いものになります。目標は合理的に設定し達成できるものでなければ意味がありません。

コミットメントは考えてみると諸刃の剣です。達成できれば目標に対する達成感、充実感、満足感が会社の中に横溢するでしょう。反対にコミットメントが未達であれば、虚脱感、負け犬根性が会社の中に漂い無気力になりがちです。達成可能のコミットメントでなければ後遺症が大きいと思いますが、それだけに達成したときの社内外に与える好影響は大きいと思います。

世界共通の物指で

日産のゴーン氏が目指しているのは、グローバルなレベルで評価される会社作りです。日本という狭い市場の中における評価ではなく、世界の中で高く評価される会社を目指していると考えられます。そのためには評価の物指は世界基準でしょうから、目標は世界最高基準の売上高、営業利益率を掲げているのでしょう。

日本の会社も次第に世界的にランキング入りするようになってきました。フォーチュン五〇〇という世界の五〇〇社の中に八〇社ぐらいはランキングされるようになってきています。

企業会計のルールについても、世界共通の基準を使うように協議が続いています。会計処理の基準が違っていれば、発表されている経営成績や財政状態の比較が困難になります。同じ会計基準を適用した上で評価してはじめてグローバル企業として評価され世界的に認知されます。

日産・ルノーグループは当然、売上高、営業利益率を世界基準で計算して、世界一のメーカーになりたいという野望を持っているのでしょう。最近の情勢では、世界一のGMと提携する方向で話し合いを行いましたが、その後話し合いは不調に終わりました。いずれにしても世界の市場で生き残るには規模も必要ですが、財務内容のレベルが評価されなければなりません。

教訓

情勢判断と迅速な決断と実行

織田信長の名前を知らない人はいないでしょう。有名なのは桶狭間における奇蹟的とも言える勝利です。彼の一生を見ると、自由奔放に振る舞っているようですが、結構緻密な計算が根底にあります。彼には、自由奔放で神を恐れないところがあるようですが、人間的なところもあります。その人間的なところが、金が崎撤退の大きな伏線になっています。

桶狭間で今川に勝利した後、彼は次第に日本全国を制覇する野望を密かに持つようになりました。特に朝倉義景と浅井長政は強敵で、信長が上京する際の障害になると見られていました。そこで、信長は妹のお市の方を浅井長政に嫁がせ障害の一つを除くことを考えました。

したがって、信長と浅井長政は義兄弟になり、信長から見れば強固な同盟関係ができ安心できると考えたわけです。信長は非情で、義理人情を軽んじている振る舞いが多かったが、こと浅井長政に関しては、義理人情を重んじ同盟関係を信じていたようです。ここに信長の人間的な面を見ることができます。

織田信長はお市の嫁いだ浅井長政は義兄弟ですから絶対自分に刃向かうことはないと信

じていました。ところが、朝倉家と浅井家の関係は、信長が考えていた以上に長い親密な関係を持っていました。今風に言うと、信長のインテリジェンスは不十分であったと言えます。

日本全国を制するには、まず天皇と足利幕府のいる京都を制する必要があります。当時の織田信長は上洛を繰り返していました。

永禄十三年（一五七〇年）京都からの帰りに、目の上のたんこぶである朝倉家を攻略する手始めとして朝倉家の属城である手筒山城を攻略しました。次いで朝倉の金が崎を攻略、朝倉の主要な城を占領し大いに士気が上がりました。

ここで信長の義理人情からくる期待に反し、浅井勢が朝倉勢に呼応し信長を挟撃しました。当然信長は袋の鼠になったことを知り、直ちに撤退の決断をし、木下藤吉郎を殿にさせ必死の思いで京都に駆け帰りました。

金が崎の事件は、信長の強運と藤吉郎の働きにより無事でしたが、教訓としては事件に直面した瞬間の情勢判断と迅速で的確な決断がいかに大切かということです。

日産自動車についても迅速で的確な決断の重要性を教えています。

日産自動車は長い歴史を持つ自動車業界の名門です。ダットサンをはじめ各種の車を生産し日本の自動車業界をトヨタと二分していました。トヨタは現在世界のGMを抑えて世界一の生産台数を誇っていますが、自動車業界は浮き沈みが激しくアメリカ三大メーカーであったクライスラーはドイツのダイムラーの軍門にくだり、フォードもかつての精彩を欠いています。

日本においてもトヨタ、日産、ホンダなどの競争が激しく、日産はそのあおりを食って次第にマーケットシェアを落としていきました。このままでは会社の存続が難しいと考えられるところまで追い込まれました。

当時の日産の経営者はフランスのルノーと組んで生き残りを図りました。ルノー社は日産の大株主になり、社長としてカルロス・ゴーン氏を送ってきました。ここから日産のドラマは始まりました。日産のような伝統のある大会社の社長に外国人が座ったのは珍しいことですが、これまでのいきさつに左右されず経営できる点では良い選択であったと思います。

ゴーン氏は全く白紙で日産自動車の再建に取り組みました。彼は、日本の社会にそれまでなかったコミットメントを発表しました。コミットメントは必ず達成するという約束ですから、いわば自分の首を絞めるようなものです。ゴーン氏は連結の営業利益率を八％にするとコミットし実現しました。その過程で日本式経営ではできないような工場と外注先の整理を断行しました。日本人は情緒的ですが、ゴーン氏の場合は感情を交えない合理性を徹底したものでした。日産自動車の成績は急速に回復しました。

信長の金が崎における苦境からの判断と日産自動車におけるゴーン氏の判断を見ると、

両者ともに、それまでの経緯とか感情に左右されず、与えられている環境と条件を冷静に見て合理的な判断を行い、その場面で最善と考えられる方針を決断し、迅速に実行に移し苦境からの脱出を成功裡に行ったところに特色があります。

苦境における判断は、迷いが多く誰かに相談したくなるものです。相談しても決定するのは本人ですからいたずらに時間が過ぎ、タイミングを失う例が多々あります。大切なのは本人の人生観というか哲学だと思います。

第4章　事実を見る目

軍事篇

南京で「ビスマルク的転換」は何故起こらなかったか?

1　「ビスマルク的転換」とは何か?

プロイセン宰相の卓越した戦争指導

一八六六年の普墺戦争に際し、ケーニヒグレーツの会戦（サドワの会戦とも言う）でオーストリー軍を撃破して圧勝したモルトケ将軍が指揮するプロイセン軍が、騎虎の勢をもってオーストリーの首都ウィーンを攻略しようとしたところ、プロイセンの宰相ビスマルクは進撃を抑制させるとともに、早急に極めて寛大なる和平条件を提示し、講和条約を締結させ、武力戦を短期間で終息させました。

ビスマルクは、講和と時を同じくしてプロイセン軍を一兵も残すことなく完全に撤兵させ、オーストリーに片鱗の怨念をも抱かせることなく和平を成就させました。この結果、四年後の一八七〇年に宿敵フランスと戦うことになった普仏戦争に際しては、背後のオーストリーに何らの脅威を感じることなくナポレオンⅢ世と専心して雌雄を決することができました。

『孫子』の「作戦篇第二」に「兵は拙速を聞くも、未だ巧の久しきを睹《み》ざるなり」（武力戦においては、たとえ戦果が十分でなくても、速やかに矛を収めて戦争目的を達成したという戦例は聞いたことがあるが、これに反して完全なる軍事的な勝利を追求して武力戦を長期化させて、戦争目的を達成したという戦例は、未だに見たことはない）とあります。

軍事作戦的な完全勝利を目指して首都ウィーンの攻略を企図したモルトケ将軍を、制御して武力の行使を中止させた上で、戦争を外交交渉により早期に終結させたビスマルクの政治的リーダーシップは、「主」（最高政治指導者）の範として、春秋時代の『孫子』が掲げたものでもありました。このケーニヒグレーツにおけるプロイセン宰相の卓越した戦争指導を、後世の人々は、「ビスマルク的転換」と呼び、最高政治指導者の理想像にしました。

「軍事を制御支配できる政治」こそ、古今東西を問わず一国の最高政治指導者が追求すべき理想像と言って過言ではありません。

それでは昭和十二年（一九三七年）の南京攻略の前後における我が国の政治と軍事の関

係は、どんな対応の過程を辿っていったのか回顧してみましょう。

2 反省と陳謝、そして「反省すべき核心は何か?」

「反省」ということ

数年前「戦後六十年問題」というキャッチフレーズで、我が国は近隣諸国に対して反省と陳謝を繰り返してきました。曰く「強制連行」、「従軍慰安婦」、あるいは「南京大虐殺」などの文言が巷に溢れ出てき、いわれなき反省や陳謝を強要され、あるいは自ら進んで積極的かつ声高に「反省」や「陳謝」を叫び続けてきました。

今年(平成十九年現在)は盧溝橋事件と南京事件が勃発してからちょうど七〇年目になりますので、いわゆる「南京大虐殺」というフレーズを取り上げ、「我々が本当に反省すべき核心的な問題は何なのか?」について、改めて検討を加えてみましょう。

そしていったん武力の行使が開始され勢いづいてしまった軍事作戦を、政治指導者がより高次の大戦略的観点から軍事を制御支配し、作戦を中止させ、あるいは方向転換をさせることが重要なことは知識としては誰でも承知しています。しかし、この政治的な采配が、いかに容易ならざる大仕事であるか歴史の鏡に映し出してみましょう。

東京裁判と「南京大虐殺」事件

いわゆる「南京大虐殺」事件とは、昭和十二年（一九三七年）十二月十三日、我が中支那方面軍司令官松井石根《いわね》大将（松井大将は、同年八月十五日に上海派遣軍司令官に任ぜられていたが、十月二十日に新たに柳川平助中将を軍司令官とする第一〇軍が編成され上海要域に投入されたため、これら両軍を統一指揮するため中支那方面軍が十一月七日に編合され、方面軍司令官に親補された）が指揮する上海派遣軍と第一〇軍が、陸軍の最高統帥部が度々の攻撃前進を抑制する命令や指示を重ねていたにもかかわらず、前進を停止に転換することなく、中華民国の当時の首都南京を攻略し、これを占領した後に起こったとされている事件のことです。

この「南京大虐殺」という事件が人々の間で大きく取り上げられるようになったのは、極東国際軍事裁判法廷で検察側が、日本軍の南京占領後の約六週間にわたり日本軍将兵が一般市民および中国軍捕虜など約二〇万人を不法に虐殺し、中国人婦女約二万人を強姦し、そのほか掠奪、放火など暴虐の限りを尽くしたと論じたことが契機になったものでした。

極東国際軍事裁判は、俗に東京裁判と呼ばれていますが、昭和二十年（一九四五年）八月十五日、大東亜戦争が我が国の軍事的敗北に終わった結果として、昭和二十一年（一九四六年）五月三日に開廷され、二年半後の昭和二十三年（一九四八年）十一月十二日、開戦時の内閣総理大臣東條英機陸軍大将以下二五名のA級戦争犯罪被告全員に有罪の判決を下し閉廷したものです。この間、法廷には合計四一九名にのぼる証人が出廷し、七七九通の供述書を含む四三三六通、約九〇〇万語、四万八四一二頁に及ぶ証書が受理された裁判といわれていますから史上最大規模の裁判であったものです。

東京裁判は、検事の起訴状で「昭和三年（一九二八年）から昭和二十年（一九四五年）に至る約一七年間にわたり、日本は戦争を計画し、準備し、開始し、かつこれを実行した」と断定しました。これに対して被告人たちは、共同謀議の存在を否定し、自衛戦争であった経緯を説明し、「平和への罪」という事後法で裁くのは国際法違反であると主張しましたが、判決では検事側の基本的な考え方であった「共同謀議による侵略戦争の遂行」論が、おおむね全面的に採用されました。

この後今日に至るまで我が国では、このような東京裁判的なものの見方考え方、戦争観が支配的になり、これに反するものの見方考え方、戦争観は誤った歴史認識に因るものであるという有形無形の心理的圧迫を加えるような社会的風潮が助長されています。

いわゆる「南京大虐殺」事件にしても、検察側の一方的な証言や証拠資料によって、「無辜《むこ》の市民を含む二〇万人以上の大虐殺」が、南京占領後の日本軍によって組織的・計画的に行われたということにされてしまいました。

歴史を歪曲、捏造する中国

中支那方面軍占領前の南京は、東京都の世田谷区ぐらいの広さで、人口は約二〇万人でした。中支那方面軍の占領から約一カ月後の昭和十三年(一九三八年)一月には治安も回復し、人口は約二五万人に増加したという中国側の記録が残っており、とても信じ難い「虐殺二〇万人」という数字ですが、その後もっと大きな数字になって今日に至っています。

この「二〇万人」という数字は、いつの間にか「三〇万人」になり、そして今日では「三四万人」に膨れ上がってしまっています。「白髪三千丈」という歴史的な土壌に生まれた現象とはいえ、中華人民共和国というれっきとした近代国家の政府主導で歴史を歪曲し捏造していることには驚くほかありません。

昭和六十年(一九八五年)八月、中国政府は抗日戦争勝利四〇周年を記念して、南京城西方の郊外と揚子江との中間にある江東門付近に「侵華日軍南京大屠殺遇難同胞紀念館」を新設しました。この紀念館の正面玄関の大理石の壁面には、当時の中国の最高指導者であった鄧小平総書記が揮毫した「殉難同胞三十万」の文字が刻み込まれています。

元筑波大学教授であった故村松剛先生が、この「三〇万」という数字について国際調査委員会をつくって事実を明らかにすべきではないかと、日中友好協会会長の孫平化氏に提案しましたが、彼は「その必要はない。三〇万人という数字は、もう決まっているんだ」と言って、全く応じる姿勢を見せませんでした。

さて本稿では、いわゆる「南京大虐殺」の信憑性の検証については他に譲り、このような誤った説がひとり歩きをする契機となった「南京攻略」作戦が、どのような原因と経緯を辿って行われることになったのか、なぜ攻撃前進を攻撃中止に転換できなかったのかという観点で、当時の我が国の政治・軍事の指導者たちの意思決定過程を顧みて検討してみましょう。

3　盧溝橋事件・上海事変への対応

「不拡大」か「拡大」か？

南京攻略作戦の直接的な端緒は、上海事変でしたが、上海事変は盧溝橋事件に連動して生起したものでしたから、これら一連の事態への我が国の政治・軍事指導者たちの対応を概括的に回顧しておきましょう。

昭和十二年（一九三七年）七月七日夜、北京郊外の盧溝橋で勃発した数発の銃声は、今でこそ劉少奇が指揮する中国共産党軍の謀略工作の一環であったと言われていますが、当時は蔣介石総統が支配する中華民国政府の軍隊によるものと、我が国の政治・軍事の指導者たちは思い込んで対応していました。

実はこの初期対応を誤ったことが、思わざる支那事変への発火点になってしまったのです。七月二十八日、平津地区から中国軍を掃討するため、日本軍の本格的な武力行使が発動されるまでの約三週間、陸軍の中央においても現地においても「不拡大」か「拡大」か、を巡って複雑な経緯がありました。

「不拡大」とは、盧溝橋で勃発した日中の小競り合いが、両国の本格的な戦争状態に発展しないように交渉によって現地で問題を解決させようとするものでした。「不拡大」を一点の疑義もなく明確に主張したのは、当時参謀本部作戦部長の要職にあった石原莞爾少将でした。

石原少将の「不拡大・現地解決」論に同調する者は極めて少なく、参謀本部では戦争指導課長の河辺虎四郎大佐、同部員の秩父宮殿下中佐、高嶋辰彦少佐、堀場一雄少佐などで、陸軍省では軍務課長の柴山兼四郎大佐、軍事課部員の岡本清福中佐など、そして病床にあった参謀次長今井清中将の後任として八月十四日に着任した多田駿中将などに過ぎませんでした。

「不拡大」に対する「拡大」論は、「対支一撃膺懲《ようちょう》の武力解決主義」でした。これは単に陸軍の大勢を占めていただけではなく、近衛文麿首相以下の政府要人をはじめとする政治家たちも、中国民衆の溢れみなぎるナショナリズムの潮流を理解認識することができず、武力による威嚇か、最悪の場合であっても武力で一撃を加えるだけで、中国政府は容易に屈伏するであろうと、事態を甘く見くびっていました。

日本のマスコミ界も国民大衆も、日清戦争以来の中国人を軽侮し続けてきた既成観念から脱却することができず、極めて安直に「暴戻なる支那を膺懲すべし」と唱え続けていました。

通州、上海に飛び火

このような極めて安直で軽侮的な中国観の雰囲気の中で、盧溝橋事件は、七月二十九日の通州事件、八月九日の上海における大山海軍中尉暗殺事件などを経て、中支那の上海に飛び火し、八月十三日から上海に駐留する我が海軍特別陸戦隊（兵力約四五〇〇人）と中華民国政府軍との間で戦闘が開始されました。翌十四日には中国空軍による上海租界に対する爆撃も行われました。

「一面抵抗、一面交渉」を唱え、日本軍との決定的な戦闘を回避しつつ、中国大陸の統一という悲願を概ね達成しつつあった蔣介石は、昭和十一年（一九三六年）頃から第二次国

（注）通州事件：昭和十二年（一九三七年）の盧溝橋事件（七月七日）から約三週間後の七月二十九日、北京市東方約一二キロメートルの通州市（日本に友好的な冀東防共自治政府所在地）で中国保安隊が、通州市所在の日本軍守備隊約一一〇名と婦女子を含む日本人居留民約四二〇名を襲撃し、約二三〇名が虐殺された事件。

共合作を軸とする抗日統一戦線を固め、日本に対しても強い姿勢をとろうとしていました
その戦略は、「北支後退・中支誘引・奥地引き込み」の三段階からなるもので、上海への飛び火は第二段階のプロセスに相当するものでした。日本の政府も軍部も、蔣介石がこのような全体戦略の中に北支や中支のそれぞれの作戦を的確に位置づけているとは、夢想だにしていなかったようです。

これに対して我が国の対応は、全体的な戦略も明確な戦争目的もなく、成り行き任せの場当たり的なものでしかなかったことが、今となっては悔やまれます。このような拙劣極まりない体たらくは、我が国の政治・軍事指導者たちの戦争観の未熟、そして戦略的思考の欠如に起因するものでした。

昭和十二年（一九三七年）八月十五日、第三、第一一師団基幹の上海派遣軍が編成され、軍司令官の松井石根大将に対し、「海軍ト協力シテ上海付近ノ敵ヲ掃滅シ上海並其北方地区ノ要線ヲ占領シ帝国臣民ヲ保護スヘシ」と、作戦地域を上海周辺に限定し、かつ任務も居留民の保護に限定し、作戦命令を下達しました。この命令は、七月二十九日の通州事件のような邦人居留民の虐殺を未然に防止するために、作戦目的を「居留民保護」に絞り、行動範囲を「上海地区」に限定するものでした。

ところが上海派遣軍司令官に補せられた松井大将は与えられた作戦任務が消極的であるとして、「……某程度断乎たる兵力を用ひ、伝統的精神たる速戦即決を図る。北支に主力

を用ふるよりも南京に主力を用ふるを必要とす」と、公然と参謀本部を批判しました。

この人事は明らかにミスキャストでした。付与された任務が気に入らないと発言することは、軍人にあるまじき言語道断の軍紀紊乱と指弾されなければなりません。今にして思えば、この時点で陸軍中央は、松井石根大将の上海派遣軍司令官の職を解任すべきでしたが、正否をあいまいにし禍根を残す結果になりました。

予想を超える堅固な上海防備

中国軍の上海地区の防備は、ドイツ軍事顧問団の指導で近代的な陣地帯に強化されていました。応急派兵により、八月二十三日、上海地区に投入された第三、第一一師団基幹の上海派遣軍は、激しく抵抗する中国軍により苦戦を強いられ、日露戦争の旅順要塞攻略戦の戦死傷者六万人に迫る大損害を蒙りました。

(注) 国共合作:中国国民党と中国共産党の間で交わされた協力関係のことで、「合作」とは「協力関係」を意味する。国共合作は第一次と第二次の二回行われている。第二次国共合作は、昭和十一年(一九三六年)の西安事件と翌十二年の盧溝橋事件を背景として結成された抗日民族統一戦線のことであるが、実質的には中国共産党が、中国国民党の弱体化を狙って、同党をして日本軍と戦わせるものであった。

このため陸軍統帥部は、逐次に兵力を投入せざるを得なくなり、十月には投入兵力は一九万人に達しました。これは現在の陸上自衛隊の定員一五万人を超える兵力ですから、いかに激烈な戦闘様相が行われたか想像できるではありませんか。

正面押しの力攻めでは難局を打開できる見通しは測れませんでした。そこで最高統帥部は、三個師団基幹の第一〇軍を新たに編成し、中国軍の背後連絡線を南方から遮断しようとして杭州湾に上陸させました。第一〇軍の任務も、あくまで上海地区の居留民の保護に限定したものでしたが、軍司令官の柳川平助中将も、松井大将に劣らぬ暴支膺懲一撃論者で、かつ積極的な南京攻略論者でしたので、これも人事のミスキャストであったと言わざるを得ません。

作戦部長石原の解任

一方、戦局が逐次拡大する渦中にあって事変の早期解決に尽力していた「不拡大・現地解決」を主張してきた石原莞爾少将は、九月下旬に作戦部長を解任され関東軍参謀副長に転出させられてしまいました。これより先の八月十四日、病床の今井清中将に代わって多田駿中将が参謀次長に補職されていました。多田中将は、石原少将の大局的な「不拡大・現地解決」の事変処理方針を完全に支持していましたので、石原少将の転出後は孤軍奮闘することになりました。

石原作戦部長の更迭について、当時参謀本部作戦課の幕僚であった井本熊男大尉（終戦時大佐）は、著書『作戦日誌で綴る支那事変』（芙蓉書房出版、昭和五十三年）において、「石原将軍の作戦課（部）長としての在任は、僅か二ケ年であった。その思想は卓越し、業績も大きいものがあったが、対支観、対支策においては、陸軍上下の大勢と対蹠的なものがあり、遂に正しい石原思想は、誤れる大勢に容れられない結果となった」と述懐しています。

上海戦が一段落した十一月七日、上海派遣軍と第一〇軍を併せ指揮する中支那方面軍が編合され、松井石根大将が方面軍司令官に補職され、上海派遣軍司令官には朝香宮鳩彦王《やすひこおう》中将が補職されました。この間の現地軍司令官たちの作戦に対する姿勢は、これが将軍たる者のとるべき態度かと、その軍人としての基本的な資質を疑いたくなるようなものがあります。

十一月十五日、第十軍司令官柳川中将は、「全力ヲ以テ独断南京追撃ヲ敢行ス」ると決定しており、当時の作戦記録によりますと、「軍独力ヲ以テ南京ヲ占領シ得ヘキ確信ヲ有スルモノニシテ上海派遣軍カ仮ニ急速追撃ヲ困難トスル状態ニ於テモ何等之ニ拘束セラルルコトナク独断追撃ヲ敢行セントスルモノトス」など、中央の命令を無視した独善的な思考で充満していました。

第一〇軍が独断で南京へ向かって追撃に転移したことを、陸軍統帥部が承知するのは、

図表 4-1-1　中支作戦要図

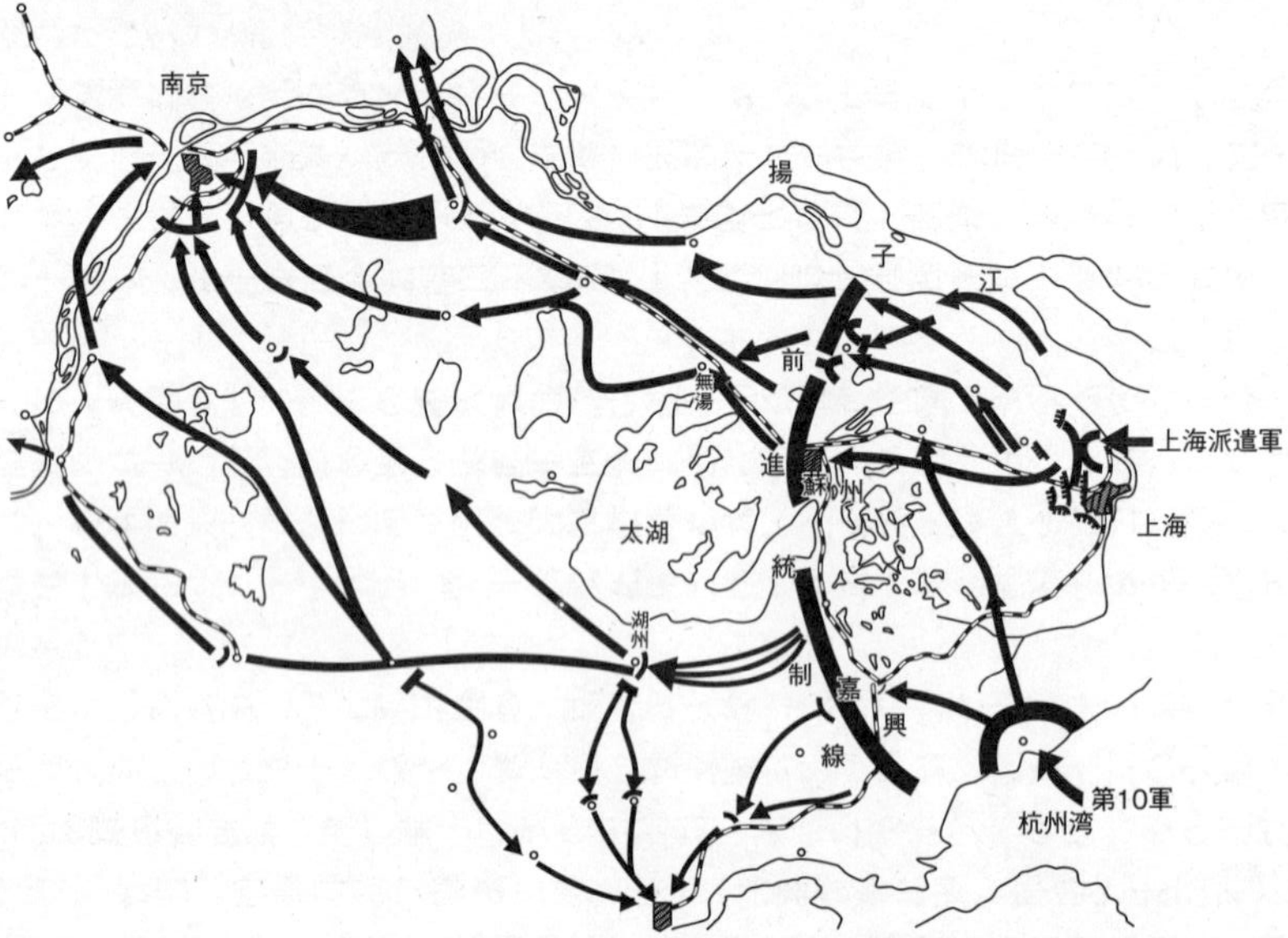

出所：『近代戦争史概説』陸戦学会、1984 年、一部略

十一月十九日でした。さらに不可解なことには、このような組織の秩序を無視した軍規違反の第一〇軍の行動を、制御すべき立場にある中支那方面軍司令官の松井大将は、逆に「事変解決ヲ速カナラシムルタメ現在ノ敵ノ頽勢ニ乗シ南京ヲ攻略スルヲ要ス」という意見具申で、参謀本部を突き上げたのです。

多田参謀次長の前進停止努力

統帥麻の如く乱れる中で、石原構想の信奉者であった多田参謀次長は、「中支那方面軍ノ作戦地域ハ概ネ蘇州～嘉興ヲ連ヌル線以東トス」と、改めて攻撃前進を抑制し作戦を制御する指示を出し戦火の拡大を防止し、早期和平に漕ぎつけようと必死の努力を重ねました。

中華民国の首都である南京を攻略すべしとするとうとうたる大河の流れの渦中にあって、蔣介石政権との和平を希求する多田参謀次長の真摯な努力が、近衛内閣との折衝の過程でどのように破綻していくのか、吉橋誠元陸将補の研究成果である「アメリカと中国を敵にまわした日本――満洲事変以降の転換点となった政戦略判断――」(『防衛学研究』第十三号、防衛大学校防衛学研究会、平成七年三月)を中心に次に顧みてみましょう。

4　和平交渉と南京攻略問題

参謀次長の転換努力「按兵不動ノ策」

参謀次長の多田駿陸軍中将が、上海事件を蘇州〜嘉興の要線以東の地域に限定し、作戦目的も居留民の保護に限定し、首都南京の攻略に反対していたことは、前作戦部長の石原の武力行使から和平交渉への転換を推進する案と同じ考え方でした。すなわち、南京周辺から日本軍を撤退させることによって、早期に日中和平を成就して、ソ連を祖国とする国際共産主義運動の東アジア侵略に日中が協力共同して対処しなければならないというものでした。

特に参謀本部戦争指導班の堀場一雄陸軍少佐は、十一月中旬の現態勢を利用して南京攻略の発起以前に和平交渉の機を熟成させて、一挙に事変を解決させるべく「按兵不動ノ策」を主張していました。

「按兵」とは、兵を留めるという意味で、これは騎虎の勢いをもって南京に向かい快進撃を続ける中支那方面軍を、南京東方の適宜の要線にいったん停止させ、中国人の面子を尊重し、蔣介石が首都南京から退避することを未然に防ぎ、いわゆる城下の盟を回避させ、勅使を奉じて南京に飛び、日中協力して対ソ防共に当たることが最も重要であることを説得して、和平への道を開拓しようとするものでした。

作戦部長主動のトラウトマン第一次和平工作

当時、日中の和平交渉は、駐華ドイツ大使トラウトマンを介して、参謀本部作戦部長石原少将主動で極秘裡に進捗していました。その発端は、参謀本部第二部（情報）第四班長の馬奈木敬信陸軍中佐（終戦時中将）が、ベルリンの駐在武官補佐官時代に懇意にしていたトラウトマンが南京の駐華大使に着任したという内話に接した石原作戦部長が、密かに馬奈木中佐に「早急に上海に赴きトラウトマンに接触し、日中和平交渉の仲介の労」を依頼するよう働きかけたことにありました。

馬奈木中佐は、かねて親交のあった駐日ドイツ大使館付武官オット少将を通じ、トラウトマン中華大使との会談を準備しました。馬奈木中佐とオット少将は、戦線視察という名目で海路上海に渡り、イギリス租界のキャシーホテルでトラウトマン大使と落ち合い、十月十八日から三日三晩連続して会談を行ったといわれています。

馬奈木中佐は、「何しろ当時は省部（注：陸軍省と参謀本部を併せて省部と呼称していた）の間では主戦論者が多く大多数を占めていたので、和平工作なんていうものは非常に勇気のいることであった。この工作は、確か蒋介石総統の耳にまで入っていた。日本の外務省にはこの工作のことが記録として残されているのに、我が陸軍の記録には全然残っていない。支那事変の初期に石原少将は、〝歴史と伝統のある国は、決して占領してはならない。中国のように古い歴史と伝統のある国の首都を占領するのは言語道断である〟と語っていた」と、戦後回想（『偕行』昭和四十八年八月号）しています。

トラウトマン大使は、石原少将の意向を直接伝えることを約束してくれました。ところが肝心の石原が作戦部長の職を解かれ、関東軍参謀副長に転勤させられてしまったために、この和平交渉は立ち消えになってしまいました。これがいわゆる第一次トラウトマン工作といわれるものです。

政府も引き込んでのトラウトマン第二次和平工作

第二次トラウトマン工作は、陸軍統帥部だけではなく、近衛内閣からも積極的な働きかけがありました。十一月二日、広田弘毅外務大臣は、駐日ドイツ大使ディルクセンに日本側の和平条件を示し斡旋を依頼しています。

この和平条件は、満洲国の承認など主として満洲に関する八項目でしたが、ディルクセン大使も、これならば中国も面子を失わず受託できる可能性があると判断していました。

これは十一月五日にトラウトマン大使から蔣介石総統に伝えられましたが、蔣介石総統は当時ブリュッセルで開催されていた九カ国会議に期待をかけていましたので、日本が事変前に原状回復することが先決であるとし、和平交渉には積極的ではありませんでした。

しかし、ブリュッセルにおける九カ国会議が頼りにならないことが明確になりますと、蔣介石はトラウトマンによる日本との和平交渉に応ずることを改めて申し出てきました。

これに先立ち近衛首相から政戦略一元化のため、首相を構成員とする大本営設置の提案がありましたが、陸海軍の同意を得られませんでした。その後十一月二十日に至り、陸海軍の協同作戦の指導部という純粋の統帥機関としての「大本営」が設置され、その翌二十一日に「大本営政府連絡会議」という連絡のための協議体が、陸海軍と政府との申し合わせで設けられました。

十二月二日、トラウトマン大使は、南京に赴いて蔣介石総統と直接面談して、「中国は和平交渉の一つの基礎として、日本の要求を受託する。北支の宗主権、領土保全、行政権には変更を加えないことなどを提議し、中国は協調的精神をもって日本の要求を討議し、諒解に達する用意がある。日本からも同様のことを期待する」と、中国側の和平についての考え方を重ねて確認しています。

多田駿参謀次長は、オット武官からトラウトマン和平交渉の進捗状況については逐一知らされていましたので、この和平工作は千載一遇の機会であるので、より寛大なる和平条件を提示して何としても和平を実現しなければならないと固く信じていました。

南京攻略阻止の参謀次長の最後の努力

引き続き参謀次長多田中将は、南京攻略が日中和平の実現にいかに大きな障害になるかを力説し続けますが、既に述べましたように中支那方面軍は、独断で蘇洲～嘉興の制令線（前進限界線のこと）を越え、首都南京への攻撃を準備し既成事実化を先行させていました。これに対し参謀次長は十一月二十四日、無錫～湖州の要線に新たなる制令線を設定し、これより南京方向への兵力の推進を規制し、南京攻略を未然に阻止しようとしました。

しかし、中支那方面軍の指揮下にある第一〇軍は、この新たなる制令線をも無視し南京方向へ進撃し、加えて我が国の新聞などの過激かつ無責任な報道に煽られて上海派遣軍との進撃競争を加速させてしまいました。正に「統帥乱レテ麻ノ如シ」の体たらくでした。

不可解なことは、最高統帥機関であるはずの大本営が、現地軍の戦線拡大の既成事実を追認するかのように、十二月一日「海軍ト協力シテ、首都南京ヲ攻略スヘシ」と発令してしまったことです。

十二月四日には中支那方面軍は、中国軍の南京防衛外郭陣地帯を突破し、八日には最終防衛線での中国軍の抵抗を排除しつつ、南京城に迫っていました。

このような現地軍の南京城への猛進撃の間にあっても、多田参謀次長の指導のもと参謀本部戦争指導班では堀場一雄少佐を中心に、何とかして松井大将の中支那方面軍を南京城外で停止させて、南京における近衛首相と蔣介石総統との首脳会談を実現させ、トラウトマン和平工作の成果を一挙に日中和平に昇華させる「按兵不動ノ策」を実現するための懸命の努力が重ねられていました。

参謀本部の中佐幕僚であった秩父宮殿下も、この「按兵不動ノ策」を熱心に説いて回っておられましたが、陸軍の大勢は熱病に侵されたように南京攻略への坂道を転げ落ちていきました。

十二月九日、首都南京攻略に先立ち松井中支那方面軍司令官は、戦闘による市民への被害の局限を図るため、南京衛戍司令官の唐生智将軍に降伏勧告状を送りましたが、回答期限の十日正午を過ぎても全く反応はありませんでした。そのため松井司令官は、十日一三時〇〇分、南京総攻撃の命令を下達しました。

この時点で、多田中将や堀場少佐たちが念願し努力した「按兵不動ノ策」・「ビスマルク的転換」は、砂上の楼閣のように雲散霧消してしまいました。

5　起こらなかった「和平への政策転換」

近衛内閣各大臣たちの軍事音痴

中支那方面軍隷下の各部隊は、マスコミに煽られて南京城一番乗りを目指して、先陣を競い早くも昭和十二年(一九三七年)十二月十三日には、南京城を占領してしまいました。

南京陥落の翌十四日行われた大本営政府連絡会議においては、連戦連勝という見かけ上の戦果に眩惑されたのか、「多くの犠牲者を出した以上、このような軽易な条件では和平を認めるのは難しい」といった閣僚たちの雰囲気がありました。就任したばかりの末次信正内務大臣も「かかる条件で国民は納得するかね」と、和平条件の加重を主張しました。

十八日の閣議では、大本営政府連絡会議に出席していなかった閣僚たちは、和平条件にすべて不同意で、勝っているのだからというだけの理由で強硬な意見が出る始末でした。近衛内閣は、日本軍の戦果に眩惑されて敗者に対する勝者の和平条件であるべきだという考え方でした。

ようやく二十一日の閣議で決定した新たな和平条件は、多田参謀次長や堀場少佐たちの思考をはるかに超えた過酷なものになっていました。多田中将ら統帥部の和平論者は、このトラウトマン工作の機会を逃せば、日中和平の好機は再び訪れないであろうと、非常な危機感を抱いておりました。

日本側が提示した和平条件は、加重された上に包括的で漠然とした表現であったため、受けた側の蔣介石総統は、さらなる具体的な条件が加えられるのではないかといった警戒感を抱いていたようでした。したがって日本側が設定した回答期限までに中国側の回答が提示されないといった状況が続いたため、近衛内閣は痺れを切らせ中国側に誠意なしという判断に至ったようでした。

致命的な連絡会議における論議の拙劣

昭和十三年（一九三八年）一月十五日の大本営政府連絡会議における論争は、極めて重要ですので、少し長くなりますが要点を抜粋引用してみましょう。

連絡会議では、中国側の誠意の有無が焦点でした。政府側の交渉打ち切り論に対し、統帥部の多田参謀次長の交渉継続論が、蒸し返し論議されました。

多田参謀次長：「とにかく、これは非常に重大問題であり、和平解決の唯一の機会であるから、決めた日時まで返事が来なくても、一日か二日待ってもよいではないか。すなわち、向う側が返事をくれるまで待っていてもよいではないか」

杉山陸相：「期限までに返事が来ないのは、国民政府に和平を図る誠意がないのだから、蔣介石など相手にしておってはいけない。屈服するまで、作戦を継続しなければならぬ」

広田外相：「自分は今まで外務大臣として、はたまた外交官としての長い経験から、このような返事を寄こしたことは、すなわち支那側に全くこれに応ずる誠意がない。こちらの要求に応じて和平解決を応諾する、という腹がないことを示すものであると確信する。次長は外務大臣を信用せぬのか？」

近衛首相：（非常に興奮して）「とにかく、早く和平交渉を打ち切り、我が国の態度をはっきりさせなければならない」

多田次長…「何故二、三日の余裕を与えることができないのか？」（これに対して政府側は明答を与えなかった）

米内海相…「外交の輔弼《ほひつ》の責にある外相が、もはや和平交渉に脈はないというのに、統帥部は脈があるというのは何故か？　政府は外相を信用している。統帥部が外相を信用せぬのは、同時に政府不信任であり、これでは政府は辞職の外はない」

多田次長…「内閣は総辞職で片付くも、軍部には辞職はない。明治大帝は、朕には辞職はないと宣われた。国家重大の時期に、政府の辞職云々は何事ぞや」

（多田次長の声涙共に下る所論に一座しんとなって、休憩となった）

休憩の間に、杉山陸軍大臣から統帥部に対し、「参謀本部が承知しなければ、近衛内閣は瓦解してしまう。何とか善処してもらいたい」と希望してきたため、参謀本部では、総務部長の中島鉄蔵中将が「事変中に内閣をしばしば替えることはいけない。ことに支那側の電報一本で内閣が瓦解するということは、これは国家として非常に不利だ」と、多田次長に迫りました。

多田次長は、その後の連絡会議において、次のように自説を開陳しています。

「参謀本部としては、この決議に同意しかねるが、しかし、これがため内閣が瓦解するということになれば、国家的にも非常に不利であるから黙過して、敢えて反対はしない」

多田次長は、連絡会議が終わったのち、事の重大性に鑑み統帥部の真意を、次のように上奏することにしました。

① 蔣政権否認に関する本日の連絡会議決定は、時期尚早にして統帥部としては不同意である。

② 然しながら、政府崩壊の内外に及ぼす影響を慮り政府一任した。

このような経過を辿った昭和十三年（一九三八年）一月十五日の大本営政府連絡会議決定に基づき、一月十六日、近衛内閣は、「爾後国民政府ヲ対手トセス」の声明を公表しました。この近衛声明により、我が国は支那事変の解決のための交渉相手を自ら葬り去ってしまい、多田が熱望した千載一遇の和平機会を逸してしまったのでした。

6　反省すべきは何か？

軍事教養の欠落と戦争観の未熟

「爾後国民政府ヲ対手トセス」の近衛声明により、支那事変は解決不可能な泥沼に陥ってしまいました。

これは近衛政府が、首都南京の占領をもって戦局が有利に進展していると認識し、徹底的な膺懲（制裁を加え、懲らしめる）の大持久戦を遂行しようとしたものですが、近衛首相以下の政治家たちには、大持久戦がいかに国力・戦力を消耗させ、国際情勢の悪化を来すかを究めることなく、眼前の局地的な戦況に酔って深く将来への洞察を欠いていたためでした。

かねて石原莞爾少将は、「不拡大、日中友好の回復」を訴え続けていましたが、その趣旨は、「今や支那は昔の支那ではなく、国民党の革命は成就し、国家は統一せられ、国民の国家意識は覚醒している。日支全面戦争になったならば、支那は広大な領土を利用して大持久戦を行い、日本の力では屈伏できない。日本は泥沼にはまった形となり、身動きができなくなる」というものでした。

石原は、常々軍人はもちろんだが、政治家には軍事学の研究、特に戦史の研究が大切であると訴えていました。

特に昭和天皇に対する軍事学の御進講の教案には、石原は精魂を傾けて作成しました。昭和十一年（一九三六年）十月から十二年五月まで、参謀次長西尾寿造中将が行う御進講には、補助官として侍立する栄誉に浴しました。その内容は、フリードリッヒ大王の持久戦争とナポレオンの決戦戦争を核心とする、戦史の研究を基礎とする近代戦の戦争指導の方策についてでした。

石原の不拡大思想は、戦史研究を基礎とする持久戦争と決戦戦争の特質の理解、そして「戦争とは、他の異なれる手段をもってする政治の延長である。したがって手段たる戦争は、目的たる政治的意図を離れて考えることはできない」というクラウゼヴィッツの『戦争論』の理解に根ざすものでした。しかし、このような戦争についての理解認識は、多田中将や堀場少佐などの極く一部の軍人を除く大多数の軍人や政治家には、望むべくもなかったというのが実態でした。

支那事変の特質が何であり、何を目的とするべきなのか、そのために南京攻略が必要なことであるのかどうか、といった戦争指導についての基本的なものの見方考え方が、大部分の軍人たちにも、政治家たちにも全く欠落していました。当時の我が国の政治指導者たちと大方の軍事指導者たちの戦争観や戦略思考は、非常に未熟なものでした。

当時の政治家たちには、政治的目的を達成するための手段としての軍事機能をどのように制御し支配するべきであるかという問題意識は皆無であったと言っても決して言い過ぎではありません。したがって政治家たちに、軍事を制御し支配しようとする意志も能力も生まれることはありませんでした。

一方、例外的な一部を除いてほとんどすべての軍人たちには、一国の安全保障機能に占めるべき軍事機能とは、いかなるものであるべきかという発想も知恵も生まれませんでした。

これは、当時の政治家や軍人たちの勉強不足ということもありましたが、そもそも「社会現象としての戦争を、社会科学の学問的な研究対象」として採り上げ、その実態を解明しようとする知的な努力の欠如という我が国の学問的な風土の然らしめるものでもありました。

そもそも「社会科学の学問的な研究……」などと大上段に振りかざさなくとも、二五〇〇年も大昔の中国人は「費留《ひりゅう》」という危機対応の知恵を持っていました。この「費留」という文言については、既に「第2章　無理な論理は駄目」の「日露戦争における卓越した戦争終末指導」（九五頁）において引用し解説しています。

本章で取り上げています昭和十二年の上海事変から南京攻略に至る約五カ月にわたる間、我が国の政治・軍事の最高指導者たちにも、現地の軍事指導者たちにも、「南京を占領するという軍事的行為が、支那事変の解決という政治的目的の成就にどのように貢献するのか、あるいは貢献しないのか」という問題意識を抱いていたという痕跡を見出すことは全くできません。

五〇〇〇年の歴史を有する誇り高き漢民族の首都である南京を占領することになれば、「泥沼に足を取られ事変の解決は不可能になる」という参謀本部作戦部長であった石原莞爾少将が乱打した警鐘は、不幸にして的中してしまいました。南京占領から四年後の昭和十六年十二月、我が国は自らが予期していなかった対米英蘭戦争に突入してしまいました。

この「南京占領」の軍事的な愚挙こそ、「費留」の典型を他に見出すことは困難です。支那事変や南京事件に接するとき、安直な「陳謝」や「反省」ではなく、このような視点からの反省が、もっと深刻になされて然るべきであると痛感します。

企業篇

ＩＨＩ（旧石川島播磨重工業）――海から空へ

1　造船業の老舗

幕末からの造船業

株式会社ＩＨＩ（旧石川島播磨重工業株式会社）の歴史は古く明治以前に遡ります。会社は幕末から現在に至るまで日本の近代化、工業化の歴史を歩んできたことがわかります。いわば日本の歩んだ縮図を見る思いです。幕末にアメリカから黒船が来航し、日本に開国を迫りました。「太平の眠りを覚ます蒸気船、たった四杯で夜も眠れず」と謳われたぐらい日本人、特に徳川幕府はショックを受けうろたえました。欧米との技術の違いを見て、目を見開いたと思います。

日本は徳川時代、鎖国政策を取りましたが、長崎に出島を作り狭いながらも外国に門戸を開いていました。幕府は出島のオランダや中国を通じて、世界の情勢に関する情報を収集していました。したがって、外国の事情や世界の動きについて摑んでいましたが、黒船の来航と開国要求には大変驚いたようです。

日本人の凄いのはショックを撥ね返し、何とかして欧米に追いつこうと努力したことです。日本人は好奇心が旺盛な民族と思います。新しいことに対する関心は強く、在来の技術の蓄積もあり、舶来の技術の取り入れに邁進しました。明治政府の方針は、早く西欧の文明を取り入れ、西欧に追いつくことにありました。

図表 4-2-1　IHI（旧石川島播磨重工業）の年表

嘉永 6 年（1853 年）	石川島造船所創設
明治 9 年（1876 年）	石川島平野造船所設立
明治 22 年（1889 年）	有限責任石川島造船所設立
大正 13 年（1924 年）	㈱石川島飛行機製作所設立
昭和 4 年（1929 年）	自動車部門分離、後にいすゞ自動車㈱になる
16 年（1941 年）	名古屋造船㈱設立
20 年（1945 年）	石川島平野造船所を社名変更し石川島重工業㈱設立
32 年（1957 年）	ジェットエンジン専門田無工場設立
35 年（1960 年）	石川島重工業㈱と㈱播磨造船所が合併し石川島播磨重工業㈱発足
平成 7 年（1995 年）	住友重機械工業㈱と共同で㈱マリンユナイテッド設立
19 年（2007 年）	㈱IHIと改称

黒船のショックは、造船業振興に対する期待となりました。香港の例もあり、外国からの脅威に対抗するため富国強兵策が採られました。幕末の嘉永六年（一八五三年）には、幕府の方針を受け石川島造船所が操業を始めました。日本の反応は大変早かったと思います。それだけ技術格差に対する思いが強かったのだと思います。

当時欧米の鉄鋼船を見て、欧米諸国の技術に対し遅れを認識した幕府および明治政府が、いかに産業の近代化に力を入れたか、また、その受け皿として石川島がいかに国家の期待に応えたかがわかります。

徳川時代は大型船の建造は幕府の方針で禁止されていました。当時の日本は鎖国政策を採っていましたから、船は千石船で日本の沿岸輸送が目的でした。徳川時代は鎖国ですから、外航を目的とする船の建造はご法度であったわけです。したがって太平洋を渡ってきた大型の鉄鋼船の出現には、さぞ驚いたことでしょう。

日本人の面白いところは、何でも自分でこなしたいという自尊心かもしれません。勝海舟が渡米したときも、咸臨丸を日本人だけで操船したように、新しい事象に挑戦するいわばチャレンジ精神が明治期における日本を飛躍させたように思います。

富国強兵の時代

明治政府は西欧の列強に追いつくため、日本の産業、特に重工業を重視しました。造船は建艦に繋がりましたので、大いに力を入れた部門です。国を富まし、軍事力を強化するには、財政と技術がなければ到底達成できません。明治政府の富国強兵の政策は、その後の日清、日露の戦争において成果が示されたと言えるでしょう。残念なのは、その後の戦争で敗れ、折角の富国が無一文になるぐらい疲弊のドン底に落とされたことです。明治に示した日本人の力は、昭和期の敗戦でいったんゼロになりましたが、日本人は戦後の復興において再び産業の復活に注力しました。

明治時代、石川島重工は政府の方針に従い、単に造船部門だけでなく鉄鋼、重電にも力を入れ、日本の産業の基礎づくりに力を注ぎました。その現れの一つとして、明治二十年（一八八七年）に当時としては最大である鉄鋼製の吾妻橋を隅田川に架設しています。明治二十九年（一八九六年）には国産第一号火力発電設備を東京電灯（現東京電力）へ納入していますし、また、明治四十四年（一九一一年）には東京中央停車場（現東京駅）の鉄骨を製作し組み立てています。このように明治時代の日本の近代化に多大の貢献をしました。

戦後は、昭和三十四年（一九五九年）に、それまで困難視されていたジェットエンジン開発の分野において、画期的な国産ターボジェットエンジンJ3を製作しました。ジェットエンジンは、日本では製造できないかもしれないと考えられていましたが、戦時中からの執念と開発の努力で成功したのは一大ニュースでした。

昭和三十五年（一九六〇年）には播磨造船と合併し、呉造船所も含め石川島播磨重工業が誕生しました。呉造船は、戦時中の海軍の造船所で幾多の大型軍艦を建造した実績を持っていました。このような実績を持った造船部門は、昭和四十一年（一九六六年）には二一万トンタンカーの『出光丸』を完成、昭和五十年（一九七五年）には巨大タンカーである四八万トンの『日精丸』を完成し引き渡しました。造船部門では着実に成長を遂げてきました。

2 戦後の躍進と造船不況

造船実績世界一

戦後の日本は、壊滅的状態から再生の道を歩みましたが、特に造船業は戦時中に開発された軍艦に応用された技術、例えば球形船首による増波抵抗の軽減などが、日本の造船業を世界一の座に押し上げました。戦後の日本は戦時中に大多数の船舶が戦禍を受け沈没した影響で、船舶の戦後復興需要が大きく、造船業は花形産業になりました。日本の造船業は、船体の建造を数ブロックに分けて製造し、その後ブロックを溶接して船体を造るようになりました。船体のブロック製造は従来の発想を一新し、その後の造船において主流の工法となりました。ブロック工法は基礎になる溶接の技術があった結果ですが、造船のコスト削減に大いに効果を発揮しました。このような新しい技術の開発がベースになり、日本の造船は納期が短くしかもコスト競争力があったので、みるみる世界市場の中で頭角を現しました。

昭和三十一年（一九五六年）には一七五万総トンを製造し、造船高世界一になり関連産業を通じて、日本の経済を引っ張りました。日本は資源がないので、輸出で外貨を稼ぎ原材料を輸入する体質ですが、船舶の輸出が日本に多くの外貨をもたらしました。

売上高を見ると、ＩＨＩ（旧石川島播磨重工業）は昭和三十八年（一九六三年）には七七四億円で、そのうち船舶の売上高は三一九億円、機械関係は四四八億円でした。それが昭和四十五年（一九七〇年）になると三五六二億円になり、船舶の割合は低下して三六％になりました。昭和五十五年（一九八〇年）には売上高は六九一六億円になりましたが、船舶の割合は一八％まで下がりました。この頃になると、労働集約型の産業は人件費の割高が原因で、次第に韓国などの日本より低賃金の国に追われるようになりました。会社としては、より付加価値の高い製品製造へとシフトしていきました。戦後の日本は一人勝ちの時代がありましたが、日本の人件費が国際的に見て高くなるにつれ、低賃金の国に市場を奪われる傾向が強くなってきました。

昭和四十五年（一九七〇年）のＩＨＩ（旧石川島播磨重工業）の売上を見ると、構成は図表４―２―２のようでした。

会社の主たる売上は、船用機械を入れると圧倒的に船舶でした。これが一〇年後の昭和五十五年（一九八〇年）になると次のように変わっています。

即ち、船舶以外の部門による比率が増え、船舶は主力の座を下りたことになります。この傾向はますます強くなり、船舶の比率は低下してきています。最近の状態は図表４―２―４のようです。

船舶部門の売上比率はますます減少し、二〇〇〇年度には一三％、二〇〇七年度には一

図表 4-2-2　昭和 45 年の売上構成

船舶	36%
鉄鋼風水化学機械	27
運搬機械鉄鋼物	10
ボイラー	10
舶用機械	6
航空機械	2
その他	8

図表 4-2-3　昭和 55 年の売上構成

船舶	18%
製鉄風水力化学機械	24
運搬機械鉄鋼物	12
ボイラー原子力	14
船舶機械	4
航空エンジン	7
その他	21

図表 4-2-4　2000 年と 2007 年の売上構成（連結）

（単位：百万円、%）

	2000 年		2007 年	
	売上	（比率）	売上	（比率）
陸上	665,052	67	804,246	65
航空・宇宙	195,893	20	297,936	24
船舶・海洋	134,118	13	132,669	11
計	995,063	100	1,234,851	100

一％にまで縮小しています。二〇〇七年度と二〇〇〇年度では売上高の絶対数はそれほどの差異がありませんから、他の部門の売上が増えたことが原因です。

3　造船部門分離の決断

造船量の浮き沈み

主な国における造船竣工量の推移を見ると図表4‐2‐5のようになります。

ＩＨＩ（旧石川島播磨重工業）はこれまで見てきたように、明治以来いわば国策を遂行する会社の様相を呈していました。造船はそれほど国の基幹産業であり、国策でもあったわけです。

図表4-2-5　世界の新造船竣工量の推移

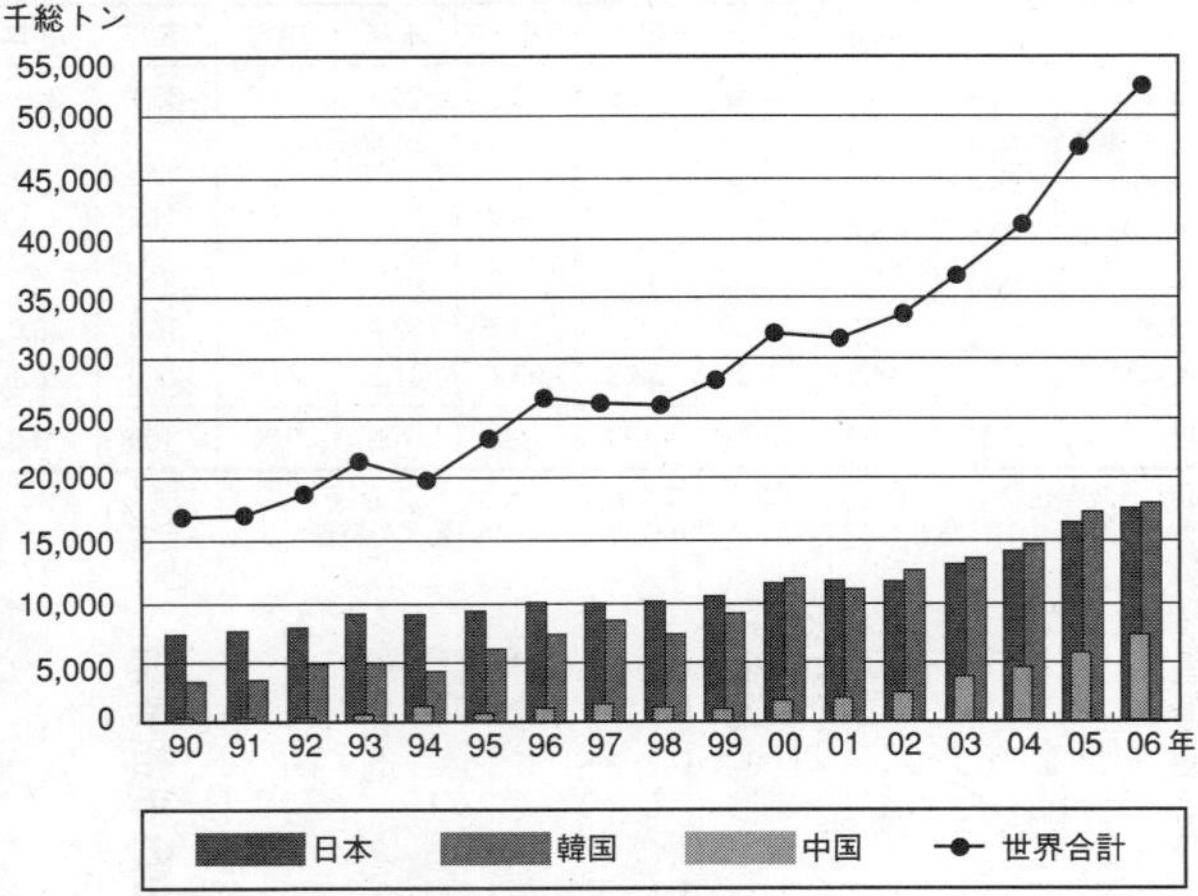

（注）Lloyd's Register資料より作成
出所：日本造船工業会ホームページ

戦後の日本経済は、造船業も経済復興の一翼を担ってきました。戦時中に日本の船は軍に徴用されたり、攻撃を受けたりで大損害を蒙りました。貿易で立国しなければならない日本にとって、船舶の建造は最優先の一つでした。幸い海運国日本は、船舶の充実と比例するように、貿易額が増え戦後経済の復興を助けました。造船額も復興とともに次第に増え、その経過は図表4-2-6に示すように昭和三十一年（一九五六年）には世界の中におけるシェアが二六%であったのが昭和四十六年（一九七一年）には四八%になり、ついに昭和五十五年（一九八〇年）には五二%を上回るところまできま

図表 4-2-6　世界における日本の造船業のシェア　（単位：％）

	昭和31年	35年	46年	55年	平成元年	5年	10年	15年	18年
日本	26.2	20.7	48.2	52.6	50.2	26.1	40.3	35.1	35.9
イギリス	20.7	15.9							
ドイツ	15.0	13.1	6.6						
アメリカ	2.5	5.8							
スウェーデン			7.4						
韓国				8.9	16.7	32.4	35.1	37.9	36.0
その他	35.6	44.5	37.8	38.5	33.1	41.5	24.6	27.0	28.1
計	100	100	100	100	100	100	100	100	100

出所：「運輸白書平成12年」第６章第２節より
平成10年、15年、18年は日本造船工業会「日本造船業の概況」より

した。まさに造船王国日本が出現しました。

競争相手の出現

昭和四十年代における造船業の好調も、昭和五十年代に入ると情勢が変わってきました。次第に韓国や中国が技術を習得し、その上人件費の安さを武器に成長してきました。韓国の躍進は造船業だけに止まらず、ＩＣ、自動車の分野などで頭角を現し、日本に比べ安い賃金を武器に、急速に日本のライバルとして世界市場に現れてきました。

韓国は、昭和五十五年（一九八〇年）日本が世界の過半数を建造していた時期には八・九％のシェアでしたが、平成元年（一九八九年）には一六・七％、平成五年（一九九三年）には三二・四％と日本を凌駕するところまで成長してきました。その後は、年によって順位が変わるシーソーゲームを演じています。もはや造船は日本のお家芸とはいえない状況になっています。

造船業は労働集約型の産業ですから、労務費の賃金格差

が競争力にマイナスに働いています。賃金差を新しい技術力、例えば液化ガスタンカーのようにに高度のテクノロジーが必要な分野などに特化し、付加価値を付けることによってカバーする必要が出てきています。

技術の面で言えば、新しい技術を開発するには時間とコストが必要ですが、すでに知られた技術を習得するのはそれほど時間が掛かりません。後から技術を習得するのは容易ですから、技術の優位の時間差は次第に短くなります。かつて繊維や自動車がそうであったように、造船における時間差の優位は加速度をもって追いかけられます。

韓国は、技術の習得が速く、いろいろな産業で日本の有力なライバルになってきています。特に造船、TV、自動車の分野における追い上げは大変厳しいものがあります。このような中、平成十六年（二〇〇四年）の国土運輸白書によると、この年は世界経済の好況で新造船の建造が増え、世界の新建造量は四〇一七万総トンになりましたが、その中で日本は一四五二万総トンと世界のシェアの三六・一％を占めています。

造船部門分離の決断

造船業の成長期に石川島は、昭和三十五年（一九六〇年）播磨造船と合併し、石川島播磨重工業（現ＩＨＩ）となり規模を拡大してきました。合併の結果、陸上機械部門に強い石川島と、造船部門に強い播磨造船で総合力を発揮できる体制が整い、最大手の三菱重工

図表 4-2-7　売上利益率（単体）　（単位：％）

	売上総利益率	経常利益率	利益率	
昭和 50 年（1975 年）	14.4	5.6	3.0	①
55 年（1980 年）	5.0	− 2.7	0.4	
60 年（1985 年）	13.1	2.1	1.1	
平成 2 年（1990 年）	12.8	2.4	1.9	
7 年（1995 年）	15.9	2.9	1.5	②
12 年（2000 年）	11.8	− 1.8	− 14.4	③
17 年（2005 年）	10.5	1.8	2.0	
19 年（2007 年）	9.7	1.9	0.9	

（注）①世界の造船量減少
②マリンユナイテッドを住友重機械工業とジョイントで設立
③アイ・エイチ・アイ　マリンユナイテッドに造船部門譲渡

業に十分対抗できるものと期待されました。

造船業は世界的に競争が激しく、かつてのような魅力のある部門ではなくなってきています。造船部門におけるコストカットは至上命令となり、会社としても生き残るためには造船部門の合理化は避けて通れなくなりました。会社は、本社で造船部門を抱えていては、事業の継続は困難と判断し、造船部門を先に設立していた住友重機械工業とのジョイントのベンチャーであるマリンユナイテッドに譲渡することにしました。平成十四年（二〇〇二年）十月、社名をアイ・エイチ・アイ　マリンユナイテッドに変更し、持分は石川島播磨が九五・四％を所有し住友重機械工業が四・六％所有しました。造船部門を分離し徹底的な合理化を行って、コストをカットすることにより生き残りを図りました。別会社にすることで損益が明確になり、コストカットが促進されました。

日本として自衛艦の建造を外国に依頼するわけにはいかず、石川島播磨、三菱重工業、川崎重工業は継続的に自衛艦の建造を行ってきました。会社分割後は、アイ・エイチ・ア

イ　マリンユナイテッドが自衛艦ほかの艦船の建造を行うことになりました。

会社の歴史は造船から始まっていることを考えると、造船部門の分離は重い決断であったわけです。蛇が成長するたびに脱皮するように、会社も自己の成長に合わせ、また、外界の変化に順応して脱皮する必要に迫られます。脱皮を繰り返しながら成長しますが、脱皮に失敗すれば会社の経営は大変な困難に遭遇します。

アイ・エイチ・アイ　マリンユナイテッドは石川島播磨の連結子会社ですから、連結売上高の中には造船部門として含まれて表示されています。新子会社は、平成十年（一九九八年）ハイテクの新鋭艦であるイージスシステム護衛艦「鳥海」を完成し引き渡しました。

4　成長部門の獲得

新しい分野へ

会社として歴史のある造船部門のウエートが低下するにつれ、新しく成長部門の獲得が必要になります。売上高の構成を同社と同業の三菱重工業と比較すると図表4－2－8のようになります。

造船部門の比重が低下している状態は、三菱重工業においても同様です。船舶海洋部門

図表 4-2-8　三菱重工業と石川島播磨重工業（現IHI）の売上構成
（平成 18 年度）　（単位：百万円、％）

	三菱重工業			石川島播磨重工業	
	売上高	割　合		売上高	割　合
船舶海洋	253,381	8.6	物流・鉄構	183,268	14.8
原動機	865,742	29.4	機械	175,909	14.3
機械鉄構	441,139	15.0	エネルギー・プラント	370,706	30.0
航空宇宙	492,251	16.7	航空宇宙	297,936	24.1
中量産品	766,800	26.0	船舶・海洋	132,669	11.0
その他	127,597	4.3	その他	161,627	13.1
消去	——			− 87,262	− 7.3
計	2,946,910			1,234,851	

出所：有価証券報告書より

の比率は七・八％に過ぎません。平成十八年（二〇〇六年）度の売上高の構成比率を見ると両社の特色が窺えます。石川島は航空宇宙の部門が売上高の二二％、エネルギー・プラントが二六％を占めているのに対し、三菱は中量産品が二八％、原動機が二五％です。石川島は、いまや航空宇宙部門の割合が増え、重要な部門に成長していることが分かります。かつては両社とも船舶部門の比率が高かったことを思えば、時代の変化が分かります。

日本の産業は船舶のような比較的付加価値の低い大型重量物から、付加価値の高い精密機械へとシフトしてきました。日本人は大きなものを小さくする、精密化することに優れていると言われています。船舶の場合はブロック化するなど、省エネ化の技術はありますが、精密化には向いていません。日本の製造業は技術的に難しい精密化とかナノテクなどの分野で活躍し、途上国からの追い上げをかわす方向に向かっています。造船会社が付加価値の少ない一般造船から、付加価値の高い産業へ転換するのは歴史の流れとして正しい方向でしょう。

また、長年培ってきた職人の熟練の技は、子会社の中で伝承されていくでしょう。会社の職人の持っている伝統的な技は、コンピューターでは伝承できないナレッジです。このナレッジが会社の重要な財産ですから、消滅させるわけにはいきません。いくら機械が発達しても、機械でできない人間の技とかカンが生きる分野があり、日本の職人の技が見直されています。

大型の製品と小型の製品を比較すると、同じ材料を使っても小型の精密製品は少ない重量で高価格の製品になります。換言すれば、高付加価値の製品は知識の塊ですから、会社に多大の利益をもたらします。同じ一トンの素材を使っても、船と自動車とジェットエンジンでは付加価値が違います。

5　ジェットエンジンの決断

開発の過程

日本は敗戦の結果、航空機製造を許されませんでした。戦時中はガソリンエンジンが主流で、三菱重工業や中島飛行機等がエンジンを生産していました。終戦の頃からエンジンはジェットエンジンへと移っていました。日本においてもジェットエンジンの開発に努力していましたが、敗戦になり連合国軍の方針で航空機産業は閉鎖になりました。考えてみると、それだけ日本の航空機の技術は、連合国軍から恐れられ警戒されていたのだと思います。

石川島（現ＩＨＩ）のジェットエンジンとの関係は、後の社長である土光敏夫氏をおいては語れません。土光氏は後に石川島播磨の社長になり、また、東芝の社長と経団連会長を歴任しました。土光氏は蔵前工業高校（現東京工業大学）の時代からタービンに興味を持って勉強していました。石川島に入社してからもタービンを研究し、さらに、スイスのエッシャーウイス社に研究留学を命じられています。石川島におけるタービンの権威になりました。

石川島は戦前から船用の蒸気タービンなどを生産して、大正十一年（一九二二年）頃駆逐艦「菫」に搭載されるまでになりました。船用タービンの延長線にジェットエンジンがありますから、石川島は一番ジェットエンジンに近い位置にいました。戦時中の航空機エンジンは中島飛行機、三菱重工業、川崎などが主流で石川島は第四位でした。ピストンエンジンの劣勢から石川島は、ジェットエンジンに力を入れるようになりました。

石川島のジェットエンジンは第二次世界大戦中に始まり、ジェットエンジンの開発が成功し、「ネ─二〇型」として特別戦闘攻撃機「橘花」に装備されて、昭和二十年（一九四五年）八月七日に初飛翔に成功しました。試運転は終わりましたが、敗戦のためジェット機の生産は中止になりました。しかし、その経験と技術は無駄にならず、知識資産として会社に残りました。一方、日本は敗戦とともに飛行機の開発は連合国軍によって禁止されました。その後、朝鮮戦争の勃発で事情が変わり、米軍の飛行機修理の関係もあり禁止が解除されました。航空機、特にジェットエンジンの技術の進歩は激しく、戦後の空白を埋めることは容易ではありませんでした。

石川島は昭和二十五年（一九五〇年）に社長に就任した土光氏の熱意で、旧海軍においてジェットエンジンを開発していた技術者を招聘し、ジェットエンジンの開発に取り組みました。昭和二十八年（一九五三年）石川島、三菱、旧中島飛行機の後継である大宮富士工業、富士精密で日本ジェットエンジン株式会社が設立され、ジェットエンジンの開発が進められましたが、会社は昭和三十四年（一九五九年）に解散しました。一方、その事業は石川島が引き継ぐことになりました。

土光氏の決断で、当時暴挙と言われたジェットエンジンの田無工場が設立されました。田無工場を見学したときの新三菱重工業の荘田副社長が、三菱ではできなかった案件を決断した土光氏を賞賛したと言われています。

戦後の自動車産業の躍進を見ると、戦時中の航空機製造に携わっていた軍関係の技術者が、自動車に彼らの夢を乗せて開発したと言われます。特に空冷エンジンを使ったオートバイにその技術が生かされ、マン島のレースで優勝したように世界の注目を集めました。現在でも日本の自動車は世界をリードしつつありますが、やはり戦時中の技術の伝統が生きているのでしょう。

IHIのジェットエンジン

日本のジェットエンジンの開発は、敗戦により中断させられました。朝鮮戦争が勃発するや戦闘機はソ連とアメリカのジェット戦闘機が主流になりました。やがて、ジェット機は旅客を乗せるジェット旅客機の時代を迎えますが、イギリス航空の初のジェット旅客機であったコメットは地中海の上空で機体が分解する事故を起こし墜落しました。調査の結果、墜落の原因はジェットエンジンに起因するのでなく、ピストンエンジンでは経験のない低空から高空に至る飛行の繰り返しによる気圧の差が原因で、機体の金属疲労が理由であったことが判明し、再びジェット旅客機生産が開始されました。ジェットエンジン旅客機は今日、長距離旅客機の主流になっていますが、過去に困難な歴史を持っているわけです。

ジェットエンジンは、石川島播磨の前身である石川島芝浦が手がけていたガスタービンがその基になっています。昭和二十三年（一九四八年）に後の石川島播磨の社長になる土光氏の呼びかけで、社内にガスタービン研究会が設置されました。昭和二十七年（一九五二年）三月航空機製造許可が出たので、石川島でもエンジン開発計画が発足しました。昭和二十八年（一九五三年）に推力三トン級の軸流ターボジェットエンジンの設計に着手しました。石川島のジェットエンジンの開発は既に見てきたように、土光氏の熱意と先見性に負うところが大きいと言われています。個人の先見性、洞察力の大きさを実感します。

土光氏は後に石川島播磨重工業の社長になり、次いで東芝の社長になり、最後は日本の財界総本山と言われる経団連の会長になった人物で、若いときから先見性に優れた人物と言われていました。会社が何か新しい事業に進出するときには、誰かが責任を負って決断しなければなりません。その決断の時期には、必ずしも将来が見えているわけではありません。

有名な話ですが、アラビア石油の創業時に社長の山下太郎氏が、サウジの石油の権益を買い取り掘削を決断したとき、将来が不明のため出資に応じる人が少なかったのです。そのとき石坂泰三氏が山下氏を援助し、見事石油を掘り当て事業を成功させたことは山下、石坂両氏の先見性と決断の素晴らしさを物語っています。

前述したように土光氏の理解をバックに、昭和三十二年（一九五七年）石川島は田無に工場用地を取得しました。ジェットエンジン生産のための工場用地で、世間からは無謀であると批判されました。ジェットエンジンの開発は苦難の歴史でしたが、その苦労で昭和六十年（一九八五年）実験機『飛鳥』のジェットエンジンを供給するまでになりました。

ＳＴＯＬ（短距離で離発着できる飛行機　Short TakeOff and Landing）の性能を持つ

『飛鳥』は、石川島播磨のジェットエンジンを載せて試験飛行に成功しました。国土の狭い日本では、短い滑走路で離発着できる『飛鳥』が大いに期待されましたが、残念ながら航空業界のニーズが変わり、『飛鳥』は実用機として飛行することはありませんでした。

その後、石川島播磨のジェットエンジンの生産は順調に進み、昭和五十三年（一九七八年）に至りジェットエンジンの生産累計は二〇〇〇台に達しました。同時期の川崎重工は二七八台、三菱重工は二二〇台でしたので、石川島播磨は他社を大きく引き離すまでに成長したわけです。ちょうどこの頃造船業は受注が減少してきていたので、ジェットエンジン部門が、会社の新しい中核部門となり、牽引力になっています。

スピードへの挑戦

これからの世界の空を考えると、飛行機を利用して旅行する人口は次第に増加すると考えられます。プロペラを使ったエンジンは、旅客輸送の第一線から引退し、主力はジェットエンジンに代わっています。ライト兄弟が飛行機を飛ばしてから一世紀が過ぎますが、その間における飛行機の発達は目を見張ります。ヨーロッパのエアバスは、二階建ての旅客機を開発し飛ばそうとしています。また、超音速旅客機の開発も計画されています。高性能のジェットエンジンの需要は高まるでしょう。

ある人が二一世紀は動く時代になると言いました。あらゆるものが動く時代かもしれません。人々はビジネスにせよ、観光にせよ、動く時代に入っています。二〇世紀に飛行機が発明され、人の動く範囲は飛躍的に拡大しました。船を使った移動と飛行機を使った移動では、動く範囲が革命的に違います。またプロペラの時代とジェットエンジンの時代とでは、また違います。例えばヨーロッパに行く場合では、プロペラではアンカレッジで給油してから飛びましたが、ジェットではシベリア経由で一気に飛びますから、時間が半減しました。

人間はスピードを求めます。人の足で歩いていた時代は、一日の行程は三〇キロメートルぐらいのものでした。馬を使えば人の足の数倍は行けました。蒸気機関車の出現で汽車は燃料のある限り走りますから、距離に関する感覚は変わりました。次いでガソリンエンジンの車から飛行機へと変わり、人間の距離と時間に関する意識が変わります。仮に次世代のジェットで超高速の飛行機が開発され、東京からニューヨークに飛べば、時差の関係で前日に着くことになりかねません。時間や日にちの概念が変わるかもしれません。

ジェットエンジンは人間の考え方を変える力を持っていそうです。ジェットエンジンの時代は当分続くでしょう。日本のジェットエンジンの第一人者であるＩＨＩのジェットエンジン部門は、ますます重要性を増すものと考えられます。ＩＨＩは国産ロケット『ＧＸ』での衛星打ち上げサービスを始めたいと発表しています。ジェットエンジンへの情熱はロケットへと発展しています。

教訓

洞察力と判断力の冴え

盧溝橋事件は昭和十二年（一九三七年）に勃発しました。この事件が勃発してから日本と中国は支那事変（日中戦争）へ突入、さらに大東亜戦争につながり、その結果、日本は敗戦による甚大なダメージを受けました。

当初、蔣介石は「一面抵抗、一面交渉」を唱え、戦略として「北支後退、中支誘引、奥地引き込み」の三段階を持っていました。残念ながら当時の日本は蔣介石の戦略を想像していませんでした。支那事変は蔣介石のペースにはまり、戦線は次第に中国の奥地へと拡大していきました。「戦争の不拡大・現地解決」を主張してきた石原莞爾少将の意見は上層部の入れるところでなく、本人は更迭され、その後戦線は拡大の一途を辿りました。この間何度も事変解決のタイミングがあったと見られますが、すべて空振りに終わっています。

他国の戦訓として、一八六六年の普墺戦争があります。プロイセン（後のドイツ）のモルトケ将軍がウィーンの攻略を意図しましたが、プロイセンの首相であったビスマルクが武力戦の早期終結を目指し、寛大な和平条件を提示し、戦争を終結させました。政治の軍事に対するリーダーシップの勝利と言われています。

一方、日本は日中和平の道を選ばず、戦争継続の道を選びました。支那事変についても大東亜戦争についても同様ですが、政治家が国の将来をどうするか、軍事機能をどのように制御し支配するかについての理念が不足していたと考えられます。その後遺症が現在まで尾を引いており、日中関係はいまだにギクシャクを繰り返しています。時の指導者の透徹した理念と洞察力、判断力、決断力が問われます。

IHI（旧石川島播磨重工業）は日本の基幹産業として、明治以前から平成に至るまでの長い歴史を刻んできました。明治時代には日本の置かれていた立場から富国強兵策がとられ、IHIも艦船の製造を通じて国に貢献してきました。

明治から昭和の前半は、軍需産業として発展してきましたが、昭和二十年（一九四五年）の敗戦以降民需を中心にした産業に転換しました。第二次世界大戦が終わり船舶の需要が増え、日本は造船量世界一を謳歌し、IHIもその恩恵をフルに享受しました。

時代は変わり、韓国や中国が造船業に名乗りをあげ、激しく日本の造船業をキャッチアップし、日本の造船業は不況産業と言われるまでになりました。

IHIは戦時中から手がけていたジェットエンジンの開発に力を入れ、造船会社からより多角的な事業の会社に変身しています。特にジェットエンジンについては開発の歴史が古く、会社の主要な事業の柱に育っています。

日本陸軍とIHIを比較すると、日本陸軍は歴史の経験を生かすことができず、一方の

ＩＨＩは、産業の状況の変化を前取りして、会社の発展性を維持してきました。その間には会社にとってつらい決断がありましたが、卓越したリーダーシップのもとで事業の撤退と転換を繰り返しながら会社を持続的に成長させてきました。

プロイセンの首相であったビスマルクの洞察力と指導力が戦争の早期収拾につながりました。ＩＨＩは主力であった造船からの撤退と他事業への転換に際しての決断が光っています。

第5章　先見の明

軍事篇

戦争様相を激変させた「電撃戦」

1　第一次世界大戦に終結をもたらした新兵器「タンク」

塹壕陣地戦

近代的な戦車が戦場に初めて姿を現したのは、第一次世界大戦の最中の一九一六年九月のことでした。

一九一四年七月、サラエボにおける一発の銃声が引き起こした大戦の緒戦は、英仏連合軍も独墺枢軸軍もともに攻勢思想に駆られ活発な運動戦が展開されました。しかし砲兵と機関銃の大量投入により戦線は逐次動きを失い独仏国境は延翼競争となり、ついにはスイスとフランスとの国境からドーバー海峡に至る約八二〇キロメートルの膠着した塹壕陣地戦へと変質していきました。

運動戦から塹壕陣地戦への転換は、砲兵と機関銃の大量使用に伴い防者の火力が、攻者の機動打撃力を追い越したからにほかなりません。このため「砲兵は耕し、歩兵は前進する」という文言も生まれました。

ところが何百門、何千門という多数の砲兵が膨大なる分量の砲弾を敵軍の塹壕陣地に撃ち込み十分に耕し尽くしたと歩兵が勇躍銃剣を振るって突撃を敢行するや、あらかじめ地形地物を利用して十分な工事を施した防護設備で守られた敵の残存砲兵による突撃阻止の弾幕射撃が容赦なく撃ち込まれ、鉄条網という対人障害物が併設された掩蔽壕の中で生き残っていた側防機関銃の火網（鉄条網や地雷原などの障害物と有機的に一体化した組織的な火線の網）が生身の歩兵を薙ぎ倒していきました。

かくして両軍とも一進一退を繰り返し、ともに戦術的にも戦略的にも敵の防御陣地を突破する機会を失い、膠着した塹壕陣地戦の様相が固定化していきました。

この戦線膠着の様相は、独仏両軍の機関銃の装備数の変化からも窺い知ることができます。一九一四年、大戦が勃発した時点における両軍の野戦師団が装備する機関銃はともに二四挺に過ぎませんでしたが、大戦の終末期の一九一八年になりますとドイツ軍の野戦師団は重機関銃一二四挺、軽機関銃二一六挺を、フランス軍は重機関銃一三八挺、軽機関銃四一四挺をそれぞれ装備するようになっていました。

このように機関銃を主要な戦闘手段とする塹壕陣地戦は、一九〇四年から〇五年の日露戦争にその萌芽を見ることができますが、わずか一〇年を経た第一次世界大戦において機関銃の猛威は、戦場支配の最高潮に達しました。

このような膠着した塹壕陣地戦による消耗戦の長期化を打開克服するために出現を待望されたのが、当時としては夢のような話でしたが、「機関銃の弾丸を撥ね除けて、鉄条網を踏み潰し凹凸のある不整地の塹壕陣地帯を踏み越えて、突き進む機動的な戦闘兵器の研究開発、そして実戦配備」でした。

戦車の起源

第一次世界大戦第二年目の一九一五年二月、イギリス陸軍工兵科のアーネスト・D・ス

(注) 攻勢思想：「攻勢」とは敵を求めてこれを撃破しようとする積極可動的な形態をいう。この形態をもって行う作戦を「攻勢作戦」という。運動戦：敵野戦軍を捕捉撃滅するため、包囲するように相互に機動している状態の戦いをいう。「陣地戦」の対語である。延翼競争：第一次世界大戦の西部戦線（独仏国境）では、当初、両軍ともに敵主力を包囲しようと敵軍の翼側に進撃するが、相手側は、これを防護するように防衛陣地を翼側に延伸していくことを繰り返す状態をいう。

ウィントン中佐は、アメリカ製のキャタピラー式農業用トラクターに着目し、装甲自動車に車輪の代わりにキャタピラーを装着して、鉄条網を踏み潰し側防機関銃の弾丸を撥ね除けて突き進む機動兵器を開発してはどうかと提案しました。

この機関銃弾防護・鉄条網破壊・塹壕超越機械兵器の起源について、イギリスの軍事史研究家であるバジル・リデル・ハート大尉の不朽の名著『近代軍の再建』（岩波書店、昭和十九年、三二八頁～三三二頁）から抜粋し紹介してみましょう。

「戦車の初期の歴史についての混乱の多くは、〝戦車とは何であるか〟の定義がなかったことから生じたものであった。そしてこの曖昧さは、〝タンク〟という秘匿名称が発明される前は、この兵器が〝陸上船（Ｌａｎｄｓｈｉｐ）〟あるいは〝陸上巡洋艦（ＬａｎｄＣｒｕｉｓｅｒ）〟として知られていた事実に起因している。

こういう名称は、その幼児時代が海軍省によって養育されていたことから出たものであった。イギリス陸軍省には、世界大戦に先立つ一九一一年にド・モール氏の戦車構想が提案されていた。しかし、その設計図は、陸軍省によって型のごとく握り潰されていたが、大戦後それが取り出されたところ、その余白には〝本人は狂気なり〟との官辺（筆者注：陸軍省）の手短な添え書きがしてあった。

戦車の起源の条件は、技術的というよりはむしろ戦術的である。それは世界大戦において初めて招来された特殊の病気に対する特殊の対処療法だったのである。この特殊な病気とは、密集した機関銃の防御火力によってもたらされ、鉄条網によって更に悪化された攻勢の全面的な麻痺であった。

この病気は、我が国の男性を徐々に、かつ遅々たる死に運命づけた。〝発明の母なる必要〟という言葉は、この戦車の起源ほどの好範例を見なかった。これは世界大戦における戦車の起源を決定する肝要な手掛かりを我々に与えてくれる。

世界大戦の病気を診察し、対処療法を案出してくれた最初の医師は、スウィントン中佐であった。日露戦争の研究者として彼は、近代戦争の傾向――機関銃が主要な役割を演じそうであることを理解していた。

スウィントンは、後日〝タンク〟と命名された機関銃防弾・鉄条網破壊・超壕機械を実現に導く立役者になった。しかし、〝ウィンストン・チャーチルの受容力と勇気と推進力〟がなかったならば、この対処療法が採用されることはありそうもないことであった」と。

長々とリデル・ハートを引用しましたが、先見的にして画期的な大事業というものは、常に当時の大勢からは受け容れられ難いものであるということです。この機関銃弾防護・鉄条網破壊・超壕機械の構想も、肝心のイギリス陸軍省からは、「面白いオモチャだが、とても戦場で使える代物ではない」と却下されていました。

この様子を側面から眺めていた畑違いの海軍大臣であったウィンストン・チャーチル

が、「陸上軍艦」として採り上げたのが、戦車誕生の契機になったのでした。つまり戦車は、チャーチル海相を父として、スウィントン工兵中佐を母として、膠着した塹壕陣地戦という軍事的な土壌の上に生まれたのでした。

2　戦車初出現の第一次世界大戦の戦闘様相の変化

戦車の初陣ソンム

一九一六年九月十五日、ソンム会戦の末期にタンクは秘密のベールをかなぐり捨てて戦場に初めて姿を現しました。これはスウィントン中佐の意見具申から一年七カ月後のことでした。

厳重な機密保持のもとに、イギリス本土から大陸のフランス戦線に移送された五九両のマークI型戦車が戦場に姿を現したとき、ドイツ軍将兵は完全に奇襲され、甚大なる心理的な恐怖感に襲われました。

しかし、この戦車の初陣は、決してそれ自体で素晴しい戦果を挙げたわけではありませんでした。初陣の五九両のうちの一〇両は、機械的な故障のため後方に残置されました。とにかく攻撃発揮位置に進出した三二両のうち、命ぜられた攻撃開始時機に攻撃発進できたのは、わずか一四両に過ぎませんでした。

さらに攻撃前進の間に五両が、泥濘地に足を取られて立ち往生し、どうにかこうにか攻撃任務を遂行することができた戦車はわずか九両に過ぎませんでした。一五％という稼働率は極めて低く、現代的な感覚からはとても成功したとは言い得ないものでしたが、当時におけるドイツ軍将兵に与えた心理的な効果は想像を絶するものがありました。

給水運搬用の「タンク」と称されていたものが、実は堅牢なる装甲とハリネズミのような武装をもって、鉄条網も塹壕も難なく乗り越えて襲いかかってくる戦況は、正にチャーチルが唱えた「陸上巡洋艦」そのものでした。

ドイツ軍将兵にとって戦車は、文字通り晴天の霹靂以外の何物でもありませんでした。人類の陸戦史に初めて火力と防護力と機動力という三つの戦闘機能要素を一体化した革新的な機動打撃兵器が誕生したのです。

相対立する戦車運用思想

歴史上初出現の近代的な意味での戦車は、イギリス製のマークI型で、雄と雌の二車種がありました。

雄は、戦車の大量集結運用を想定して考案・設計されたもので、車体重量二八・五トン、装甲厚八～一二ミリメートル、搭乗員八名で、武装は五七ミリ砲二門と機関銃二挺でした。

雌の車体重量は二七・五トンで雄と大差はないものの、武装は今日でいう主砲は搭載しておらず機関銃五挺のみを搭載しており、歩兵に対する直接協力の運用思想を反映するものでした。

ということは、イギリス陸軍は、戦車が生まれ落ちた時点で、既に戦車運用についての明確なるコンセプトを持っていたことを窺い知ることができます。

戦車の大量集結用法と歩兵直協用法という相対立する運用思想は、現在まで戦車運用の二大潮流を形成していますが、その原型をマークI型の雄と雌に見ることができます。

とはいうものの、いずれもエンジン出力一〇五馬力、路上速度六キロメートル/時でしたから、今日的な感覚からすれば戦車の神代時代と言っても言い過ぎではありませんでした。

ソンム会戦における戦車運用の実戦体験からイギリス陸軍は、戦車の大量集結運用が至当であると判断し、雄一〇〇〇両の量産を決定しました。もちろんソンム会戦で馬脚を現した不整地・泥濘地の踏破能力の向上、車内温度五〇度の制御等の課題について、改良改善の対応措置を迅速に講じました。

イギリスの同盟国フランスでも、戦車の研究開発は行われており、一九一六年二月には七五ミリ榴弾砲と機関銃二挺を搭載し、重量一四トン、エンジン出力七五馬力、時速七キロメートルのシュナイダー型が開発され、二〇〇両の量産が決定しました。

次いで同年九月には、同じ武装で、二四トン、八〇馬力、時速八キロメートルのサン・

シャモン型が開発され、八〇〇両の量産が決定されました。

一方、給水運搬用〝タンク〟による技術的奇襲を蒙ったドイツ陸軍の対応はどうだったでしょうか？

戦車の初出現は、ドイツ軍第一線将兵に言い知れない甚大かつ深刻なる心理的な衝撃を与えました。しかし陸軍の長老や最高統帥部にある指導者層は、必ずしも深刻な衝撃を受けたわけではありませんでした。

タンネンベルグ殲滅戦においてドイツ陸軍第八軍参謀長の要職を務め、国民的な英雄になっていたルーデンドルフ将軍でさえ、初期の時点では極めて鈍感な反応でした。すなわち「戦車に対する武器は、剛健なる敢闘精神、軍紀および泰然自若たる勇気なり」と発言して憚らない程度の危機感の欠如したものでした。

歴史の後知恵をもってすれば、誇り高きプロイセン陸軍の伝統を継承する将軍たちが、「戦車恐れるに足らず」というあなどりの考えを抱いたことは、開発途上の新兵器の出現に対して、中枢にあるエリート将校にありがちなことで、決して驚くべき反応ではありません。

しかし同時に、開発途上の稚拙な新兵器というものは、いずれ改善改良されて恐るべき威力を発揮する可能性を潜在させているものであることを、歴史が教訓として教えていることは誰でも承知しています。しかし、結果論をもって回顧しますと、「歴史の教訓に学ぶ」ということがいかに至難のことであるか、戦車という兵器に対する権限ある地位を占めていた責任ある指導的な将校たちの反応を回顧するとき、歴然たるものがあります。

3　大戦終結後の列強陸軍の対応

戦争終結後の戦車

一九一八年十一月十一日、ドイツ帝国の降伏により第一次世界大戦は終息しました。ヨーロッパ列強は、四年有余にわたる戦火の惨禍のため、勝者敗者の別なく国力、特に経済力は疲弊の極に達し、経済復興が何よりも優先する戦後の国家的な課題になりました。このため大戦間に膨張した軍事予算を思い切って削減しなければなりませんでした。

軍事予算の削減に当たって列強政府は、大戦後の軍事力の整備に必須不可欠の要素は何であるかの課題に応えなければなりませんでした。

削減された過少な軍事予算をもって効果的な軍事力を構築するためには、将来戦の様相を先見洞察し、無駄のない有効適正な軍事力の整備目標を構築しなければなりませんでした。

このため第一次世界大戦の実戦体験を基礎に、将来戦の様相を検討する研究が盛んに行われました。当時のヨーロッパ列強の軍事界にあっては、将来戦の様相を、防御的な火力が優位に立つであろうとする一派と、攻撃的な機動打撃が優位を占めるであろうとする一派とに分かれ激しい論争が繰り返されました。

一九一七年十一月二十日のカンブレーにおける戦車奇襲や、翌一九一八年八月八日の連合軍の攻勢における四五六両の戦車の機動打撃力を、戦勝国の英仏はどのように意義付けたのでしょうか?

一連の戦車の出現による戦闘様相の変貌を、どのように捉えるかという課題は、歴史の後知恵をもって評価できる立場にある我々にとってはいとも容易なことですが、渦中にあった当時の責任者たちにとっては、極めて難しいものでした。

戦車を誕生させたイギリスにおいてさえ、第一次世界大戦の最中に登場した戦車という装備兵器を特殊個別的な戦場の中で生まれた仇花であるから、事態が鎮静化すれば自然に雲散霧消してしまうのではないかという見方もありました。

一歩譲って戦車が必要かつ有用であることを認める人でも、そもそも戦車は軍の主兵である歩兵の戦闘を支援する補助的な役割を担うべきであると考える者が圧倒的でした。

これに対して、戦車が将来戦の主役を演ずる決勝戦力であると主張し、戦車を中核戦力として地上軍の整備をするべきである、とする少数者がいました。

したがって戦車仇花論者は別として、近代兵器としての価値を認める者も、戦術的運用面では歩兵直協派と大量集結派に分かれて、対立抗争することになりました。

ところが一連の戦術論争に加え、軍官僚制の逆機能現象ともいうべき、兵科セクショナリズムの悪しき影響をまともに蒙ることになりました。

というのは大戦後の軍事予算の削減に当たっては、軍の中の弱小勢力にシワ寄せが集中しました。したがって大戦の渦中で生まれて日も浅く軍の内部に確立された組織的な支持基盤を持たない戦車は、予算縮減の荒波をモロにかぶることになりました。

大戦間に発注された戦車の生産はすべてキャンセルされ、既存の戦車は在来の歩兵科や騎兵科などに振り分けられて、細々と息を継いでいました。

イギリス陸軍の主流派は、〝一九一四年に還れ!〟というスローガンを高く掲げ、大戦間に戦いつつ構築された陸軍の全体的な近代化が、部分である既存の各兵科の既得権益を侵害するものと見做され、権益の組織防衛に狂奔していました。

なかでも戦車の出現そのものが既得権益への重大なる脅威と感じた騎兵科の将校たちは、歴史と伝統に輝く乗馬騎兵の栄光をなんとしても守り抜こうと頑ななかつ懸命な努力を傾注し続け、それから約二〇年有余にわたりイギリス陸軍の機械化による近代化を阻害し続けました。

そもそも戦車という固有の兵科そのものが確立してはおらず、陸軍の官僚組織の中枢要部を占める高級将校の中に、戦車を支持する者を見出すこともできませんでした。

先見的な将来戦車構想

ただ先を見通す力に優れ、世俗性を超越した極めて限られた使命感派の将校が、軍近代化の切札としての戦車が軍組織の中で活路を見出す努力を重ねていました。

第一次世界大戦において戦車という革新的兵器をもって、英仏連合軍の勝利に大きく貢献したイギリス陸軍の戦車軍団参謀長の要職にあったJ・F・C・フラー大佐は、「将来戦にあっては、戦車が主戦力になるであろうし、在来型の歩兵師団も逐次に自動車化し、次いで機械化し、さらには機甲化すべきである。したがって、この進歩の第一歩として歩兵大隊には戦車一個中隊を、歩兵師団には戦車一個大隊を、編制上の部隊として保有させ、常に歩兵と戦車が有機的に一体化して戦闘し得るよう実験的な教育訓練を実施すべきである」という真摯な提言を、一九一九年に行いました。

しかし〝先覚者世に容れられず〟の諺のとおり、戦車誕生の国イギリスにおいてさえ、フラー大佐の提言は全く顧みられることなく、とうとうたる平和ムードの波浪に洗い流されてしまいました。

提言があった翌一九二〇年、イギリス陸軍では、大戦間に編成された九個の戦車旅団（戦車二六個大隊）は解隊され、わずか四個大隊のみが存続を認められることになりました。

軍事蔑視と平和謳歌の風潮の中で、真摯な態度で戦史の調査研究に精励していたリデル・ハート大尉は、一九二二年に「戦車と航空機の発達により、将来戦にあっては攻撃的な戦力が防御的な戦力を凌駕するであろう。したがって、将来戦は戦車を中核とした機甲部隊による機動戦が展開されるであろう」と主張し、戦車三〇〇〇両を主戦力とする新型の師団編制の青写真を提示しました。

しかし、リデル・ハート大尉の提言は、歴史学者の一私見として片付けられ、書斎の本棚で塵に埋もれることになってしまいました。このようなイギリス陸軍の消極保守的な軍建設の方針を、歴史家の醒めた目でリデル・ハート大尉は、厳しく批判しています。

すなわち、「眼を過去から現在と将来に転じてみよう。もし機関銃が近代的な戦場の支配者――もし戦車が無いとした場合に――であり、歩兵は軍事目的にかくも局限された寄与をするのみであるとしたら、何故に我々はわずか四個の戦車大隊に対して一三六個の歩兵大隊を維持しなければならないのであろうか。何故我々はわずか一三六個の機関銃小隊に対して二一七六個の小銃小隊を維持しなければならないのであろうか。理論的にいって答弁はあり得ない。そして我々は、一年間に約四〇〇〇万ポンドを、さらに相応する攻撃的価値も防御的価値も有しない膨大な軍隊に費やしているという罪に問われるのである」と。当時、軍官僚機構の中枢権力の座にあった責任ある高級将校たちは、いずれ歴史の審判を受けることになるのでしたが、その時点では、軍の戦力整備に大きな権限を振るっていました。

4 ヴェルサイユ軍備制限下のドイツ軍の試行錯誤

ドイツ敗戦の主要因・戦車

「一九一八年八月八日は、大戦の歴史におけるドイツ陸軍の厄日であった。……戦列の各師団は自らを完全に圧倒されるに任せた。師団司令部はその本部において敵戦車によって急襲された。……戦車と人工煙霧とによる集団攻撃は、その後我々の最も大きな敵となった」とは、第一次世界大戦における東部の独露戦線の英雄、そしてドイツ軍最後の参謀総長であったルーデンドルフ将軍の敗北の弁でした。

またフォン・ツウェール将軍は、「我々を破ったものは、フォッシュ元帥の天才ではなくて、〝ジェネラル・タンク〟であった」と慨嘆していましたが、これらは決して誇張した表現ではありません。

ドイツ敗戦の約一カ月前の一九一八年十月二日、ドイツ帝国議会に提出されたドイツ国防軍最高統帥部の報告書も同様の事情を率直に開陳しています。すなわち、「我が最高統帥部は、もはや敵に対して和平を強要すべき何らの見込みもない、と宣言することを余儀なくされた。なかんずく二つの事実が、決定的であった。その第一が戦車の出現であった」と。精強無比と謳われたドイツ軍も新参の戦車の威力の前に兜を脱いだのでした。

一九一九年六月のヴェルサイユ講和会議がドイツに突きつけた講和条約は、苛斂誅求《かれんちゅうきゅう》を極め、二〇〇億マルクという天文学的な数字の賠償金を課するものでしたが、さらに加えて過酷な軍備制限をも課していました。

それは、陸軍兵力は一〇万人に、海軍兵力は一万五〇〇〇人に制限し、航空機、潜水艦、戦車などの攻撃的な兵器の保有を禁止するというものでした。さらにフォン・モルトケ以来のプロイセン陸軍の伝統を継承する参謀本部や、陸軍大学校も廃止されるというものでした。

敗戦とともにホーエンツォルレン家のカイゼルが支配するドイツ帝国は、ドイツ共和国に衣替えを余儀なくされ、その軍隊も共和国防衛軍と改称させられてしまいました。後にドイツ国防軍という呼称が出現するのは、一九三五年のヒットラーの再軍備宣言以降のことでした。

ヴェルサイユ体制下のワイマール共和国の防衛軍の育成強化に専心腐心したのは、フォン・ゼークト将軍でした。連合軍から参謀本部までも廃絶することを強要された共和国防衛軍の統帥機能は、ゼークト将軍の細心かつ粘り強い尽力により、ベルリンの国防省の軍務局で隠密裡に細々と果たされていました。

ヴェルサイユ条約の軍備制限条項は厳格に実行することを監視されていましたので、戦車を保有することは不可能でしたが、戦車の運用理論や戦車戦術などの机上における研究まで禁止することはできませんでした。

軍備制限下の戦車運用研究

グーデリアンを筆頭とする革新的な若手将校たちは、イギリスのフラーやリデル・ハート、フランスのエスティエンヌやド・ゴールらの戦車運用に関する著作や文献などを競って読み漁り、試行錯誤を繰り返しながら戦車運用の戦術的研究に没頭していました。敗戦国ドイツの心ある将校たちの間には、第一次世界大戦が基本方針とした速戦即決で終わらず、膠着した塹壕陣地戦となって長期持久化して消耗戦に陥り、敗北するに至ったことを深く反省する雰囲気が充満していました。

したがって戦術的運用研究の焦点は、火力の大量かつ組織的な運用により戦場が固定化する傾向を何とか回避して、戦場を流動化させる可能性を追求する方向に絞られていました。

さらにドイツが伝統的に速戦即決の短期戦を指向したのは、ドイツが置かれた戦略地政学的な条件によるものでした。ヨーロッパ大陸の中央部に位置し、東にロシア、西にフランス、南にオーストリーといった大国を控え、二正面の脅威、三正面の脅威といった最悪の事態に対応することを想定せざるを得ない戦略地政学的な宿命にありました。

多正面作戦を余儀なくされる戦略地政学的条件を前提にすると、軍事的な要請としては最短時間で前門の虎を破り、取って返す刀で後門の狼を叩くという、いわゆる内線作戦による各個撃破の可能性を追求せざるを得ませんでした。

速戦即決の短期決戦、内線作戦による各個撃破を追求する軍事方針は、ドイツが置かれた戦略地政学的な宿命に基づく必然的かつ伝統的な帰結でした。

したがって敗戦後のドイツ軍将校たちが抱いた共通の問題意識は、第一次世界大戦においてなぜドイツの伝統的な軍事方針が挫折し、最も回避すべき二正面の長期持久戦の弊に陥ってしまったのかということでした。そして、これへの反省とその原因の解明が、当時のドイツ軍人たちの解決すべき当面の課題となっていました。

この課題に対する回答は、第一次世界大戦の真摯かつ深刻な研究による戦訓の取り出しに求められました。「何故、膠着した塹壕陣地戦・消耗戦に陥らざるを得なかったのか?」という課題意識で、敗戦の原因・戦訓を追究するのですから、裏を返せば、「戦場を流動化する方策はなかったのか?」、「火力の優越に対し、機動の優越を期する方策はなかったのか?」、「速戦即決・短期決戦の可能性は、何によって追求できるのか?」といった研究課題が、次々に生まれてきました。

これらの研究課題を解明する過程で、戦車を中核とする機甲部隊の大量集結運用により、戦場の固定化を回避して戦場を流動化し、敵に火力発揮の機会を与えることなく、敵の指揮中枢機能を機動打撃して、最短時間で軍事的勝利を求めようとする戦車運用の構想が、グーデリアンの脳裡に浮かんできました。

これはドイツの戦略地政学的な条件からする戦略的必要性と、近代兵器の運用による戦術的可能性の打開とを、いかにバランスさせるかという課題でもありました。換言すれば、ドイツの戦略地政学的な条件がドイツに速戦即決の短期決戦という軍事戦略を規定し、これが戦車を中核とする機動打撃力の発揮による戦場の流動化という作戦・戦闘様相を創出することを求めていたのです。

戦車という新兵器を開発し、これを戦場に投入したことにより、膠着した塹壕陣地戦の凍結状況を打開し、戦勝獲得への道を開いたのは英仏連合軍でした。しかし大戦後の平和の到来とともに決戦兵器となって活躍した戦車に対して、極めて冷淡な態度を取るに至ったことは既に述べました。

戦場で戦勝の決め手となる兵器であることを実証された戦車に対する均衡を逸した消極的な見方考え方は、大戦後の英仏両国の財政事情の逼迫、国民大衆の戦争嫌悪の感情、そして軍という官僚組織における既得権益を守り抜こうとする保守的な傾向などが助長したものでした。

事実や事象というものは、これらを見る者の視点や問題意識の違いによって、その価値づけは微妙なあるいは大きな差異を生ずるものであることは、誰でも知っていることですが、戦車という兵器の戦略的・戦術的な価値の評価も、これを見る者の視点や問題意識によって大きな差異が生じていました。

戦車の戦場投入によって勝利を獲得した英仏側、戦車によって敗北を余儀なくされたドイツ側、いずれの側においても先見性のある将校たちは戦車について妥当な評価を下していますが、軍隊組織というマスで見ますと、勝者と敗者の評価は非対称でした。

戦車の戦略的・戦術的評価を低く判定した英仏陸軍には、勝者であるが故に伝統的な旧来の指導階層が厳然と構えていたのに対し、ドイツ陸軍には敗者であるが故に在来型の指導階層の権威が失墜し、英仏に比較すれば影響力を低下させていたことが指摘できます。

この世ではよく「勝者敗因を蔵し、敗者勝因を秘す」と言われますが、伝統的な旧来の指導階層の軍組織に対する影響力の多いか少ないかが、新しい価値観を受け入れることの難易に反映していることを認めざるを得ません。

5　独ソ両軍のラッパロ秘密軍事協定

さらに、先見性に富んだフォン・ゼークト将軍の優れた見識と実行力に注目しなければなりません。彼は、早くも一九二〇年頃から、大戦間に産声を上げた世界初の社会主義国家であるソ連との軍事的な提携までをも構想していました。

ゼークトは、祖国ドイツの将来を考え、ヴェルサイユ条約で保有を禁止されていた航空機や戦車の本物を演習場で実際に駆使して、共和国防衛軍の中核的な幹部将校を練磨しておくべきであると確信していました。その修練の場の提供を、異端のソ連に求めたのでした。

一方ソ連の側には、草創間もない未熟な赤軍を、軍事的に先進性の誇り高きプロイセン陸軍の伝統を継承するドイツ共和国防衛軍の将校たちによって、教育訓練して欲しいという願望がありました。

不倶戴天の敵国同士でありながら、かつ民主主義と社会主義という相対立する国家体制にありながら、等しくヴェルサイユ体制の被抑圧者と疎外者というわずかな共通項が接点となり、軍事協力が図られることになりました。

一九二二年四月、プロイセン陸軍伝統の正統な継承者であるフォン・ゼークトとソ連共産党の最高幹部であるカール・ラデックとの間に、列強の目を盗んでラッパロ条約の秘密軍事協力協定が締結されました。この秘密協定は、ヒットラーが政権を掌握する一九三三年までの一〇年間、独ソ両国の軍事体制の強化に相応の寄与を成し遂げました。

秘密軍事協定に基づく戦車の実戦的な教育訓練と研究は、ヴォルガ河の中流域の河畔にある田舎町カザンの赤軍戦車学校で行われました。

革命ソ連の赤軍が産声を上げたときは、保有戦車はゼロという状態でした。革命に引き続く国内戦で、捕獲したイギリス製の菱形五型戦車やホイペット中戦車、フランス製のルノー軽戦車などが、赤軍が初めて手にした戦車でした。

当時のソ連軍では、戦車の運用に関する思想も理論も関心すらもありませんでした。しかし、革命の父レーニンの鶴の一声で、フランス製のルノーFT戦車の模造生産が、クラスノ・ソルモフ工場で開始され、そしてルースキー・ルノーと俗称されるKS戦車が、一九二一年に完成しました。

初の国産戦車を生産し保有してはみたものの、戦車の運用方法については全くの五里霧中で困惑しているときに現れたのが、ドイツ共和国防衛軍からの軍事協力の申し出でした。ソ連赤軍は、渡りに船とばかりにドイツの申し入れに同調し、独ソ両軍の将校たちは相互に軍事的な協力関係を続けたのでした。

カザンの赤軍戦車学校の存在が、後年のドイツ軍の機甲部隊を育成する上で果たした役割は全く計り知れないものがありました。

6 グーデリアンの仮想機械化部隊の模擬演習

グーデリアンの模擬演習

ドイツ機甲部隊の創設を語るとき、ハインツ・グーデリアン将軍が果たした創造的な貢献に触れないわけにはいきません。

第一次世界大戦がドイツの敗北に終わったとき、グーデリアンは大尉参謀でしたが、縮小された一〇万人の軍隊に残ることができました。

一九二二年、国防省の交通兵站監部に職を奉じ、軍の自動車化に関する業務を担当していました。独ソ軍事協力が順調に軌道に乗るようになってきた一九二七年、交通兵站監部に新設された戦術部門に補職され、戦車の運用と他の兵科との協同についての調査研究に従事することになりました。

一九二七年、イギリス陸軍が大戦後初めて機械化部隊の大演習を実施しました。グーデリアンは、この演習に関する情報資料を積極的に収集し、徹底的な調査研究を行いました。その成果としてグーデリアンは、一九二九年の夏には、実際には存在しない師団規模の機械化部隊の模擬の野外大演習を仕組みました。

この模擬大演習は、一〇万人軍隊には実在しない機甲師団を仮想した「想定・状況」が構成され、演習は成功裡に展開されました。しかし、グーデリアンの直属上級指揮官である交通兵站監のオットー・シュテュルプナーゲル将軍は、機甲師団などという代物は夢想の産物であり、砂上の楼閣に過ぎないものであると否定的な講評を下しただけではなく、連隊規模以上の機甲部隊の運用研究を禁止する措置を採りました。

グーデリアンが、この模擬演習で仮想した機械化部隊というものは、戦車単独の部隊ではありませんでした。そもそも戦車という兵器は、一〇万人軍隊には存在しなかったのですから、戦車という兵器にこだわる意識は全くありませんでした。

したがってグーデリアンの脳裡には、諸兵科連合の有機的な統合戦力を結集して発揮する有機的な部隊編成が、極めて自然に発想されていました。後日、この辺りの事情についてグーデリアンは、次のように述懐しています。

「この一九二九年に、私は戦車が単独で行動したり、歩兵と緊密に結びついたりするだけでは、決定的な重要性は持ち得ないという確信を得た。戦史研究、イギリスで実施された演習、および我々の模擬戦車による演習体験等によって、私は戦車部隊が、その本来の威力を発揮するためには、常に戦車部隊を支援する他の兵科が速度と戦場における機動能力において、戦車と同一の水準に達していなければならないというものであった。

すなわち、諸兵科連合の編合部隊にあっては、戦車部隊はその主役を演じなくてはならないし、その他の諸兵科部隊は、戦車部隊に所期の目的を達成させるように運用されなければならない」と。

換言すれば、歩兵師団の中に戦車部隊を組み入れるのではなく、戦車部隊を中核として、これに協力する他の諸兵科の部隊を機械化部隊の組織編制に組み込まなければならないというものでした。

一九三二年、かねてのグーデリアンたちの努力が結実して、ドイツは大戦後初めての戦車を国産化しました。車体重量六トン、装甲厚二〇ミリメートル、速度五〇キロメートル／時、搭載機関銃二挺のI号戦車、そして八・九トン、三五ミリメートル、四〇キロメートル／時、二〇ミリ戦車砲と機関銃各一挺のII号戦車の二車種でした。

平素グーデリアンは、「戦車を歩兵に対する直接協力の役割にしようとすることは、戦車の衝撃力を減殺することになる。戦力とは二分の一MV二乗であるが、戦車を中核とする機甲師団のみが二分の一MV二乗の原理を最高度に発揮することができる。ドイツは戦略地政学的な宿命である二正面作戦を回避しなければならないが、そのためには電撃的な作戦が必要である。このため新しいドイツ国防軍の中核戦力は、機甲師団でなければならない」と主張していました。

戦車支持のヒットラー

このグーデリアン〝電撃戦理論〟に共鳴したのが、一九三三年に政権を掌握したヒットラーでした。この〝電撃戦理論〟を支持するヒットラーは、一九三五年には三個の機甲師団を創設しました。この機甲師団の編制は、次のようなものでした。

戦車二個連隊基幹の戦車旅団、自動車化歩兵旅団、装甲捜索連隊、自動車化砲兵連隊などからなり、戦車三六一両、一〇五ミリ榴弾砲二四門、三七ミリ対戦車砲などが主要な装備でした。また戦車中隊と歩兵中隊との比は、一六対九でした。

一九三八年、研究開発に一一年間の歳月を費やしてきたⅢ号戦車とⅣ号戦車が完成し量産体制の軌道に乗りました。

Ⅲ号戦車は、後に六〇口径五〇ミリ戦車砲を搭載しますが、最初は三七ミリ戦車砲を搭載し、車体重量二三トン、装甲厚五七ミリで、速度は四〇キロメートル／時でした。Ⅳ号戦車は、二四口径七五ミリ榴弾砲（戦車砲のように低伸弾道ではなく湾曲弾道の砲身）、二一トン、六〇ミリ厚、四〇キロメートル／時の性能諸元でした。

これらの戦車は一九三六年のスペイン内戦で得られた技術上の教訓も十分に吸収し活用されたものでした。たとえば装甲厚は、スペインで捕獲したフランス製の対戦車砲や戦車砲によって、対弾抗力を確認したものでした。一九三八年、さらに三個の機甲師団が増設されました。その編制の大要は、軽戦車八四両装備の戦車一～二個大隊、自動車化歩兵四個大隊で、他は概ね先行の機甲師団と同じでした。この師団の初陣は、三月十三日からのオーストリー併合の先駆けを務めたことでした。

一九三九年になりますと、歩兵一個大隊を増加して、戦車中隊と歩兵中隊の比を一六対一二にした機甲師団を三個、一二対一二にした機甲師団を三個、そして軽戦車師団三個を整備して、次なる鎌倉に備えたのでした。

7　第二次世界大戦緒戦におけるドイツ軍の「電撃戦」

ポーランド侵攻作戦

一九三九年九月一日、ドイツ軍のポーランド侵攻作戦により、五年八カ月にわたる第二次世界大戦の幕は切って落とされました。北はスカンディナビア半島の北端ナルヴィクから南は北アフリカ沿岸に至る約四五〇〇キロメートル、東はヴォルガ河畔から西はドーバー海峡に至る約三五〇〇キロメートルの広大なる空間を戦場として凄惨なる戦闘が展開されました。

ポーランド侵攻作戦に投入されたドイツ軍は、機甲六個師団、軽機甲四個師団、歩兵四四個師団、戦車三一九五両でした。投入された戦車の約九〇％に相当する二八八六両は、スペイン内戦に参戦し時代遅れ、でき損ない戦車の烙印を押されたI号戦車とII号戦車でした。

これに対抗するポーランド軍は、戦車一個旅団、騎兵一二個師団、歩兵三〇個師団、そして航空機約五〇〇機をもって勇猛果敢に迎え撃ちました。

ポーランドに対するドイツ軍の侵攻戦略は、モルトケ以来の伝統的な分進合撃と、革新的で電撃的な作戦方策とを有機的に統合したものでした。

すなわち、伝統的なのは攻勢の作戦方向で、北方では東プロイセンに展開する北方軍集団が二個軍をもってダンツィッヒ回廊を挟撃し、中央部では南方軍集団の二個軍をもって首都ワルシャワを目標に、さらに一個軍をもってカルパティア山系を越えてガリシアに侵攻するというものでした。

これに加えて伝統的な戦略構想には全くなかった新しい方策は、ブリッツ・クリークといわれた電撃戦で、航空機と戦車を中核とする機甲部隊を有機的に一体化させたものでした。すなわち、先ず約一五〇〇機に上る空軍機による開戦と同時に行われた航空撃滅戦によって敵の空軍戦力を全面かつ同時に減殺し、引き続き地上では空飛ぶ砲兵による密接な連携協力を受けた機甲部隊が地上を驀進するという革新的な戦法でした。

ドイツ軍は、侵攻初日から圧倒的な空中優勢を獲得し、ポーランド軍の国境陣地の脆弱部に歩兵と砲兵の統合戦力を集中し突破口を形成しました。突破口が形成されると間髪を入れず機甲戦力を投入し、敵戦力を分断し各個に撃破し迅速に戦果を拡張しました。

現実の戦場に初出現した諸兵科連合の機甲兵団は、一日に平均四〇～五〇キロメートルの速度で攻撃前進を続け、ポーランド軍の全面にわたり側面・背面を貫通して包囲殲滅を繰り返しました。たとえば北方軍集団に属したグーデリアンの第一九軍団は、五日間で二四〇キロメートルを突進しました。

機甲兵団は、かくも機動性があり、融通性があるものであることが実証されました。特に機甲兵団らしい流動的な機動戦として注目されるのは、ブズラ河畔の戦闘でした。九月六日、ワルシャワ西南方の平原に進出してきたドイツ軍第八軍・第一〇軍に対して、ポーランド軍が文字通り起死回生の総反撃をかけてきました。その主な攻撃方向は第八軍の北翼、すなわちワルシャワを指向するルントシュテットの南方軍集団の北翼に対して、ブズラ河の沿岸流域で反撃してきました。

ポーランド軍の反撃圧力に難渋した第八軍は、敵の反撃衝力を減殺阻止するために、さらなる機甲師団の増援を上級司令部に要求しました。ところが南方軍集団司令官ルントシュテットは、ありきたりの対応措置を採ることなく、既にワルシャワ方面に進出していた機甲師団などに対して北方および東方から反転を命じ、ポーランド軍を側面と背面から機動打撃することを命じました。

この迅速果断な機動打撃は、軍集団司令官自らが率先陣頭に立って変転極まりない流動的な戦況変化の一瞬の戦機を捕捉して敢行したものでした。このような融通無碍な機動戦法は、あらかじめ綿密周到な計画準備を整えておけばやり遂げることができるといった作戦ではありませんでした。

わずか半月にして戦局の大勢は決しました。グーデリアンの第一九軍団は、九月十五日には、長駆してブレスト・リトウスクに到達していました。そして九月十七日には、独ソ不可侵条約の秘密協定に基づき、ソ連軍が東方からポーランドに侵攻するに至り、ポーラ

（注）分進合撃：独立戦闘能力を持った諸兵科連合の師団や軍団級の部隊が、敵を数方向から包囲するように分かれた態勢から敵の主力野戦軍に部隊を集中する攻撃機動の方式。プロイセンの参謀総長モルトケが、産業革命の成果物である鉄道網と有線電信網を巧みに活用して分散した態勢から部隊を所望の要事要点に集中して敵野戦軍を撃破したケーニヒグレーツの会戦（一八六六年）が有名。

ンド作戦は終息しました。正に速戦即決の電撃戦のコンセプトを絵に描いたような作戦でした。

ポーランド作戦により、八〇万のポーランド軍は壊滅し、ポーランドという国家は消滅してしまいました。ドイツ軍が蒙った人的損害は、戦死八〇〇〇人を含む約四万人でした。

ポーランド作戦によって機甲兵団の運用と有効性に自信を深めたドイツ軍は、六〇口径五〇ミリ戦車砲を搭載するⅢ号戦車を衝撃力の中核とし、二四口径七五ミリ榴弾砲を搭載するⅣ号戦車を砲戦車とし、Ⅰ・Ⅱ号戦車を捜索・警戒用とする新たな機甲師団を編成しました。また歩戦分離に陥ることの危険性を戦訓とし、九個の機械化師団を新編した上で、新たなる作戦を企図しました。

西方攻勢

ヒットラーは、ポーランドをソ連と二分割してから約八カ月を経た一九四〇年五月十日、西方攻勢に着手しました。このときのドイツ軍の攻勢戦力は、機甲一〇個師団、機械化八個師団、歩兵一〇四個師団、戦車二五七四両、航空機二五〇〇機でした。これに対する連合軍の戦力は、フランス軍が機甲三個師団、騎兵五個師団を含む九二個師団、イギリス軍が機甲三個師団を含む一〇個師団、ベルギー軍が歩兵二〇個師団、オランダ軍が歩兵九個師団、合計一三四個師団に達していました。師団の数の上では、連合軍はドイツ軍の一二三個師団を超えていましたが、機甲戦力ではドイツ軍の一八個師団に対し一〇個師団で劣勢にありました。

ドイツ軍の西方作戦を成功に導いた最大の要因は、英仏軍が自国製の戦車の性能から大規模な機甲兵団の接近経路としては不適当であると判断していたアルデンヌの森が、グーデリアンの機甲軍団の先導によるドイツ軍主力の隠蔽された好条件の接近経路となってしまったことでした。このことは平時における作戦予想地域の戦術的な研究が、必須不可欠の大事であることを教訓とするものです。

このアルデンヌの森は、電撃戦の典型として歴史にその名を長く刻まれることになりましたが、その成功の基本的な要素は次の三点になります。

第一は、ドイツ空軍による空中優勢（当時は〝制空権〟と表現されていた）の先制獲得でした。当時の航空機の保有数はドイツ空軍の約二五〇〇機に対し英仏連合軍空軍の約一七〇〇機でしたが、量だけでなく航空機の戦闘性能という質的な面でも優越していました。さらに開戦と同時の先制奇襲的な航空撃滅戦により英仏連合軍の航空機の大半を地上で撃破してしまいました。その後ドイツ空軍は、後顧の憂いなく空飛ぶ砲兵としての対地火力協力に、主たる努力を傾注することができました。

第二は、機甲兵団運用の質的な優越性でした。兵器としての戦車の技術的な性能においてドイツ軍は英仏軍に対して、必ずしもあらゆる面で圧倒的な優位を保持していたわけで

図表 5-1-1　ヒットラーの西ヨーロッパ攻撃戦略

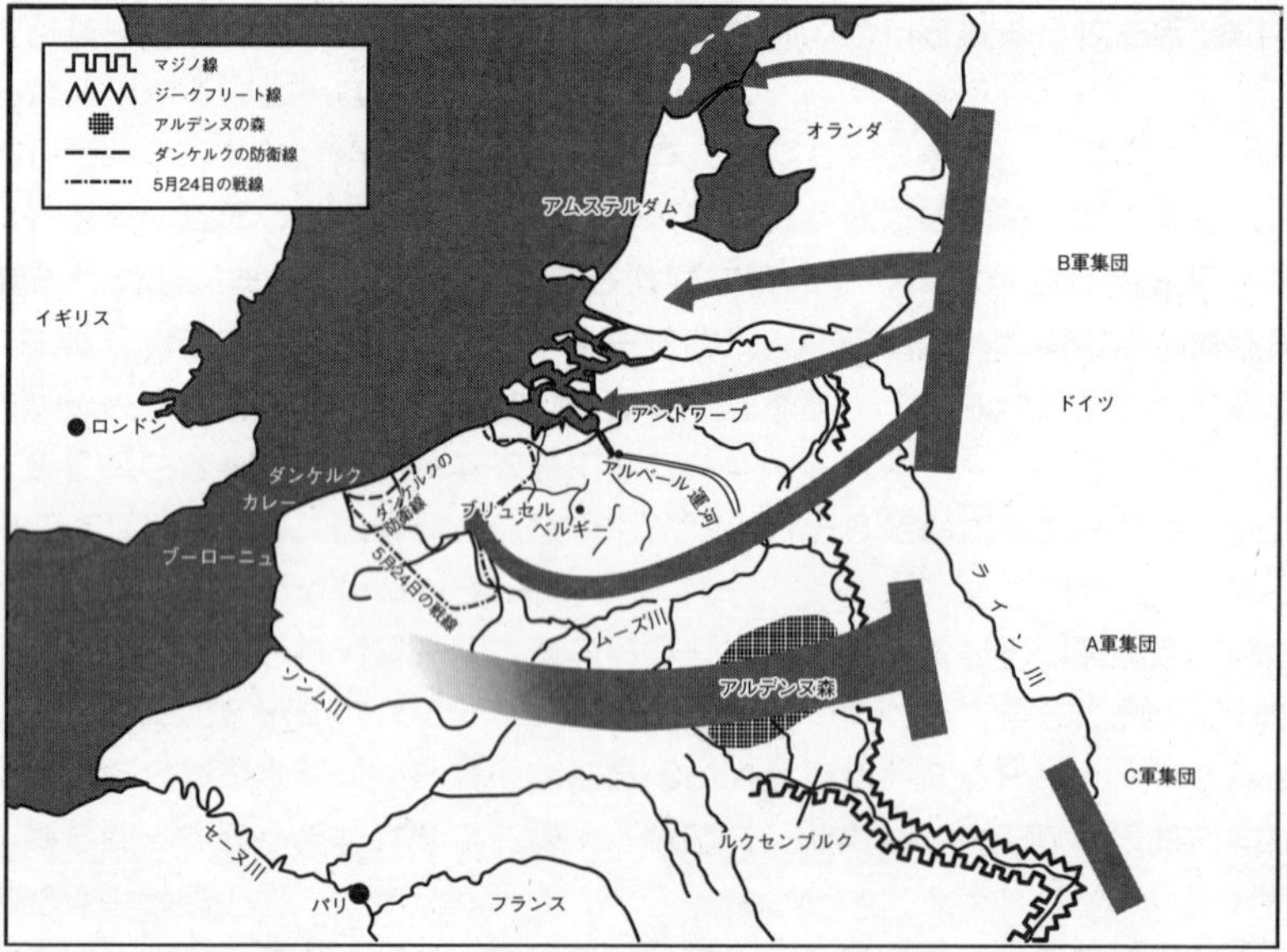

出所：『ライフ第二次世界大戦史』「ドイツ電撃戦」加登川幸太郎監修、タイム・ライフ・ブックス、1979 年

はありませんでした。一九三〇年代の地上戦における戦術的な決勝戦力を、歩兵と戦車とのいずれにするべきであるかという問題意識を、ドイツ軍は明確に持っていました。

英仏連合軍が、旧来の地上戦の延長線上で、戦車を歩兵の直接協力に任ずる補助兵器として位置づけていたのに対して、ドイツ軍は、新たなる自動車の大衆化という時代環境の変化を先取りして、戦車を独立した中核戦力として大量集結運用を構想していました。つまり外部環境の変化に、いかに適応するかという感受性・先見性に大きな相違がありました。

第三は、戦車に対する戦術的な火力協力を、地上の砲兵部隊に依存することなく航空機の対地火力協力に期待し戦場を三次元化し、これに速度の概念を導入し戦場を固定化させることなく流動化させる攻勢的な運用概念を創出し、英仏軍の固定的で防勢的な運用概念との間に大きな差別化を生じさせました。

ドイツ軍の電撃戦は、一九四一年六月二十二日、ソ連に対しても敢行され、文字通り破竹の進撃を実現しました。しかし、十月十日からの秋雨が大雨となり、さらに例年よりも早く十一月五日からは寒波が襲来し、いわゆる冬将軍が到来しますと、ヒットラーの機械化機動兵団の戦勢は能力の限界に達してしまいました。

その後ドイツ軍と連合軍との戦況は、暫時の拮抗状態を経て戦勢は逆転し、攻守はその処を換えることになりました。ドイツ軍が創出し開発した〝電撃戦〟という運用概念は、米英ソ連合軍が自らが蒙った敗北体験を通して学習し、彼らが〝電撃戦〟を自家薬籠中の物にしてしまったことが、ドイツ敗北の軍事的な大きな要因となったと言って過言ではありません。

「勝者敗因を蔵し、敗者勝因を秘す」なる箴言の冷厳さが、改めて想起される次第です。

企業篇

ノキア――勇気ある決断

1　在来事業からの撤退

北の国

ノキアは北欧フィンランドの会社で、現在携帯電話では世界一の規模を誇っています。フィンランドは遠い国のようですが、日本から一番近いヨーロッパと言われています。また、北欧の森と湖の国として有名です。国土の大半は森と湖に囲まれています。

世界の中でも極北に属し、北の部分は年中寒い北極圏に属しています。人口は五二〇万人で日本の北海道の五六〇万人と似ています。ロケーションはフィンランドの方が遥か北に位置しています。

フィンランドは森と湖の他にサウナが有名です。国

図表 5-2-1　ノキアの年表

ノキア設立	当初はパルプ工場
1900 年代	ゴム工場設立
	第一次世界大戦後、ノキアの商号使用開始
	同時に木材工場とケーブル工場買収
1960 年代	ケーブル部門にエレクトリック部門が新設される
1967 年	ゴム、木材、ケーブルの３社合併しノキアになる
	エレクトリック部門独立
1982 年	モバイル・カー・フォン発売
1992 年	オリラ社長就任、テレコミュニケーションに特化

民の多くは湖のほとりに別荘を持ち、サウナを楽しんでいます。フィンランドは一般に、サンタクロースの国のイメージが強いと思います。ここの国の人たちは、長いそして太陽の光の少ない冬を過ごすためか肌白です。長い冬に耐えて過ごすため、ノルウェーやスウェーデンと同じく大変粘り強い国民性を持っています。

かつて隣の大国ロシアの侵略を受けた屈辱を跳ね返し、独立国となった強烈な愛国心を持っています。国民の国家意識は強く、作曲家シベリウスの作った「フィンランディア」は国歌ではありませんが、国民の誇りとして圧倒的に支持されています。大変独立心とか自立心の強い国民性です。

国土を覆っている森林資源の有効利用から、フィンランドでは木を使った産業がさかんです。木を使った木工品、工芸品、家具などに優れたものを産出しています。またデザイン性にも優れています。

ノキアは一八六五年に始まりました。当初はフィンランドの豊富な木材資源を利用する製紙・パルプを主な事業とした会社でした。紙はコミュニケーションの媒体であることを考えれば、原始的な通信の媒体ですから通信と無関係とは言えないかもしれません。二〇世紀の初めにかけて、ゴムとゴム製品、例えばゴム長靴などを生産、また化学品の事業も行っていました。ひと頃のノキアは、ゴム長靴の会社として有名でした。長い冬を過ごすには長靴は必需品で、デザイン性に優れた製品は歓迎されました。これらの事業はその時代の先端を行く産業であったと言えます。

日本においても冬の生活のパターンが変わり、除雪が行き届けば長靴は必要でなくゴム底の靴に主役に座を譲っています。フィンランドも例外でなく、ゴム長靴は冬の主役ではなくなりました。

会社はいろいろな製品を生産しており、ケーブルも作っていました。ケーブルは電線を通じて各家庭に入り込んでいました。そのようにケーブルに関わる産業に関係していたことが、自然に電話を使った新しいサービスを考えることに繫がっていったものと考えられます。

オリラの決断

ノキアを考えるとき、社長であるオリラ氏を除くことはできません。今日のノキアは、社長のオリラ氏の決断によります。歴史的にマルチの事業を行ってきたノキアを、移動電話に絞った決断と実行力が今日のノキアを作ったと言って過言ではありません。

売上高を見ると、一九八七年の売上高は一三九億九八〇〇万マルカで、内訳は情報・通信・移動無線などのエレクトリック部門が四七%、ケーブル・機械部門が二四%、紙・発電、化学品一九%、ゴム床材一一%でした。一九九一年には売上高は一五四億五七〇〇万マルカになり、内訳はエレクトリック六二%（通信一二%、移動電話一六%、家電三四

%)、ケーブル・機械二五%、基礎部門一〇%、グループ内取引マイナス三%となっています。

一九九五年には通信二七%、移動電話四三%、エレクトロニクス二九%と変化しています。一九九六年には移動電話が五四%を占め、初めて移動電話の売上が過半数を占めました。一九八七年から二〇〇三年までの部門別売上高の比率は図表5-2-2に示すとおりです。二〇〇三年には移動電話の比率は八〇%に及んでいます。いまやノキアは移動電話会社になりました。

ノキアの変身はオリラ氏が社長になってから始まりました。オリラ氏抜きには現在のノキアはなかったと言って過言ではありません。かつて、オリラ氏はシティバンクに勤めていました。縁あって一九八五年ノキアに入社し、副社長に就任しました。オリラ氏がノキアに入社したことがノキアの運命を変えました。一九九二年、オリラ氏は社長に就任するや会社が長い間手掛けていた事業の見直しに着手しました。会社のコアでもあった紙の事業とかゴムやケーブルの事業をやめ、新しくテレコムの分野に転換することにしました。

大変な決断だったと思います。事業が成功した現在から見ると、転換は当然と思われますが、まだ移動体通信の将来性が不明の時期に在来事業を撤退、新規事業部門への転換は大変に勇気のいることです。もし失敗したらということを考えれば逡巡して当たり前ですが、オリラ氏は迷うことなく決断しました。

彼は、社長になってから時代の先端を走るアメリカ・カリフォルニアのシリコンバレーに行って一人で今後の世界の変化、会社の将来について考えたそうです。一人で考えた結果、新しい成長分野と確信したテレコミュニケーションの分野に進出することを決断し、在来事業から撤退したわけです。

図表5-2-2　部門別売上構成比の推移

	情報・通信 移動無線	ケーブル・機械	紙・発電 化学品・ゴム床材
1987年	47%	24%	31%
1989	63 ①	19	18
1991	68	25	7
1993	74 ②	20	6
	移動電話		
1995年	43%		
1996	54		
1999	66		
2002	74		
2003	80		

（注）①：移動電話8％、②：移動電話26％

このときの決断が今日のノキアを作ったわけですが、先見の明というか、先見があっても決断は難しいと思いますが、大変勇気ある決断だと思います。誰でもそうですが、考えて判断するところまでは行きますが、決断して実行することは容易ではありません。

経営者は絶えず決断を迫られます。決断して実行するには、将来に対する確信と、大変な意志の強さと強烈なエネルギーが必要だと思います。意思決定に当たって、周りに相談はするでしょうが最後の決断は社長ですから、社長の責任は重大です。会社の経営における社長の力は大きいのですが、結果の出ている現在から見ても、また、移動通信事業の発展と将来性を考えると、オリラ氏の決断は素晴らしいの一語に尽きます。

2 モバイル会社へ変身

モバイルへの決断

ノキアの歴史は、電気通信の進歩とともに歩んできたと言えます。一九九二年に在来の部門は収益性が低いことを見て、唯一の黒字部門であった移動電話を会社のメインビジネスにすることに決めました。ノキアの特色は決断が速いことで知られていますが、これがノキアを世界一の移動電話の会社に押し上げた秘密と思います。特に通信分野の技術進歩のスピードは速く、決断を躊躇しているとマーケットから置いていかれる厳しい業界です。

一九八〇年代になると、次代の大物としてマイクロコンピュータ、が出現し、ノキアはこれらの分野においてメジャーな製造業者と期待され、衛星を使った広がりは大いに期待されました。ノキアはまず国際セラーフォンのネットワークを作り、一九八一年にスカンディナビアの国に導入しました。国を越えた事業の広がりを持ちました。移動電話の特色を活かすものとして、それまでなかった自動車のサービスを考え、実用化してサービスを開始しました。

それまで、走っている自動車から電話を掛けることは夢でしたが、実現できませんでした。車で移動しながらビジネスできると、当然ですが仕事のスピードが上がります。スピードを重視するビジネスの世界から大変歓迎され支持されることになりました。移動電話のサービス自体はそれまでにはなかった発想の転換でした。ビジネスの世界における世界の可能性を大いに広めました。日本の事情を考えると、長い間固定電話が主流で、オフィスから掛ける電話以外は赤電話と言われた公衆電話機からの通話しかありませんでした。いわんや移動中に電話するとか、自動車の中から電話するということは想像できませんでした。スピードを重んじるビジネスの世界では、何時でも、何処でも、何処からでも電話ができることは福音でした。日本に移動電話がない頃、香港では既に移動電話サービスがあり、それを見て日本は遅れていると思ったものです。移動電話があるとないとではビジネスのスピードが違います。

一九八〇年代は持ち運び可能なモバイルフォンが出現しました。一九八七年にはオリジナルの手で運べる移動電話を製造し、今まで見なかったような縮小された形のモバイルフォーンが続々と生産されることになりました。電話のサービスの形態が変わったわけです。

日本における初期の段階の移動電話は、今から想像のできないほど大型で、しかも重たいものでした。実用品として市場に浸透するのは大変でした。また、電波の届く範囲も限定されていましたから、一般には普及しませんでした。移動電話機が小型化され、簡単に持ち運びができるようになってから普及が進みました。その上二、三の会社が市場に参入したので競争が始まり、高品質の電話機が開発され、写真が撮れ即座に通信で伝送できるようになって飛躍的に普及しました。

当初ビジネスの世界に歓迎された移動電話は、直ぐ家庭や若い人の間に入りました。その便利さと手軽さは、一度手に入れると離すわけにはいかなくなっています。移動電話の利用は、単に通話だけでなく簡単にデータの送受信ができることから大変な広がりを持ってきました。パソコンを使ってメールをするより簡単で、何処からも通信できるのでビジネスの必需品になっています。多くの人が利用するので、ますます新しいサービスの領域が広がってきています。音楽の送信サービスも若い人に広く受け入れられています。旅先から写真を送ったり情報を送るのに欠かすことのできないものになっています。山で遭難したときも人命救助に貢献しています。

キャッシュレス・サービス

ノキアでは、一九八七年にはデジタルで高品質のサービスができるようになり、そのサービスは一九九一年七月一日に全ヨーロッパを通して可能になりました。デジタルは、これまでのアナログと違い、数段上のサービスが可能になりました。

筆者は一九九七年に日本ナレッジマネジメント学会の欧州視察ツアーの際、ヘルシンキのノキア社の本社を訪問して副社長から話を聞くチャンスがありました。そのときすでに、携帯電話によって空港にある自動販売機の決済ができるのを見て、ノキア社の技術と先取り精神の旺盛さを感じました。欲しい物を買うには、財布を持ち現金で支払うという長い間の習慣が一変することになりました。人類に長い間染み付いていた紙幣とかコインは存在感が薄くなりました。

紙幣の要らないキャッシュレスのサービスは、まだ出発点に立ったに過ぎません。日本でもJRが始めたプリペイドカードによるスイカは、そのサービス範囲を拡大し買い物にあたりキャッシュを必要としない店舗網を広げています。そのうちにキャッシュを必要としない社会が出現するかもしれません。移動電話機を持つだけで買い物ができ、会話ができ、データを送れる社会の出現は、人々の行動様式を変えるでしょうし、考え方にも変化を与えるでしょう。

何十年に一度、技術が革命的に進歩すると聞きましたが、まさにそのときなのだと思いました。移動通信による新しいサービスの可能性は、どこまで進化するかわかりません。そのうちに移動電話を持っていれば身分証明の代わりになるかもしれません。

3　フィンランドの会社からグローバルの会社へ

グローバルを目指す

ノキアの経営者の話では、最初からグローバルな会社になることを目指していたといいます。フィンランドは人口五二〇万人の北の端にある国ですから、国内でいくら頑張っても知れているということで、世界を相手に経営する方針を打ち立てました。

ナレッジマネッジメントの先覚者である日本の野中先生を会社のアドバイザーに迎え、世界のナレッジの共有を会社の基本方針にしました。会社のモットーは知識共有と透明性にあるようです。会社の本社はフィンランドの象徴である湖のほとりにあり、玄関を入ると正面に湖が見え、文字通り透明性を地でいっている感じでした。

一階のホールは吹き抜けで天井が高く、フロアにはヨットの帆柱が一本立っていました。尋ねてみると、We are on the same boat というコンセプトを形で表したものだと言っていました。会社の考えを形でわかりやすく表しているのには驚きを隠せませんでした。

副社長の話を聞く機会がありましたが、会社の考え方はまず組織をフラットにすることと、オープンな社風に象徴的に表れていました。ノキアの発展の秘密の一端はフラットとオープンにあるようです。

日本の組織はどちらかというとピラミッド型が多く、それがなじみ易い組織になっています。ピラミッド型は、社長を頂点に役員の層があり次いで部長、課長、係長、一般社員となっています。一見合理的に見えますが、欠点は決裁に時間のかかることです。日本では書類に印鑑を押す習慣がありますが、一〇個以上の印鑑が押されているケースも珍しくありません。判を押す人が不在ですと、それだけ時間がとられますから、最終決裁を受けるまでにはかなりの時間がかかります。現在のように変化の速い時代には決裁の終わったときには遅すぎて、挽回の利かないことが多々あります。

ノキアでは日本式にいうと判は三個以上いらないと言っていました。組織はフラットになっているので、決定権を持っている人にダイレクトに決裁を求める方式になっている、また、決裁権限を持っている人は直接フロント・ラインの担当者とコミュニケートできるので、第一線で起きている事柄をよく理解でき、決裁できると言っていました。

スピード重視の社風

フラットな組織は、顧客のクレームの解決に際し力を発揮します。何が問題でクレームが起きているのか、決裁権限者が直接担当者の話を聞きますから、何が事実で何が真実かよく摑めます。

スピードが大切と言いますが、スピードを上げられるような組織と権限と責任がはっき

図表 5-2-3　日本式とノキア式の組織図

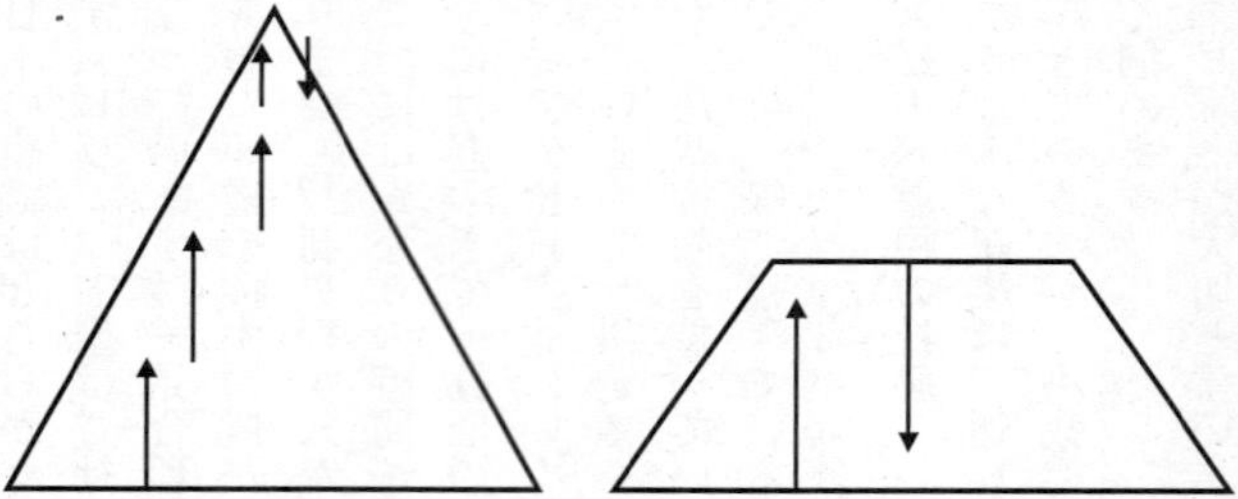

りしていなければ、単にスピードが大切と言っても絵に描いた餅になります。スピードを重視するのは、顧客のニーズを早く摑み、それに応えることにあります。同じ答えを出してもスピードが遅くタイムリーでなければ、顧客の満足を得ることはできません。顧客の満足を無視した経営は、いずれ顧客が離れていきます。お客様は神様だと言った経営者がいますが、その通りでしょう。

次に日本式とノキア式の組織図を示しました。図表5-2-3で見るように、決裁までのプロセスは大いに違います。世の中の変化が速く、すべての決断を必要とする案件に対し、速く判断し対処する必要があります。速い決断には、そのような組織を作らなければなりません。

日本式では、すでに述べたように決裁を受けるまでに段階があり、時間がかかります。極端な場合には、困ったことですが案件が途中で渋滞し消えることがあります。

図表 5-2-4　日本式の組織図

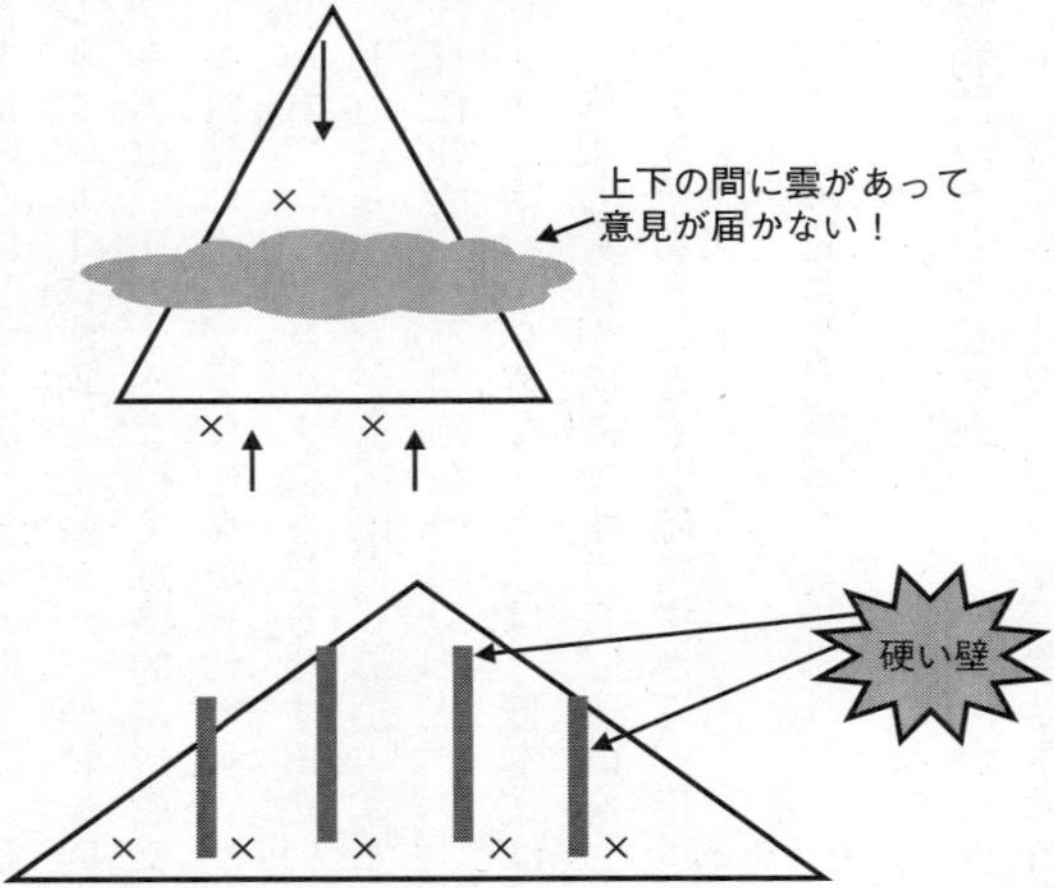
上下の間に雲があって
意見が届かない！
硬い壁

ピラミッド式の欠点は、上から下に至る距離が長いことです。距離が長いと意思の疎通が阻害される要因になります。ピラミッドの中間に雲が掛かり、上からは下が、下からは上が見えにくい状態になりがちです。例えば図表5―2―4のようになります。

山の中間に雲が掛かると、上も下も見通しが悪くなります。会社でいえば、中間管理層を雲に例えると、上からは中間管理層が壁になり下の状態が見えませんし、下からは中間層がネックになり上が見えない状態になります。

会社にはヨコの壁とタテの壁がありますが、壁のある状態は会社の経営にとって障害になります。上下の間にある壁も困りますが、ヨコの壁も困ります。良い経営者はいかにしてタテ、ヨコの壁をなくし、情報を共有するかに努力しています。壁のブレークスルーに成功した会社が、業績を向上させています。

ノキアは、このような壁を意識的に形成できにくい状態を作っています。つまり、フラットな組織とオープンな社風がそれです。

日本式では、多数の人の意見を徴するという意味では優れているかもしれませんが、スピードの点とか誰が本当の権限と責任を持っているかがハッキリしません。日本の社会は、責任の所在が不明確な傾向があります。特に官公庁ではその傾向が見えます。相手があり、速く結論が必要なときには、日本式は機能しません。ノキア式のフラットな組織ですと、権限と責任が明確ですから、失敗を恐れず決断できます。失敗したときは、決断した人の責任であることが明確ですから、指示を受けた人も安心して仕事ができます。

4　先を見る経営

財務諸表をどう見るか

ノキアの経営で特徴的なのは、移動体通信の将来性を確信する経営と、その見通しに対し素早く実行できるオープンな会社の体質でしょう。

北欧の社会は、先進性を持った会社を育てる風土があります。会社の評価に対する考え方が先進的です。会社の評価は、伝統的に財務上の数値で行っています。会社は人《ヒト》、物《モノ》、金《カネ》と言われます。物は金が姿を変えたものと考えられますから、つまり会社は人と金になります。金は、換言すれば資本と同じと見られますから、金の動きは資本の動きを見ることになります。当初資本金として払い込まれた現金預金は、会社の操業に応じて形を変えますし、資金の調達を負債に頼れば、負債が増えます。

これらの金の動きは財務諸表に表れます。期末の金の状態は貸借対照表に資産、負債、資本という形で表現されますし、金の動いた軌跡は損益計算書に表されます。したがって財務諸表を見れば、会社の動きと現在の状態が分かります。それでは、それだけで十分かといえば、必ずしも十分ではありません。会社は人、物、金と言いましたが、金と物については財務諸表に表されています。一方の人はどうでしょうか。残念ながら人についてはわかりません。人に関するデータのうち人件費関係は知ることができます。しかし、定性的な人間の能力などはわかりません。

北欧では、財務以外の情報を開示しなければ、その会社のことを十分に理解できないとして非財務情報の開示に力を入れています。考え方は非財務情報を、大きく組織、人、社会との関係に分け、その情報を開示しようとしています。

会社を見るには、財務の情報と非財務の情報を総合的に見て判断する必要があるとして

図表 5-2-5　立派な会社

根が地面より下に大きく、広く、十分に
張らなければいい花も実もできない。

います。考え方は、財務諸表は過去と現在に関する情報提供ですが、非財務情報は将来についての情報を提供することにあります。非財務情報は木にたとえれば根に当たり、根が十分発達していなければ将来いい花、いい実がならないとしています。

会社の将来を見るには、木の地上の部分だけでなく根の部分を分析する必要があるとされています。根の部分は、会社のビジネスモデル、組織、人、社会との関係などの要素に分けて見ます。日本においてもこのような見方(知的経営資本)が広まり、経済産業省でも取り上げられ、ガイドラインが発表されています。

既にジャスダックに新規上場する場合は、知的資産経営報告書を作成開示することが行われています。いずれ日本においてもこのような報告書が普及するのではないかと予測されます。ノキアは見えない部分、すなわち根の部分が充実している会社であると思います。

5 世界のナレッジを共有

ノキアは最初から国内のマーケットだけを考えるのでなく、グローバルなマーケットを視野に入れて経営を行ってきました。組織はフラットで、世界の各国でそれぞれ意思決定ができるように、世界の有能な人材を登用して知識の共有を図り、オープンな社風を作り上げてきました。仮に自国の人だけで経営すると、言葉や習慣の違いからどうしても壁ができがちです。壁のないオープンな体質は、グローバルな展開には好都合です。仮に自国の人たちだけで経営しようとすると、ローカルな国々の事情に疎くなり、効率の悪い経営になる可能性があります。一番困る意思の疎通が阻害されますし、知識の共有が図れません。

その国のことをよく知っている人材に経営を任すことで、その国に合った経営が可能になります。任すということは、一見易しそうでなかなかできないことです。本社のポリシーを決めて各国に任すことで判断は速くなり顧客のニーズに直ぐ応えることができます。仮にすべて本社に決裁を求める組織と比較すれば、いかに効率的かわかります。また国際間に存在するかもしれない壁を避けることができます。

日本人は言葉や習慣の関係からか、自国民だけでグループを作る傾向が見られます。グローバルの時代には不向きな民族性でしょう。同じ島国のイギリスは、当初からアウトゴーイングで世界に押し出て植民地を作り、世界の国々と交易しました。同じ島国でも日本は鎖国政策を採り、自国内に閉じこもりました。この差のもたらすものは大きかったと思います。仮に日本が鎖国政策を採っていなかったらどうなっているかわかりませんが、海洋国家として世界へ出かけていたかもしれません。そうなれば閉じこもるのではなく、グローバルな発想が自然に国民性になったのではないでしょうか。

北欧の国の人々はノルウェーにしてもスウェーデンにしても国際性に優れています。ノルウェーはバイキングで知られているように、海洋民族で世界の海へ出かけて行きます。スウェーデンはノーベル賞で分かるように、グローバルな考え方が定着しています。フィンランドも同じで発想は初めからグローバルです。

次に、世界におけるノキアと日本のNTTドコモの売上高を比較してみると、ノキアの方が上回っていますが、ドコモの規模と大差ありません。

ノキアの売上高　三四一億九一〇〇万ユーロ　一四六円換算　四兆九九一八億円
NTTドコモの売上高　四兆六七六五億円

日本の会社の規模も相当なものだと感じます。つい最近まで電話といえば有線でしたが、無線を使う移動電話が出現してから電話に対するイメージが一変しました。電話は当初音声で通話するだけでした。ベルが電話を発明したときは、通話ができるということだけで画期的発明として驚きをもって迎えられました。それが光通信に進歩すると音声だけでなく、データや画像を送れるようになり、ビジネスの世界は革命的に変わりました。

外国との通信はつい先日までTELEXが主流であったものが、FAXになりメールでコミュニケートできるようになりました。電気通信が有線から無線に変わりまだ時間が経っていませんが、どのように変わるか無限の可能性を持っているようです。

登山の遭難も従来でしたら救助できなかったものが、移動電話の普及で連絡が取れ、救助されるケースが増えています。児童の通学についても移動電話を持たすことで、GPSにより子供の現在地がわかるので親は大安心です。

またデータや画像を通信できるので、ビジネスの世界では、仕事のスピードや効率が上がっています。日進月歩している移動通信の技術開発は、一カ国だけでは不十分で、広く世界のナレッジを共有する必要があります。そのためにはオープンな社風で壁を作らないことが大切です。

教訓

先見力による成功への道

新しい技術の開発はその後の世界を革命的に変革します。戦車（タンク）、飛行機や原子力潜水艦の出現は、それ以前の戦争とは戦争の質を変えています。

戦車が世の中に登場したのは、第一次世界大戦においてイギリスが開発し使用したのが始まりですが、第一次世界大戦のときは、威力はありましたが、まだ圧倒的な存在感はありませんでした。その後勃発した第二次世界大戦でドイツが効果的に戦争に投入しました。戦車が戦場にあるときとないときを比較してみると、戦車は圧倒的な存在感を持っています。戦車は元々英国で開発されましたが、戦車が将来戦において主戦力になるという主張は英国においては採用されませんでした。

第一次世界大戦で英仏軍の新兵器・戦車の投入によって敗北を余儀なくされたドイツ軍は、戦後に敗北の原因を真摯かつ深刻に究明し、試行錯誤を繰り返しながら戦車運用を研究してきました。ドイツは地政学的にヨーロッパの中原に位置し、東にロシア、西にフランス、南にオーストリアという大国と接し三正面の脅威にさらされる位置にありました。そこで、短期決戦、速戦即決はいわば宿命でした。短期決戦の答えとして、機甲部隊の重視がありました。機甲部隊の重視は、ヒットラーの出現で日の目を浴び、電撃作戦となりました。ここで大切なのは、将来を見通す洞察力だと思います。戦車の戦力としての有用性に早くから着目したヒットラーの慧眼が、第二次世界大戦当初におけるドイツの電撃戦を成功させています。

先ず、ポーランドを攻略し半月で大勢を決め、次いでアルデンヌの森作戦で西方攻撃（英仏軍）に成功しました。この作戦は、従来の歩兵が主という地上戦の概念を変え、戦車を独立して大量に集結運用するという新しい戦略の勝利と言われています。古い伝統的な考えを転換するには、勇気と勇気を支える情報と知識が必要です。

戦車の開発運用で見られた先見力、洞察力はノキアの経営においても見られます。ノキアはフィンランドの会社でフィンランドの地勢から木材、ゴム、重電などを生産している会社でした。通常でしたら、その産業を発展させるか、徐々に業種の転換を図るのでしょうが、ノキアの場合はオリラ氏が社長に就任後、会社の主たる事業を移動電話機に特化しました。つまり業種の転換を一気に進めました。

現在の移動電話の発展状況からすると移動電話への特化は当然のように見えますが、そのときの判断は大変な勇気と洞察力の結果と思います。ノキアはオリラ氏が社長に就任して以来、移動電話の将来の展開を信じて開発投資を続けてきました。その成果が表れ、現在では世界をリードする移動電話の雄になっています。移動電話は当初移動できる電話のイメージでしたが、次第にデータ通信、画像通信へと進化し今や国民の必需品の感があります。

ドイツの戦車にかける慧眼は、ノキアの移動電話にかける慧眼と同じで、いずれも将来に対する洞察力、先見力に優れ、それに基づいた決断の勝利と考えられます。

第6章　タイミングが大切

軍事篇

キスカ撤収作戦

1　大東亜戦争における輝く見事な撤収作戦

太平洋正面における攻防の転換期

三年八カ月に及んだ大東亜戦争の太平洋正面における我が国の初期進攻は破竹の快進撃を続け、開戦から約三～五カ月で開戦時の支配地域を二・二倍に増大させました。その正に絶頂点にあった昭和十七年（一九四二年）六月五日、ミッドウェー海域において質量ともに優勢な我が海軍が、劣勢な米海軍に予期せざる敗北を喫してしまいました。このために我が国は戦いの主動（イニシアティヴ）の地位を喪失し、戦勢は攻勢から彼我攻防の拮抗状態に転じました。

ミッドウェー海戦の敗北から二カ月後、我が海軍の南東部太平洋における最前線の要地ガダルカナル島に建設中の航空基地が米軍に奪取され、これを契機にそれから約六カ月間にわたり雌雄を決する消耗戦が繰り返されました。そして、昭和十八年(一九四三年)二月初旬に至り、我が軍はガダルカナル島から撤退することになり、これを転機として我が国は受動的な防勢に陥り、二度と再び戦略的な主動性を回復することはできませんでした。

その後二年六カ月余にわたる一方的な防勢を強要され続け、遂に昭和二十年(一九四五年)八月十五日に至りポツダム宣言を受諾する軍事的敗北をもって大東亜戦争は終結を迎えました。

この中間期の攻防態勢から防勢態勢に陥る契機になったのが、太平洋の南東正面におけるガダルカナル島からの撤退と、北東正面におけるアッツ島の玉砕とキスカ島からの撤退でした。これらの撤退作戦そのものは戦史的に回顧しますと、かつて他に類例を見ない無欠かつ完璧で見事な戦術的成功を収めたものでした。

これらの撤退作戦に従事した現場における各級の指揮官、幕僚、そして下級将校、下士官、水兵たち乗組員の士気・規律・団結そして戦技・海技といった無形の戦闘能力をも含めた戦術的な功績は、筆舌を尽くして絶賛するに値するものです。恐らく世界の海戦史上においても燦然と輝く偉業であったと誇ることのできるものであったと、自画自賛しても決して過大ではありません。

戦略上の失敗と戦術上の成功

このように稀有な偉業と絶賛されるガダルカナル島とキスカ島からの両撤退作戦とも、大東亜戦争の勝敗の帰趨にほとんど積極的な意義と影響を及ぼすことはありませんでした。何故そのような残念な結果になってしまったのでしょうか？

皆さんは、「戦略上の失敗は、戦術上の努力や成功をもって補うことはできない」といった箴言を耳にされたことがあると思います。真に口惜しい限りですが、この偉大なる戦術的な成功を収めた両撤退作戦ほど、この箴言が古今東西に普遍であり至当であることを実証するものであることを一点の疑義もなく明示する戦例はありません。

この両撤退作戦とともに、そもそも最高統帥部が戦略的に大きな失態を犯した結果として、第一線部隊が実施を余儀なくされたものでした。したがって両撤退作戦ともに、第一線部隊の必死の努力で輝かしい戦術的な成功を収めたにもかかわらず、この成果を我が最高統帥部は戦略的な逆転に活用させることはできませんでした。

2 西部アリューシャン作戦の経緯

西部アリューシャンの戦略的価値

大東亜戦争の太平洋正面における初期進攻の第一段作戦は、予想以上の戦果を挙げわずか三カ月から五カ月という至短の期間に開戦時の支配海域の二・二倍に相当する海域を支配圏に収め、所期の長期不敗の持久態勢の基盤を確立しました。アリューシャン列島は、第二段作戦の一環として昭和十七年(一九四二年)六月のミッドウェー作戦と同時並行的に企画の俎上に載るまでは、海軍中央に大きな関心を喚起するものではありませんでした。

作戦の経緯に先立ち、アリューシャン列島の戦略的な価値について概観しておきましょう。そもそもアリューシャン列島は、アラスカの一部で一七四一年、ベーリングが発見して以来ロシアの領土でしたが、明治維新前年の一八六七年に、アメリカがわずか七二〇万ドルで買収したものでした。

キスカ島は、千島列島の最北端の占守島《しゅむしゅとう》からは約一六〇〇キロメートル、アメリカ海軍の無線通信局があるウナラスカ島のダッチハーバーからは約一一〇〇キロメートル、アダック島からは約四〇〇キロメートルの距離にあり、キスカ湾は良好な天然の不凍港で、特に水上航空基地の適地でもありました。

図表6-1-1 キスカ島の位置

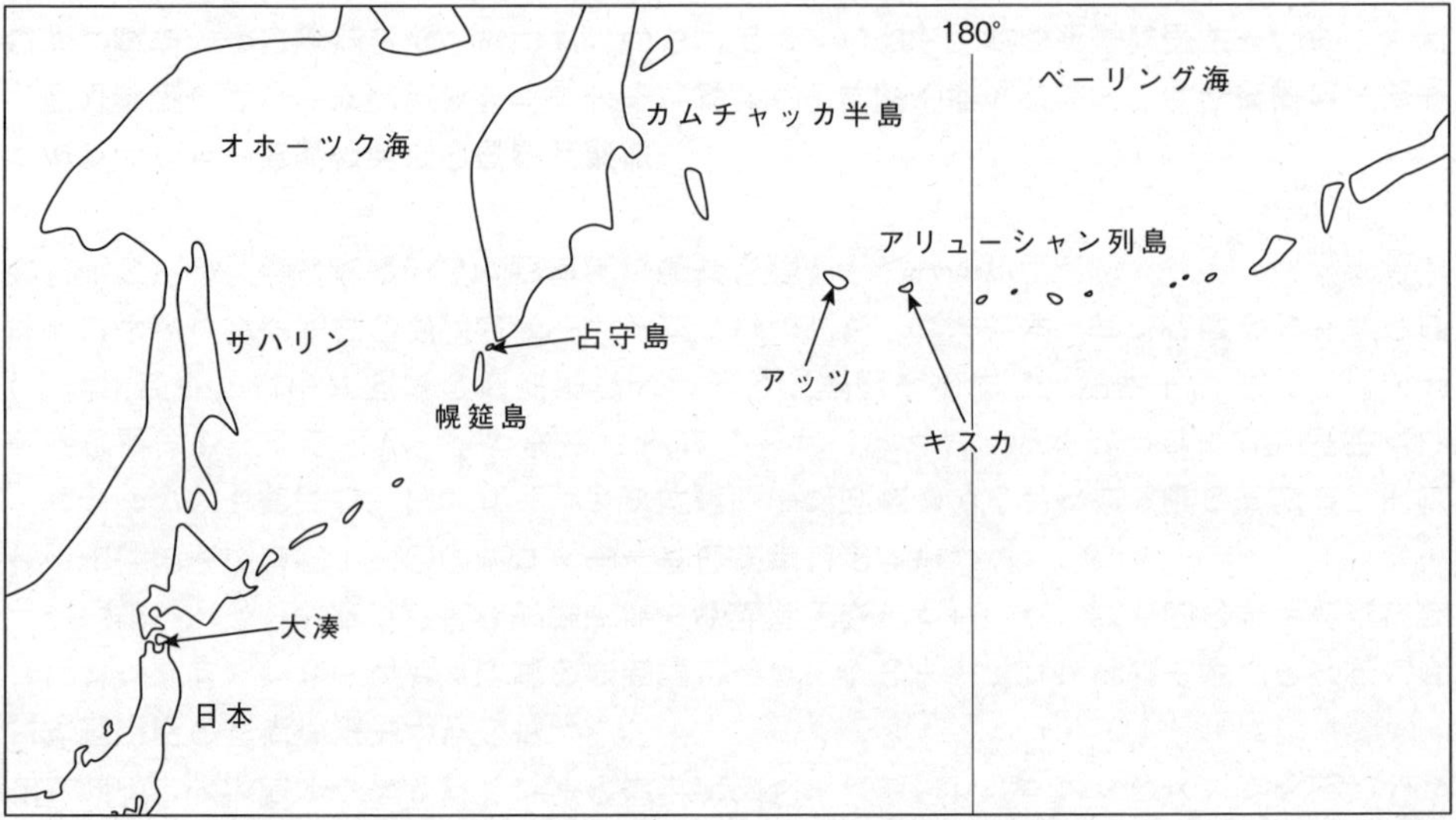

大東亜戦争が勃発する直前の昭和十六年（一九四一年）二月、アメリカは軍事的な重要性に鑑み、大統領令をもってハワイの真珠湾、グアム島、フィリピンのスビック湾とともに外国船舶の寄航を禁止していました。

アッツ島はアリューシャン列島の最西端にあり、そのチチャゴフ湾は小艦艇の入泊に適した良港で、かつ米海軍の無線電信所兼気象観測所がありました。我が国の最北端に位置する占守島からは約一三〇〇キロメートルの位置にありました。

もともと我が海軍は、アリューシャン列島、千島列島などの北方作戦線の海域は、天候海象の障害が大きいので、余り重視してはいませんでした。それでも海軍は、昭和九年（一九三四年）に千島列島の航空基地としての適地調査を行い、昭和十二年（一九三七年）に必要な航空基地の建設に着手してはいましたが、対米作戦、対ソ作戦のいずれの場合においても、念のためという防御的な観点が強かったようでした。

ミッドウェー海戦敗北後の戦略的無策

開戦劈頭のハワイ奇襲でアメリカ太平洋艦隊に大打撃を与えた結果、我が海軍は米海軍に対し質量ともに優位にありました。しかしあろうことか、我が海軍は昭和十七年（一九四二年）六月五日のミッドウェー海戦で、劣勢な米海軍に全く予想していなかった完膚なき大敗北を喫してしまいました。第一機動部隊の虎の子であった主力空母四隻を一挙に失ってしまったのでした。

ミッドウェー海戦での予期しない敗北以上に残念なことは、敗北という事実を真摯に受け止めて、その後の作戦の継続的な実施の可否について深刻な軍事戦略的な検討を加えるべきであったのに、それがなされなかったことです。

計画されていたアリューシャン作戦はアダック島への攻撃中止という微修正のほか、ミッドウェー海戦失敗から三日後の六月八日に、既定方針のとおりアッツ島とキスカ島への上陸作戦は決行されてしまいました。ちなみに、当時のアッツ島には原住民が三七人と白人が二人、キスカ島には米海兵隊一〇人という状況でしたので、いずれも全く戦闘も行われることなしに難なく無血上陸を果たしました。

昭和十八年（一九四三年）五月、アメリカ軍はアッツ島に上陸作戦を敢行しました。本土から隔絶した僻遠の離島防衛について確信のある対応策を準備していなかった日本軍は、効果的な反撃を行うことができず、アッツ島守備隊は玉砕の已むなきに至りました。

そこで陸海軍統帥部は、キスカ島守備隊を撤収することを決定しました。当初は潜水艦による逐次撤収作戦を行いましたが、アメリカ軍のキスカ島に対する哨戒が厳重になるに従い、この潜水艦による撤収作戦は中止され、水上艦艇による撤収作戦に切り換えられました。

歴史の後知恵の利をもってする結果論になりますが、我が大本営は、陸海軍部ともに戦いの原理に反する過失を犯していたのですが、この時点で気付いた者はいなかったようです。開戦以来、我が連合艦隊は連戦連勝の勝ち戦を続けていましたが、我が陸海軍指導層はともに、〝目的・目標の統一〟、〝戦力の集中〟という極めて基本的な戦理に反する、〝目的の二重性〟、〝戦力の分散〟という過失に連なる二正面作戦を演じてしまいました。

最高統帥部の戦略的な失態は、大東亜戦争の全般的な軍事戦略構想の中で「西部アリューシャン列島の長期確保」が、どのような軍事戦略的な意義があるのかという価値判断が適切に行われなかったことにあります。

3 キスカ島撤収作戦

昭和十八年（一九四三年）五月二十日、最高統帥部は危機に瀕したアッツ島への増援作戦の中止を決定しました。陸軍では参謀次長の秦彦三郎中将が、この決定を札幌にあった北方軍司令官の樋口季一郎中将に伝達に行きましたが、樋口軍司令官は、「キスカ島守備隊を撤収させる保証が得られなければ、アッツ島への増援作戦の中止は受け容れることはできない」と主張しました。

その結果「ケ号作戦」と呼称されるキスカ島撤収作戦が、最高統帥部の正式の作戦計画に上ることになりました。すなわち翌二十一日、大本営陸海軍部は次のような趣旨の「北太平洋方面作戦中央協定」を発令しました。

「アッツ島守備隊は、好機に潜水艦隊で撤収に努める。

キスカ島守備隊は、なるべく速やかに順繰りに撤収に努める。海霧の発生状況、敵情を見極めて、状況が許せば輸送船や駆逐艦も併せて撤収に使用する。

これらを『ケ』号作戦と称す」と。

五月十二日の早朝、米軍は陸軍の師団規模の攻略部隊をもって、戦艦、空母など約四〇隻余の艦艇の支援のもとアッツ島に対する上陸作戦を開始してきました。

その後北方作戦は、キスカ島守備部隊の撤収作戦を軸に展開されることになりました。

アッツ島守備隊（二六六五名）は、約一万一〇〇〇名からなる米軍の逆上陸を受け、孤立無援の孤島で勇戦敢闘しますが、その後数日を経ずして五月二十九日に至り、玉砕を遂げることになりました。

キスカ島は、玉砕したアッツ島よりも東方のアラスカ寄りに位置し、完全なる米軍の制空権・制海権の下にあり孤立しており、さらに島の周辺はアメリカ艦隊によって完全に包囲・封鎖されていました。

「ケ」号撤収作戦の開始

「ケ」号撤収作戦の第一期作戦は、アッツ島が玉砕した五月二十九日、先ず第一潜水戦隊

（古宇田武郎少将）が指揮する一五隻の潜水艦をもって開始されました。潜水艦は、往路は糧食・医薬品・弾薬・兵器などの補給に任じ、帰路は傷病者など一隻当たり約六〇名を収容し、六月十八日までに合計八二七名の撤収に成功しました。しかし、この間米軍の哨戒は逐次厳重になり、戦闘により「伊七潜」、「伊九潜」、「伊二四潜」などの四隻が失われました。

潜水艦による将兵の収容は数も限られる上、戦闘の激化で困難になってきたので六月二十三日、潜水艦による撤収作戦は打ち切りになりました。

「ケ」号作戦の第二期撤収作戦は、第一次と第二次に区分されますが、先ず第一期の潜水艦による撤収作戦の終了に伴い、五月二十八日の北方軍との陸海軍現地協定により、水上艦艇による一挙撤収をもって行うことになりました。これにより北方防衛を担当する第五艦隊（河瀬四郎中将）の指揮下にある第一水雷戦隊（森少将）が、キスカ島守備隊の撤収に任ずることになりました。

木村昌福少将の登場

このようなとき、第一水雷戦隊司令官の森少将が、六月六日、幌筵《ほろむしろ》に在泊中の旗艦阿武隈の司令官室で突然倒れるという不幸が起こりました。「脳溢血の疑いあり」で、絶対安静を保ち至急入院を要するということで、阿武隈は翌七日〇九時〇〇分幌筵を出港し十日朝大湊に入港し、森少将は担架で〇八時三〇分海軍病院に入院しました。情況は直ちに中央に報告されて司令官交代の処置がとられました。たまたま戦傷療養を終えて、水雷学校長に補職予定で横須賀鎮守府付だった木村昌福少将が第一水雷戦隊司令官に任命されることになりました。

九日夕刻に補職発令を受けた木村は、夫人と兵二名の見送りを受けて十日夕刻上野駅を出発し、翌十一日一〇時〇〇分大湊駅に到着し、一〇時三〇分には第一水雷戦隊の旗艦阿武隈に着任、直ちに司令部幕僚の挨拶を受け、それから四時間半後の一五時〇〇分大湊港を出港し幌筵に向かっています。幕僚たちも木村のスピーディな対処には、改めて畏敬の念を抱いたといわれています。

六月十四日〇七時三〇分阿武隈は、占守島の片岡湾に在泊の第五艦隊の旗艦那智の近くに投錨し、〇九時〇〇分には第五艦隊司令長官河瀬中将に着任の挨拶をしています。艦隊司令部では待ちかねていたように木村新司令官に対し「ケ」号作戦発動の経緯と、その実施命令を下しました。

河瀬中将と木村少将とは、水雷科の先輩後輩の関係にあり、原籍（鳥取）を同じくし縁戚でもあり、熟知の間柄でありました。中将からは「木村君御苦労だが願います。この撤収は容易ならざる作戦であって、敵重囲の中から全員を無疵秘密裡に引き揚げることは激戦死地に飛び込む以上に苦心と忍耐がいる。どうか最後の御奉公の積りで善謀善処好機を捕捉してこれを決行して頂きたい。幸い先任参謀は当艦隊の幕僚中占領当初から当地方に連続勤務する唯一の参謀だからよく司令官をお助けして美事に成功して貰いたい。なお本作戦は第一水雷戦隊司令官に一任するが、もとよりわが第五艦隊の作戦であるから、私も十分責任を持つし、また使用兵力などで第一水雷戦隊の要望があれば、私の出来ることならどんな世話でもするし命令も出すから、申し出てもらいたい」の言葉がありました。

長官の言葉に対し、当の木村は「顔も言葉も平静に」ひと言「承知しました」と答えたので、傍らで立ち会った先任参謀の有近中佐は、「司令官が余りにも簡単に一諾されたので、木村少将はこの北方作戦の難しさを良く理解しておられないのではないか」と思ったほどであったと後日述懐しています。河瀬長官と新司令官木村昌福少将との間の信頼感の厚さを物語るものでした。

一息ついたところで艦隊の先任参謀高塚忠夫大佐から、計画立案上の参考などの説明がありました。終わりに木村司令官は有近中佐に「早速計画準備にかかってくれ。なお今説明されたことのほか聞きたいことや、希望事項があれば申し述べておくように」と促しました。有近先任参謀は「①気象専門士官一名の配員、②駆逐艦兵力は一〇隻とし、うち六隻は新鋭艦に、さらにレーダー装備の最新鋭艦である島風の配備」を願い出たところ、艦隊参謀長の大和田昇少将は全く同意であると述べ、即刻その実現を図りました。

キスカ撤収の決め手：霧の活用

このキスカ島撤収作戦の成否は、第一水雷戦隊のキスカ突入と収容作業を隠蔽する霧の発生とその濃淡に大きく依存していましたので、気象士官の配員がなされ、九州帝国大学理学部出身の橋本恭一少尉（当時二五歳）が、六月二十日に着任したことは大きな戦力強化になりました。

橋本少尉は、軍令部で辞令を受けて東京を出発する際、「貴様はこれから第一水雷戦隊に行って霧と戦争をするのだ」と言われ覚悟を決めて来ましたが、大湊から幌筵までの間を便乗した駆逐艦が何も見えない霧の中を航路付近の島々の間や狭水道をも楽々と航行するのに先ず驚いたということでした。

橋本少尉は、阿武隈に乗艦し、有近先任参謀に着任の挨拶をすると、「今日から毎日午前六時、正午、午後六時の三回天気図を作成し、必ず幌筵からキスカまでの霧の予想を書き添えて提出すること」と、早速当面の作業について指示がありました。

さらに、有近中佐は海図でキスカ島の位置を示し、陸海軍合わせて五二〇〇名のキスカ守備隊の撤収の大任が第一水雷戦隊司令官木村昌福少将に下されたことを述べ、「本作戦の成否の鍵は唯ひとつ、霧の利用にかかっている。そのためには連続一週間の霧の予想が必要で、それを君に予測して貰いたい」と期待を述べました。

さらに「だが心配することはない。まだ準備に二、三週間はある。その間に実地について十分勉強すればよい。昨年来の気象資料もある。君は飽くまでも純学理に基づいて予報を出して貰えばよい。責任ある最終的な判断は俺がする」と橋本少尉を激励しました。

橋本少尉の勤務ぶりについて主計長の市川中佐は、「若さに似合わず冷静で、作戦期間中たびたび司令官や参謀に呼び出され諮問に答えている様子を見ていたが、その理路整然とした説明は説得力があった。しかし、本作戦の帰趨は正に彼の双肩にかかっていたので、その苦衷、その精神的苦痛は、はたで見る眼にも気の毒なほどであった」と、著書『キスカ』（コンパニオン出版、昭和五十八年）で述懐しています。

駆逐艦の増強も第一水雷戦隊の要望の通り実現し、特にレーダー装備の最新鋭艦であった島風の配備は、軍令部、連合艦隊ともに海軍中央が、この度の第二期撤収作戦に対する期待がいかに大きいものであったかを示す証左であったと言い得えます。

かくして「ケ」号作戦の第二期の第一次撤収作戦は始動することになりました。

4　第二期第一次撤収作戦

七月七日、第一次撤収作戦開始

第一次作戦に従事した第一水雷戦隊は司令官木村昌福少将のもと軽巡洋艦の阿武隈、木曾、駆逐艦の島風、長波、綾波、大波、五月雨、白雲、薄雲、朝雲、響、若葉、初霜、国後、補給船の日本丸、そして特設巡洋艦の粟田丸の一六隻が参加しました。

昭和十八年七月七日一九時三〇分、キスカ島守備隊（第五一根拠地隊と陸軍北方守備隊）の収容を任務とする第一水雷戦隊は、キスカを目指して幌筵を出航しました。霧は出撃四時間後から断続的に続き、九日は濃霧となり予定の補給も順調に経過しました。航行の途上で米潜水艦らしい電波の傍受やピストン音を捕捉したりしましたが、格別の障害もなく、十日正午にはキスカ島の南西約三〇〇カイリに進出することができました。

この時点における第五艦隊司令部の天候予察では、キスカ方面では十日夕刻から霧が濃くなり、十一日は霧または霧雨、十二日には霧は淡くなるというものでした。これにより予定通り十一日には収容部隊のキスカ突入は可能と判断し、十日一九時〇〇分、第五艦隊の河瀬司令長官は全般作戦支援のため、主隊（重巡・那智など五隻）を率いて幌筵を出撃しました。

しかし、水雷戦隊の行動海域の気象状況は、十日午前中は霧雨で視界は三～五キロメートルでしたが、午後になると低気圧帯が通り過ぎ気圧も逐次上昇し西方から視界が開けていき、十一日のキスカ周辺に霧は発生しないと判断されるに至りました。そこで木村司令官は「十一日の突入中止、十三日に再挙」と決断し、同日二〇時二〇分反転し、十一日は〇七時〇〇分～一八時〇〇分の間、補給船日本丸からの燃料補給と作戦準備に専念しました。ちなみに十一日のキスカ島周辺の気象は、曇りで霧は薄く視界は一〇～一五キロメートルで、米軍機の偵察飛行が行われ、夕刻には米艦艇による艦砲射撃も行われていました。

突入予定日の延期：霧

明けて十二日朝、第一水雷戦隊は再度キスカに向かいますが、行動海域には終日霧は発生しませんでした。一方キスカからは一五時〇〇分、「十二日夜並霧、十三日濃霧、十四日霧」との突入に好適な天候予察を通報してきました。しかし水雷戦隊の気象担当の橋本少尉は、「明十三日午前曇り程度で利用可能な霧は発生しない」と予察し、かつ木村少将は敵情についても「十一日、十二日の情況から見て米軍の警戒は極めて厳重で、十三日に突入すれば敵偵察機により発見される公算は極めて大」と判断していましたので、一五時〇〇分に反転を決断し、Z日（キスカ突入、撤収の予定日）を再度延期しました。

ちなみに十三日のキスカ周辺の気象は、同島の予報が的中し終日霧が発生していましたが、キスカ湾の東方には木村司令官の敵情判断の通り、米軍の艦艇が二隻哨戒配備についており、また米軍機による偵察飛行と爆撃が敢行されていました。

Z日を十四日に延期した第一水雷戦隊は、十三日〇二時三〇分～一〇時五〇分まで燃料補給を行いましたが、この時点で日本丸の燃料残量は、約一七〇〇トンで、辛うじて後一回分の撤収作戦に必要な所要量を満たすギリギリの状態でした。

十三日三度キスカ島に向かう第一水雷戦隊の行動海域に終日霧はなく、キスカからの天候予察は、「十四日南風一〇メートル、雨または霧、湾外荒天、十五日夕刻より快復」というものでした。

十三日一六時三〇分、第一水雷戦隊司令官木村少将は、「十四日キスカ周辺の天候は本日と大差なく淡霧程度で視界は相当良好であろう。したがって十四日突入成功の公算は少ない」と判断し、一六時四五分部隊は三度反転し、Z日の十五日延期を決断しました。ところが一九時三五分頃から行動海域は降雨で視界不良になり、低気圧が接近してくることを承知した木村司令官は決心を変更し、二一時〇七分戦隊を反転させ十四日突入を企図しました。しかし、海面は次第に時化《しけ》模様となり、低気圧と思ったのが台風であったことが分かりました。木村司令官は、仮にこのまま進んで十四日の突入に成功したとしても、キスカ島の陸兵の収容作業は大時化のため不可能であると判断し、同日の突入を断念

(注)戦艦：戦闘艦の中で火力・装甲防護力ともに最も優れ、建造時点で最も優れた主砲を搭載しており、かつ、その主砲の砲弾に抗堪し得る装甲防護力を有している。速力は必ずしも最速であることは求められてはいない。巡洋艦：遠洋を航海し、大口径砲を搭載し敵艦艇の撃破を主任務とする戦闘艦で、一般的に火力・排水量は戦艦に劣るが、速力は戦艦に優る。重巡は大型巡洋艦、軽巡は小型巡洋艦。駆逐艦：元来は水雷艇を駆逐するための艦艇であったが、砲のほかに魚雷発射管を備えていた。

し、十四日〇一時二五分第一水雷戦隊は台風を回避するように進路を南方にとりました。

その後十四日一三時〇〇分頃になると、行動海域の風向は南西に変わり風勢も次第に弱まり霧も出てきました。このような天候であれば、台風は北方を東進し十五日にはキスカを通過してしまうであろう。とすれば補給なしで今直ちにキスカに向かい直進すれば、明け十五日の突入は可能であると判断した木村司令官は、一四時五〇分第一水雷戦隊を再度北方へ反転させキスカに向かい増速しました。

突入予定日の再延期：敵情

ところが同日二〇時〇〇分、キスカ島の第五一根拠地隊司令官から「識別不能の艦船多数東方海面上にあり、なお一部が砲撃中、行動を中止す」との電報が届きました。「行動を中止」とは、キスカ島守備隊は多数艦船の集結を米軍の上陸作戦の前兆と見做し、撤収準備を取り止め防御配備に復帰するという意味です。

第一水雷戦隊が突入に成功しても、キスカ島守備隊が防御配備についていれば部隊の収容はできません。一方燃料残量からはこの日の突入が限度です。木村司令官は、突入するか反転再挙を図るかという重大なる決断の岐路に立たされました。この緊迫した阿武隈艦橋の状況を、主計長であった市川浩之助大尉は、著書『キスカ』（コンパニオン出版社、昭和五十八年、一三七頁〜一四〇頁）において次のように描写しています。

「いつも明るい雰囲気の艦橋もさすが異様な雰囲気に包まれてきた。司令官は橋本少尉の作成した〇六時〇〇分の天気図をじっとみつめて沈思黙考、時々橋本少尉になにか質問しておられるようだ。有近六次先任参謀（中略）……皆心配そうに天気図を覗きこんでいる。

この阿武隈艦橋の空気が各僚艦にも伝わったのか、発光信号や手旗信号で次々に司令官宛の意見具申が来る。

『五月雨駆逐艦長から司令官へ〝本日突入至当と認む〟』、『島風駆逐艦長から司令官へ〝本日を措いて決行の日なしご決断を待つ〟』、闘志に満ちた各艦の艦橋の歯ぎしりぶりが眼にみえるようだ。信号を届ける未だ幼な顔の信号兵の甲高い声もいつもに比べ興奮気味である。

温厚冷静な渋谷艦長も、司令官に信服している各参謀も、口にこそ出さないが、信号が来る度に頷きながら司令官の顔を見上げる。各駆逐艦長同様、決行を懇請しているような表情が見受けられた。

この間司令官は一言も発せず腕を組んだままじっと天気図をみつめておられた。まだ若い少尉だが、この作戦の鍵を握っている気象担当の橋本少尉は、その隣に直立し、司令官の次の質問を待ち受けていた。

突入するか反転再挙を図るか、重大な岐路に立たされた木村司令官は、重ねて橋本少尉に今後の予想を質したが、『当隊がキスカ島南方及び南西端に到着する一五時〇〇分頃は、キスカ島南方及び西南方は視界良好、勿論アムチトカ基地も飛行適』という結論には変わりなかった。司令官はしばらく瞑目熟慮しておられた。おそらくキスカ島で我々の来着を待ちわびている守備隊将兵の上に思いを馳せておられたのであろう。

しばらくして、司令官はきっとして顔をあげて先任参謀を一瞥し、『先任参謀！　帰ろう！』と言われた。艦橋は一瞬、息を呑んだが、すぐ、『我々が心から尊敬している司令官だ。どんな命令にもどんな作戦にでも喜んでついて行こう』というムードが艦橋いっぱいに蘇った。時に七月十五日〇九時〇〇分、当時水雷戦隊はキスカ西南方一五〇哩あたりに待機航行中であった。有近先任参謀は、何も言わず、『わかりました。只今より幌筵に帰投します。艦長お願いします』と言われた。渋谷艦長もいつもと変わらない静かな口調で、折口航海長に反転幌筵に向かうよう指示した。

航海長が針路を二二〇度にしたのを見届けてから司令官は重ねて『帰ればもう一度来ることができるからなぁ！』と、誰に言うともなく呟かれた。

司令官がこの結論に到達されるまでにどんなに大きな苦悩にさいなまれておられたかと推察し、胸の熱くなる思いがしたのは私一人ではなかったであろう」と。

この第一水雷戦隊司令官木村少将の「反転再興」の決断に対しては、当然のことながらキスカ島守備隊のみならず上級司令部などから失望あるいは批判が寄せられていました。

キスカ島守備隊では、十一日から十四日まで撤収準備と防御準備が連日繰り返されていましたので、不安と期待、切望と諦めの境地が日を重ねるごとに深まっていきました。特に十五日に撤収作戦の一時中止が伝えられたときの将兵は一度に全身から生気が消え失せてしまうほどだったと回想されています。またキスカ守備隊から幌筵に幕僚連絡のため潜水艦で来ていて、帰りの潜水艦の便が取り止めになったため今次作戦に従事していた駆逐艦木曾に便乗していた藤井参謀は、「撤収作戦中止」の報に接し、「断じて行えば鬼人も之を避く。断乎突進すれば霧がかかってくるかも知れないという淡い希望もある。ましてや十一日以来毎夜のごとく防御陣地から撤収予定海岸まで往復を重ねている守備隊のことを思うと忍びないものがあった。やるべきだ！　敵と遭遇して不成功に終わっても止むを得ないではないか」と、心中大いに不満であったと述懐しています。

中止決定に対する上級司令部からの批判

直近上位の第五艦隊司令部では、「戦争に危険は当然」、「燃料の逼迫が判らないのか」、「一水戦には肝がない」、「たとえキスカが晴れでも断乎突入すべし」などの気分があり、第一水雷戦隊を「消極退嬰」であるとさえ批判的でした。

「作戦中止」の報告電報に接した連合艦隊司令部では、折り返し「撤収作戦の再度決行」を要望しています。七月十七日、大本営海軍部（海軍軍令部）と打ち合わせを行った連合艦隊参謀長の宇垣中将のメモには、「現在は最大兵力を充当しあり、一挙撤収作戦、今一回全力撤収作戦を実施す、断行！」とありました。連合艦隊、軍令部ともに陸軍に対する面子からも成否を問うことなく「突入断行」を願望していたのではないかと思われます。

撤収任務を担った第一水雷戦隊司令官木村少将は、成否の見通しは別として、この「ケ」号作戦の目的は「キスカ島守備部隊五二〇〇名全員の撤収」にあると考えていました。と同時に、仮にキスカ突入に一〇〇パーセント成功したとしても、「どれだけの将兵を乗艦させることができるか？　実のところ確信はない。少しでも乗艦させることができれば、それで良し。乗艦させてから敵機にやられるならば、これもやむを得ない」というほど困難な作戦であると自覚していました。であるからこそ「少なくともキスカ突入の成功度は一〇〇パーセントでなければならない」と確信していました。

このキスカ突入の成否の判断の前提になる適時的確なキスカ周辺の気象情報の入手と敵情の掌握予察が、わずか半日行程二〇〇カイリしか離れていない現地キスカ島守備隊と水雷戦隊の間でありながら、厳重なる無線通信の管制を必要とする条件のもとでは極めて困難なことでした。

かくしてキスカ守備隊将兵の収容を任務とする第一水雷戦隊司令官木村少将は、上級司令部と守備隊将兵からの「キスカ突入」の熱望期待という心理的重圧のもとで、絶えず気象の変化と敵情判断を慎重に行い、その結果三度にわたりZ日（突入予定日）を延期していました。そして遂に突入の好機を得られないと判断するや、十五日には撤収作戦の中止を決断し、幌筵へ反転帰投し再興を図ることにしました。

5　第二期第二次撤収作戦

木村少将の中止決断の影響

撤収作戦の実行責任者である第一水雷戦隊司令官木村少将の七月十五日の決断「撤収中止、反転帰投」と、その後の敵情判断が、第二次作戦計画に及ぼした影響は、次の五つでした。

その一つは、米軍の哨戒から撤収作戦の行動を隠密裡に行うための隠れ蓑になる「霧」が期待できるのは、七月いっぱいが限度であって、八月になれば「霧」による隠蔽効果は減少するものと予想されていました。したがって撤収作戦は、七月中に行われなければならないとされました。

二つ目は、燃料事情がいよいよ逼迫してきており、キスカ撤収作戦に充当できる燃料は、あと一回分しかありませんでした。このため全般支援に任ずる主隊のうち重巡洋艦の那智と摩耶、そして第一次では収容部隊と同航した粟田丸を幌筵における在泊待機にしなければなりませんでした。

三つ目は、第一水雷戦隊の直上指揮官である第五艦隊司令長官が参謀長以下の幕僚を帯同し、軽巡洋艦多摩に将旗を移して第一水雷戦隊と同航し、キスカ突入前日の二二時〇〇分まで指揮するというものでした。

「長官直率」の背景には、「第二次はあり得ない、何としても第二次でやり遂げなければならない」という軍令部や連合艦隊司令部の強い要望と督励を受けて、第五艦隊司令部としてはその責任に応えなければならないという立場にありました。特に第一次行動において、「突入の好機はあった」とする軍令部や連合艦隊司令部と、「好機はなかった」とする第一水雷戦隊との間の評価の相違が、第五艦隊司令部に「第一水雷戦隊だけに任せておけず、海軍伝統の陣頭指揮」をせざるを得ない気持ちがあったのかも知れません。

木村少将は、第一次行動において自らが下した「突入中止、反転帰投」の決心処置について是なりと確信していましたので、他人の批判や非難については全く意に介するところではありませんでした。したがって「長官直率」となったことについても、全くこだわりはありませんでした。長官同航の有無にかかわらず、自らの責任と権限において「キスカ守備隊五二〇〇名全員の撤収」という第一水雷戦隊の任務を完遂するという腹は据わっていました。

四つ目は、第一水雷戦隊の阿武隈と木曾の軽巡洋艦二艦に、陸軍の高射砲を各一門と兵員を配備したことでした。このことは対空火力を増強し、「米軍の航空攻撃をも排除して、何としてもキスカ突入を断行」する覚悟を示したものと受け止められます。

この陸軍から配属された高射砲兵について阿武隈主計長は、「軍曹を指揮官とする約一〇名の分隊だったが、軍紀厳正で、キビキビした動作は好感が持てた。特に出港後は、本艦の訓練とは別に、馴れない航海に船酔いしながらも休むことなく張り切って訓練に励んでいた姿は真に健気であった」と手記に述べています。

五つ目は、米軍のキスカ島上陸は、霧が晴れる八月から九月に行われるものと予想されていました。これにより第二次の撤収作戦の七月実施が、キスカ守備隊を救う最後の機会であるという共通の認識が固まりました。

第一次行動の研究会と第二次への準備

七月十八日、幌筵に第一水雷戦隊の全艦船が集結しましたので、翌十九日〇九時〇〇分から旗艦阿武隈において「第一次行動の研究会」と「第二次行動の打ち合わせ」が行われました。たまたまこの日の〇六時三〇分から約一五分間アッツ島から飛来したと思われるB―24四爆撃機六機による北千島への初めての空襲がありました。この空襲の発進は、玉砕したアッツ島の陸上基地から行われたものと考えられ、戦局のいっそうの緊迫がひしひしと感じられる中での会議になりました。

打ち合わせ会議では、「ア：突入前日の天候予察（霧の有無・濃淡）で、突入可能か？

イ：長官直率ならば何故突入まで直接指揮しないのか？」の二点をめぐって、第五艦隊と第一水雷戦隊との間に激しい応酬が繰り広げられたと伝えられています。

アについては、五月雨艦長中村昇大佐からは「断行せざりしは遺憾、一八時〇〇分にて不足」と強行突破をも覚悟する早期決断を、風雲艦長吉田正義大佐からは「霧を利用すべきなり、前日の予想で出来るとは限らぬ故指揮官に余裕を持たすべきなり」と、木曾艦長川井巌大佐からも「あせったら不成功、天候判断はZ（突入決行日）の一〇時〇〇分頃に非ざればわからぬ、燃料で無理するな」と、ともに慎重な対応を求めるなど突入時機について活発な論議が行われました。

次のイの「長官直率」については、親部隊の第五艦隊と実行部隊の第一水雷戦隊との間では、かなり白熱した議論が展開されました。先ず第五艦の先任参謀高塚忠夫大佐から、「艦隊手持ちの燃料の逼迫、遅くなれば霧季を過ぎるという気象状況の変化、駆逐艦の南方作戦への急速転用の必要、並びに敵進攻の切迫等各種要因からみて今次行動が最後になるかも知れない。そこで今回は長官自ら多摩に乗艦し直率され、情況を見て第一水雷戦隊に突入時機を指令される。……なお多摩は指令後水雷部隊と分離、本隊として行動する」と、キスカ撤収必遂の艦隊司令部の並々ならぬ固い意志の披瀝がありました。

これに対して第一水雷戦隊側からは、「長官直率は、第一水雷戦隊司令部に対する不信任であり、第一水雷戦隊司令官の行動の自由を奪うものではないか？」、「直率するならば、何故突入、撤収を通じ最終目標を達成するまで徹底して指揮しないのか?」、「突入時機の判断だけして前日の夜二二時〇〇分まで同航し、あとは避退し突入部隊の収容に備えるというのでは、第一水雷戦隊司令部に対する不信による督戦ではないか?」など、第一次行動に対する上級司令部の第一水雷戦隊批判に対する反発に端を発し、声涙ともに下る様々な意見が噴出し、延々と激しい論戦が展開されました。

困難克服の要:「人の和」

打ち合わせの間さながら傍観者であるかのように、じっと論議のやり取りを聴いていた第一水雷戦隊司令官木村昌福が、頃合いを見て一言「わかりました」と、第五艦隊司令部の見解に全面的に従い実行するという決意で、すべての問題が決着しました。あくまで木村流というべきか、淡々として水が低きに流れるような自然流のまとめ方でした。

激論を発した第一水雷戦隊の各級指揮官たちは、一転して「木村司令官のために戦おう!」と異口同音に誓いました。第一水雷戦隊機関参謀だった常石中佐は、「指揮官たちの木村に対する絶対の信頼、信服の現われであり、これこそ上下一致の極致であると感動した」と回想しています。

この打ち合わせを準備した第一水雷戦隊の先任参謀有近中佐は、かねてよりこの困難な撤収作戦を完遂するために最も重要なことは、艦隊一丸の「人の和」であると確信していました。そのために有近は、第五艦隊内に何とはなしに潜在する不協和のしっくりしない空気を一掃するために、この機会に言いたいことは全部言わせて、お互い長官と司令官のもとに一丸となる「人の和」を生み出そうとしました。

たとえ「長官直率」が変則的ではあっても、この時期何よりも必要とされた艦隊一丸の「人の和」のために、それをそのまま認めていこうというのが、河瀬長官と木村司令官の腹であることを、先任参謀の有近は阿吽《あうん》の呼吸で理解していました。

七月二十二日、再出撃

再出撃の日である七月二十二日の幌筵は、早朝から薄曇りでしたが、キスカ方面は荒天で米軍機の来襲はありませんでした。〇七時三〇分から一二時〇〇分まで第一水雷戦隊最後の打ち合わせが阿武隈の士官室で行われました。作戦の準備段階では念には念を入れて悔いを残さないようにすることが鉄則ですが、作戦計画そのものは十分に摺り合わせが行われていましたので、打ち合わせ会議というより、木村司令官を囲む和やかな談笑の雰囲気であったと回想されています。

第一水雷戦隊の幌筵出港の予定は一九時〇〇分でしたが、一八時三〇分頃から濃霧となり視程五〇〇メートル以下になったため一時出港を延期しました。その後視程約一〇キロメートル程度に回復したところで、二〇時一〇分計画に従い各艦ごとに出港を開始しました。

翌二十三日は、〇二時一五分頃から濃霧となり終日視程約一キロメートル以下で、突入作戦には理想的な天候条件になりましたが、部隊の掌握には苦労が多く、補給船の日本丸は前続艦の霧中浮標を視認しながらの航行も難しくなりました。

この日キスカでは延べ九六機の米軍機の来襲があり、〇九時三〇分にはキスカ島の旭湾外に米海軍の巡洋艦一隻、駆逐艦二隻、キスカ湾外に重巡洋艦二隻、軽巡洋艦一隻、駆逐艦二隻が展開し、約三〇分間にわたり艦砲射撃を加えてきました。

明けて出撃三日目の二十四日の行動海域の海上は平穏でしたが、霧のため視程は正午前後の約四時間は三から八キロメートルであったほか、終日約五〇〇メートル以下でした。このため殿艦長波のほか、前日から連絡がとれない国後とも連絡が依然としてとれませんでした。また補給船の日本丸とは連絡はとれているものの、旗艦との位置関係は全く把握できておらず燃料補給に不安を残していました。

視界がやや良くなってきた一二時三〇分頃、駆逐艦長波を掌握しました。その後第一水雷戦隊の命の綱ともいうべき補給船を掌握するため、窮余の一策として霧中の隠密行動中での不利は覚悟して、仮装備してきた陸軍の高射砲の試射を行い、日本丸に関係位置を把握させることにしました。一四時〇〇分に木曾から、一五時〇〇分に阿武隈からそれぞれ試射をさせた結果、一五時四〇分日本丸を隊列に加えることができました。

この日二十四日、キスカは細雨で視界は不良で米軍機の空襲はありませんでしたが、戦後の米軍の公開史料によりますと、米海軍の哨戒艇PBYがキスカの南西三一五カイリに七個のレーダー映像を探知したと報告しています。これが数日後の米艦隊による誤探知の伏線になろうとは、我が艦隊はもちろんのこと、当の米艦隊も知る由もありませんでした。

出撃四日目の二十五日も行動海域の海上は平穏でしたが、視程は午前一〇時〇〇分頃の前後二時間ほどが約二キロメートルになったほかは、終日濃霧のため約五〇メートルでした。一七時〇〇分頃米海軍の潜水艦用の電波を捕捉しましたので、対潜水艦警戒を厳にして航行していたところ、二〇時〇〇分頃に米潜水艦のレーダーらしい電波を探知しました。第一水雷戦隊はさらに対潜水艦警戒を厳重にしながら前進しました。

この日のキスカは曇りで、米軍の戦闘機延べ六六機が波状攻撃を加えてきました。また駆逐艦二隻が島の東側を南北に哨戒を続けていました。

なお二十五日〇六時〇〇分の天気図による第一水雷戦隊のキスカの天候予察は、「二十六日曇り時々淡霧、二十七日偏東風、濃霧または曇り時々晴れ間あり、二十八日天候悪しき見込み」というものでした。

霧中訓練中の衝突事故

出撃五日目の二十六日、行動海域の天候は、時々五〜二〇キロメートルの視界が広がることもありましたが、概ね濃霧に終始しました。この日は米軍の潜水艦の電波は感じられず、その他の通信状況から米軍は、我が部隊の行動を偵知してはいないと判断しました。

この日は、対敵警戒を厳にしつつ阿武隈はじめ燃料補給を行いつつ、訓練に精励していました。ちなみに帝国海軍の艦艇は、作戦行動中、日出日没時の昼夜戦配備転換の総員配置の対敵警戒に抜かりなきよう、それぞれ黎明訓練と薄暮訓練を実施するのを常態としていました。

補給を終えた阿武隈が薄暮訓練を実施していた一七時四四分、濃霧で約三〇〇メートル前後の狭視程の中、行方不明だった国後が突然阿武隈の右舷七〇度約二〇〇メートルの霧の中から出現し、相互に回避する暇もないまま、国後は阿武隈の右舷中部に衝突してしまいました。この衝突事故による隊形混乱の中で長波、若葉、初霜も接触事故を起こすことになってしまいました。

この衝突事故のため水雷戦隊の隊形は混乱しましたので、一八時三八分視界不良の中、後続艦の収容のため部隊の速力を七・五ノットに落とし、隊形の整理に努めました。それでも最後尾の三隻は状況不明のまま収容が遅れ、翌二十七日〇七時一五分再び陸軍の高射砲の試射によってようやく掌握することができました。

不幸中の幸いなことには、衝突事故による各艦の損傷状況は軽微なもので、阿武隈、国後、長波はいずれも任務遂行に支障はなく、若葉、初霜はともに出し得る最大速力は一四ノットと判明しました。そこで若葉は自力で幌筵に帰投し修理に、初霜は補給隊に編入し日本丸の護衛に任ずることになりました。

衝突事故の後、阿武隈の艦橋で有近先任参謀が、「申し訳ありません」と謝りますと、木村司令官は「心配するな！　不可抗力だ。それに任務行動には支障はないし、怪我人もなかった。気にすることはない。それよりもこれからが大切、この調子なら霧は満点、頑張ってくれ！」と激励しました。

損傷状況についての副長の調査報告をじっと聞いていた木村司令官は、「これだけの事故が起こるほどだから、霧の具合は申し分ないということだ。結構なことではないか。なぁ艦長！」と語りかけ、艦長もすかさず「これで厄払いができましたな」と応じてニッコリ笑われた。このゆったりした平々凡々たる態度で語り合っている両指揮官のやりとりに、艦橋で勤務する誰もが心理的な重圧から解放される想いであったと言われています。

思いがけない衝突事故のため航程にかなりの遅れが生じましたので、第五艦隊司令部は二十七日〇七時一〇分、「Z日を二十九日に予定する」と発令しました。

衝突事故があった二十六日は、当初の計画ではキスカ突入の予定日でした。第一水雷戦隊の行動海域では衝突事故を起こすほどの濃霧でしたが、キスカでは快晴で昼間は一二回延べ四四機に上る米軍機による空襲がありました。周辺海域における米艦艇による哨戒はいよいよ厳戒を極めていました。

警戒厳重な米海軍

一方米軍は、電波情報や通信情報などから我が第五艦隊の北西太平洋における行動を把握しており、日本軍は二十六日もしくは二十七日にキスカに対する増援作戦を実施するものと判断していました。そして七月二十四日に米軍の哨戒機がキスカ南西方二〇〇カイリに七個のレーダー映像を捉えたことは前述しましたが、これに加えキスカ守備隊からの「二十六日夜は好適」という日本軍の通信を傍受していました。

米軍はいよいよ日本軍は二十六日キスカに増援部隊を上陸させるものと確信し、同日夜に戦艦二隻、重巡洋艦四隻、軽巡洋艦一隻、駆逐艦七隻からなる艦隊をキスカの南西海域に進出させ、一九時〇七分戦艦ミシシッピーが左舷二八キロメートルに日本艦隊（実は島影だったのだが、米軍は艦影と確信していた）をレーダー探知し、この目標に対し砲撃を開始しています。

ちょうど第一水雷戦隊が衝突事故で混乱している頃、キスカ守備隊から「一九時二〇分敵機来襲、二〇時〇五分より約四十分間砲声断続」と無線報告していますが、これが米艦隊が幻の日本艦隊に砲撃を加えていたものでした。キスカ守備隊では、昼間の空襲とこの砲声から米軍の逆上陸作戦が行われるのではないかと覚悟していました。

「戦場の実相は、錯誤の連続である」という箴言がありますが、この箴言のとおり日米ともに敵の出方を見誤っています。しかし、米軍の錯誤は、我がキスカ島撤収作戦に大きな好機を結果的に与えてくれました。彼らは約三〇分間の砲撃のあと目標がレーダーから消滅したことで、日本艦隊を撃破したものと判断し、駆逐艦一隻をキスカ北方の哨戒に残したのみで、意気揚々と引き揚げていきました。

一瞬の間隙：米艦隊の再補給

米艦隊は、キスカ南南東約一〇〇カイリに達した頃、弾薬、燃料の補給実施の指令を受け、二十九日〇四時〇〇分指定された補給点で補給作業に従事することになりました。結果論ですが、正に我が第一水雷戦隊がキスカに突入する直前の時機に、彼らは戦場から遠く離れた場所で補給作業に専念することになったのでした。

したがって米艦隊は、我が第一水雷戦隊のキスカへの接近経路を明け渡してしまうことになったのですが、もちろん我が方は米艦隊の哨戒の厳重なることを予期して霧が深まることを期待していました。

出撃六日目の二十七日のキスカは、晴れまたは薄曇りで、視界は約三〇キロメートルと飛行適で米軍にとっては好都合、我にとっては悪条件でした。この日の米軍機の空襲は一一回延べ八七機で前日の規模を上回っていました。海上では、島の北東から東方約三〇キロ付近を駆逐艦が哨戒しているのが認められていました。

この日第一水雷戦隊は、隊形の乱れを収拾し終わり、キスカ突入準備に精励していました。〇六時〇〇分における二十九日のキスカの天候予察では「偏東風、霧発生、雲高二〇〇メートル、薄霧、視界約四キロメートル、飛行やや適」で、突入に最適ではないが、突入はなんとか実行可能というものでした。

出撃七日目の二十八日、キスカに対する米軍機の空襲は〇一時〇〇分から〇九時〇〇分の間に五回延べ二九機と比較的少なく、海上には駆逐艦が一隻認められるだけでした。

この日の行動海域の海面は弱い南西の風がある程度で極めて平穏であり、視界は一キロ以内、時として視程約四〇〇メートルといった濃霧で、突入準備には好適の天候視界でした。部隊は〇九時〇〇分から一一時二〇分の間に補給を行いました。ところで出撃以来六日間以上も濃霧のため推定航法だけで行動してきた第一水雷戦隊としては、何とかして天測による正確な部隊の位置を確認したいと願っていました。

そんなとき、補給開始から一時間ほど経った頃急に視界が開け青空が見えてきました。すかさず阿武隈の航海長折笠重康大尉が天測を行い、位置の線一本を出すのに成功しました。視界が開けたのはわずか三〇分でしたが、艦位確認を得ることができたことは、実に天佑でした。

そのうちキスカからは、一二時〇〇分における天候予察を「二十九日偏南後東風弱く霧多き見込み、飛行不適」と報告があり、二十九日の「突入適」を示唆してきました。補給を終えて一二時〇〇分部隊は速力一四ノットで、実測艦位に基づき偏位修正しつつ突入待

図表 6-1-2 「ケ」号第 2 期作戦第 2 次行動図

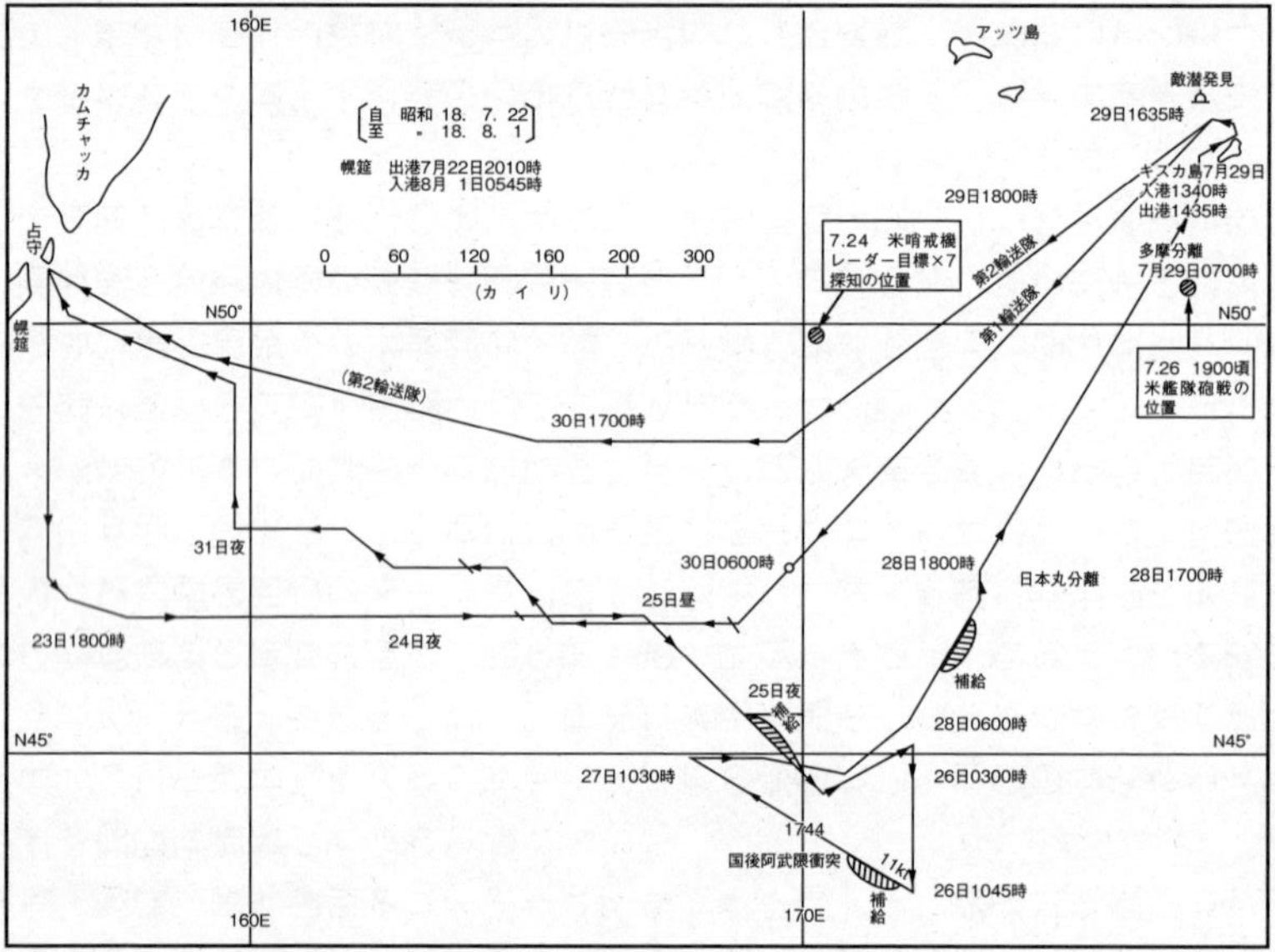

出所：『丸別冊太平洋戦争記事シリーズ』「北海の戦い」潮書房、1990 年、一部略、修正

機位置へ前進しました。

第一水雷戦隊は、二十九日〇時キスカの天候を「突入適」と判断していましたが、〇三時四〇分艦隊司令部も「突入適」と判断しました。そこで〇五時〇〇分「入港予定を一四時〇〇分頃」と腹案し、速力を一八ノットから二〇ノットに増速しました。

この日の日の出は〇一時〇〇分でしたが、行動海域は深い濃霧で視界は約一キロメートルでした。〇六時一三分キスカ守備隊からは、「昨日来当方面霧濃淡ありしも現在霧深く終日続く見込み、敵機出現極めて少なく好機と認む」と現地の状況を報告してきました。

二十九日、木村少将「突入」を決断

遂に〇六時二五分木村司令官は「一四時三〇分突入予定」と信号し、「各員協同一致任務の達成を期せよ」と撤収部隊の奮起を求めました。

二十九日〇七時〇〇分、第一水雷戦隊司令官木村少将は、第五艦隊参謀長宛に「本日の天佑我に在りと信ず　適宜反転ありたし」と、言外に長官同航への感謝を込め、作戦必成への覚悟と自信を信号しました。折り返し第五艦隊司令長官河瀬中将からは「キスカ湾に突入任務を達成せよ　成功を祈る」との信号がありました。

一二時三六分部隊は遂にキスカ湾に突入の最後のコースに変針し、速力も一二ノットに落としキスカ守備隊からのラジオビーコンを頼りに霧の中を航行しました。そして遂に一三時四〇分計画で予定した錨地に投錨しました。湾外と湾内ともに濃霧に覆い隠され、陸上からの将兵の収容には絶好の状況でした。

投錨と同時に各艦は搭載してきた大型発動艇と小型発動艇を海面に落下泛水《へんすい》（艦艇から海面上に落下着水させて浮航）させ、直ちに陸岸に発進させました。陸岸に集結待機していたキスカ守備隊の将兵たちは疲労困憊の中にも喜びに満ち溢れ、各艦に迅速に乗艦してきました。それまで無言で各艦の投錨と将兵の収容の状況を見守っていた木村少将が、有近先任参謀の肩を叩いて一言「よかったな！」と、目に涙を滲ませた快心の笑みを見せたと、有近は万感胸に迫る想いで回想しています。

キスカに在った海軍の第五一根拠地隊司令官秋山勝三少将と陸軍の北海守備隊司令官峯木少将はともに島内に一人の残留者もいないことを確認した上で、最後の大型発動艇で陸岸を離れ、秋山少将は阿武隈に、峯木少将は木曾に乗艦し、キスカ将兵の収容作業は、入港後約一時間で迅速に完了しました。

各艦に収容した将兵は、阿武隈一二〇二名、木曾一一八九名、夕雲四七九名、風雲四七八名、秋雲四六三名、朝雲四七六名、薄雲四七八名、響四一八名、計五一八三名でした。

収容作業が完了した撤収部隊は、迅速に出航しますが、霧状は再び濃くなり島影も視認できなくなりました。部隊は当初二〇ノットで島を抜け、洋上では二四ノットに増速して一路幌筵を目指して航進しました。

後日談：米軍の上陸作戦

戦後の米軍史料によりますと、この日もキスカ周辺には駆逐艦一隻が哨戒任務に携わっていましたが、幸運にも全く気付かれることなく七月三十一日午後、撤収部隊は無事に幌筵に帰港しました。

また我がキスカ撤収作戦を偵知できなかった米軍は、撤収後も連日にわたり激烈なる砲爆撃を繰り返し、遂に八月十五日、日の出とともに一〇〇隻の艦船に支援された三万四四〇〇名の陸上部隊がキスカに対して上陸作戦を展開しました。この間、友軍相撃により戦死二五名、戦傷三一名、海上機雷により戦死七〇名、戦傷四七名、合計一七三名の人的損耗を出しています。米軍が、我が軍の撤収を承知したのは、八月十八日我が軍主力の宿営地跡の掃討によってであったということです。

6 木村昌福少将の人物像

世界の海戦史に燦然と輝く完璧で見事なキスカ撤収作戦を成し遂げることができたこと

（注）大型発動艇：武装兵約六〇～八五名を搭乗。あるいは野砲、馬などを積載。速力八・八ノット。小型発動艇：武装兵約三五名搭乗。速力八ノット。

は、振り返ってみると実行部隊の指揮官であった木村昌福少将の人間的な資質によるところが極めて大であると言って過言ではありません。

当時の木村の部下たちに共通した彼の人物像は、「堂々とした体軀にトレードマークの八字髭を蓄え、一見厳めしく見えるものの、よく見ればいが栗頭の片田舎の村長さんのような悠々たる長者の風格があった木村は、初対面の者にもホッとした安堵感を与えていた」というもので、当時の阿武隈の航海士で戦後海上幕僚長になった大賀良平少尉は、「春風駘蕩」と感じたと回想しています。

第一水雷戦隊の先任参謀として木村に仕えた有近六次中佐は、戦後の手記『キスカ撤収作戦』の中で「温厚沈着、不言実行型の長者で、十数年辱知の私も未だ曾て木村少将の怒声を聞いたことがない。全く人徳を以て部下を御し、しかも三十年来の長い駆逐艦生活の体験は金玉の如く光り、要するところは必ず摑み、付言の中に権威ある指揮ぶりだった」と述べ、「十年来の旧知で気心も知り且つ知られ尽くされていたから、司令官交代のその日から直ちに其の任に応ずる杖柱となることができた」と、緊密な補佐への自信のほどを示していました。

木村は、海軍兵学校の卒業席次は一一八名中一〇七番で後尾に近い方で、また尉官・佐官時代には海軍省や軍令部などの中央勤務は皆無で、ほとんどが潮気の抜けない海上勤務ばかりでした。いわゆる叩き上げの船乗りで、経験や熟練を重視していたことはもちろんですが、電探（レーダー）などの物的戦力の優劣を至当に評価するとか、二〇年も後輩の気象担当士官橋本少尉の学術的な献言を全面的に重視するなど、科学的・合理的な思考の持ち主でもありました。

薄氷を踏むような思いで試行錯誤を繰り返し粒々辛苦してきた五一日でしたが、キスカ島守備隊の完全撤収という作戦目的だけに忠実に、上下左右からの有形無形の心理的圧力に屈することなく、また第三者からの一切の批判や非難に拘泥することなく、第五艦隊司令長官の指揮に服して第一水雷戦隊を指揮統率してきた木村昌福司令官の海軍軍人としての全人格が、人智を超越した幸運の女神を招来したものと、キスカ撤収作戦を総括して過言ではないと思います。

キスカ撤収作戦における木村昌福少将の北海における戦場統帥を回顧しますと、『孫子』の「地形篇第十」に見る「進みて名を求めず、退きて罪を避けず、唯民を是保ちて、利を主に合わせるものは、国の宝なり」なる箴言の重みを改めて噛み締めざるを得ません。

これは「積極的な攻勢作戦においては指揮官としての個人的な栄誉を求めず、一見消極的な後退行動にあたっては第三者の非難や組織の懲戒などを露ほども顧慮することなく、隷下将兵の保全と全般的な国益増進のため誠心誠意して奉仕する将帥は、国の宝というべきである」という意味になります。

企業篇

ブラザー工業——新規事業への進出

1　ミシン会社の成功

図表6-2-1　ブラザー工業の年表

明治41(1908年)	安井兼吉が安井ミシン商会を創業
大正14(1925年)	安井正義が承継、安井ミシン兄弟商会と改称
昭和 7(1932年)	家庭用ミシン量産に成功
9(1934年)	日本ミシン製造㈱を設立
16(1941年)	国内販売としてブラザーミシン販売㈱を設立
29(1954年)	ブラザーインターナショナル㈱設立、米州に進出 編機、家庭電器分野に進出
33(1958年)	欧州に進出
36(1961年)	事務機器、工作機分野に進出
38(1963年)	東証・大証・名証へ株式上場
46(1971年)	世界初の高速ドットプリンター発売
60(1985年)	電子タイプライター生産開始
62(1987年)	情報通信機器分野へ進出
63(1988年)	電子文具分野に進出
平成12(2000年)	社内カンパニー制導入

ミシンの時代

ブラザー工業の歴史は明治四十一年（一九〇八年）に遡ります。初代の安井兼吉が安井ミシン商会を創業し、大正十四年（一九二五年）安井正義が会社を承継して安井ミシン兄弟商会と改称します。昭和七年（一九三二年）に至り、会社は家庭用ミシンの量産に成功します。昭和九年日本ミシン製造株式会社を設立、昭和十六年に国内販売機関としてブラザーミシン販売株式会社を設立しました。

メーカーとしてのブラザー工業を操業したのは安井正義氏の情熱によります。ミシンは長い間アメリカのシンガー社が強く、シンガーはミシンの代名詞のように思われていました。いろいろ苦労の末、昭和七年の冬に試作機が完成しました。

戦後、日本ミシン製造は欧文タイプライターとか工作機械製造にも進出、社名は実態を表さないということになりました。安井正義氏の「私の履歴書」によると、多角的に発展していることを反映し、昭和三十七年社名からミシンをとり「ブラザー工業」にしたと説明されています。安井正義氏にはブラザーの名前のもとになる実一氏という弟がいて、副社長を務めていました。

戦後の日本はすべての部門でものが欠乏していました。衣服についても同様です。人間の欲望にはきりがありませんが、戦後はまず欠乏していた衣服の調達から始まりました。その頃は現在のように、何時でもほしい衣服が目の前にある状況ではなく、欲しいものは自分で作らなければならず、ミシンは各家庭の必需品でした。

戦後の復興が進み、一応のものが行きわたると、ファッションに目が向くようになりました。ドレスメーカー女学院ができ、花嫁修業の一環として洋裁を身につけるのが流行となりました。ここでもミシンは主役でした。

結婚のときミシンを持っていくのはごく自然の状況でした。この頃が産業としての家庭用ミシンのピークでした。その後次第にファッション関係は会社が手がけ、ヨーロッパの有名ブランドと提携し、豊富な商品が市場に提供されるようになりました。時代は変化し、欲しい商品が簡単に市場で手に入れば何も自分で縫製することもなく、また、デザインの問題もあり、家庭で縫製する機会は急速に衰えていきました。家庭用ミシン製造業者にとって曲がり角に立たされたことになります。

このような社会の急速な変化を見て、ブラザーはミシン会社として発足しましたが、早い時期からミシンの将来性について危惧を持ち、他の成長分野を模索していたものと思います。その表れは昭和二十九年家庭電器分野に進出しました。また国内市場の限界を考え、さらに発展するには海外に目を向けなければと考えていました。

まず、米州に販売会社を設立し、昭和三十三年には欧州に販売会社を設立しグローバルな展開を始めました。昭和四十六年には世界初のドットプリンターを発売、その成功を見て、次第に事務機に傾斜していき、昭和六十年にはUKで電子タイプライターを生産、昭和六十二年には情報通信機器分野に進出という具合にステップを進めていきました。昭和六十三年には電子文具分野に進出し、積極的にミシン以外の分野の新しいビジネスの開拓に努めました。

生産についてもグローバルに展開し、台湾、中国、マレーシアなどにも進出し、ミシンや事務用機器の生産工場を建設しています。

現在売上高の三四・四％は米州、二八・七％は欧州、日本は二二・四％、アジア他は一四・五%という数字を見ると、ブラザー工業は日本の会社ですが、グローバルに活躍している大変な会社であることが分かります。

会社の経営理念

ブラザー工業の経営理念は『存在意義』、『経営姿勢』、『行動基準』の三つから構成されています。存在意義（新実質主義の提案）は、お客様に「できる」、「楽しい」、「ウンこれだ」と思っていただける商品やサービスを提供していく会社です。

経営姿勢（積極的中間主義の推進）は、「すぐれたパワー」と「すばやい行動」で、グッドカンパニーを目指します。

行動基準（自己革新の組織）は、自分を活かし、プロを目指します。変化を活かし、いい仕事をします。

会社の経営理念を受けて基本方針が発表されています。基本方針は次の一一項目に分け、それぞれについて規程しています。

1. グループ経営
2. グローバルな視点
3. 成長
4. 利益

5. お客様第一
6. 従業員
7. 株主重視
8. 地域社会への貢献と環境への配慮
9. 事業領域
10. グループ会社
11. 本社

このほか行動規範が三項目決められています。

1. 個人に対する信義と尊敬
2. 順法精神・倫理観
3. 企業精神・スピード

これらの基本方針や行動規範が経営理念を具体化しています。

2 ミシン事業の先細り

変化への感性

家庭でミシンを使うことが減り、ミシン事業は次第に先が見通せなくなってきました。

これはブラザーだけでなく同業のミシン会社にとっても事情は同様でした。例えば、蛇の目ミシンについて見ると、やはり歴史は古く大正十年に創業し、戦後の昭和二十四年に帝国ミシンから蛇の目ミシンに社名を変更しています。

同社の二〇〇六年三月期の状況は図表6-2-2のとおりです。

売上高の七四%はミシンで占められ、営業利益では八六%がミシンによって占められています。蛇の目に対しブラザーは全く様相が違い、売上高の六七・四%がミシンでなくプリンティング・アンド・ソリューション事業によってもたらされています。家庭用ミシンを取り扱うパーソナル・アンド・ホーム事業は六・八%にしか過ぎません。個々に両社の戦略の明確な違いが読み取れます。

図表6-2-2　蛇の目ミシンの2006年3月期

売上高（連結）	49,376　百万円	営業利益の構成
ミシン	74.6%	86%
産業用機器	8.9	8
24時間風呂整水器	6.3	5
その他	10.2	1

出所：会社営業報告書より

ブラザーの成功は、先を見る目の確かさと、決断力によるところが大きいと思います。家庭用のミシンは、戦前から戦後にわたり家庭の主婦にとって必需品の感がありました。そのうちに、着物がすたれ洋装化し、家庭で服を作るより既製服を買うようになりました。それを受けて既製服業者が増え、デザイン、サイズともに品ぞろえが豊富になり、消費者の満足を得るように変わりました。

家庭でミシンを使う機会が減り既製服で間に合うようになりまし

た。そうなると一家にミシン一台という時代は終わり、ミシンのない家庭が増えてきました。戦後の家庭用品の変化は激しく家庭内の主婦の労働が電気製品に取って代わり、料理もインスタント食品が増加し、共稼ぎ家庭の増加と同時に生活様式が一変しました。

戦前と戦後の生活様式の変化は目を見張るばかりです。その変化が多くの新しい産業を興し、古い産業を退場させています。そのスピードはライフサイクルの変化のスピードアップとともにますます速くなってきています。したがって昨日のマーケットの覇者は今日の敗者になるこの頃です。

このような動きは単に日本だけの現象でなく、経済の発展に応じて世界中どこの国においても見られます。最近では経済発展の動きの速い中国で、日本と同じような現象がさらに加速がついて見られます。

タイプライターの力

ひと頃アメリカで流行したことは、ある期間の時差ののち日本でも流行すると言われました。アメリカの家庭内の電化は日本より一足先でしたが、日本も同じような道を歩みました。事務所内の合理化についても、アメリカの合理化のスピードは速く事務用機器を導入するとともに、事務のアウトソーシングも積極的でした。アメリカの事務関係の合理化は、タイプライターによるところが大きかったと思います。日本では手書きが主流のとき、アメリカはタイプライターで文書を作成していましたから、文書作成のスピードとい い出来上がりの綺麗さといい段違いでした。

日本の文書は和文のタイプライターを使っていましたが、スピードの点で天と地ぐらいの差がありました。その点、日本におけるワードプロセッサーの出現は事務のスピードを革命的に上げ、次いで出現したパーソナルコンピューター（パソコン）は事務の作業を一変しました。

また、ゼロックスが開発した乾式のコピー機は、沢山の文書を複写する作業を軽減しました。このように戦後のオフィス内における作業の合理化に資する機器類の開発は目を見張るばかりでした。

コピー機のないときの複写はカーボン紙を入れて鉄筆を使ってコピーを作成しましたが、一回に取れるコピーは七枚ぐらいが限度で、例えば三〇枚ぐらいコピーを作成するのは大変な作業でした。

3　タイミングのよい撤退と転換

決断

二〇〇五年の社長の挨拶によると、二〇〇二年にグローバルビジョンを策定しその線に

図表 6-2-3　グローバルビジョン 21

第１段階	第２段階	第３段階
2003 ― 2005 年度 CSB2005	2006 ― 2008 年度 CSB2008	2009 ― 2011 年度

沿って経営を進め、プリンティングを軸として要素技術開発を強化してきた結果、安定した収益構造の構築、財務体質の大幅な改善が実現できたとしています。その上二〇〇六年度から新たなCSB2008を立ち上げています。グローバルビジョン21の三カ年計画が終わり第二の段階に入っています。

さらに、『高収益の維持と将来への技術投資の両立』をテーマにしています。そのために通信、プリンティング機器などの収益の最大化を図り、プリンティングを軸として要素技術開発を強化してきました。

会社の中長期ビジョンによると、

12. グローバルマインドで優れた価値を提供する高収益体質の企業になる
13. 独自の技術開発に注力し「傑出した固有技術によって立つモノ創り企業」を実現する
14. 「At your side」な企業文化を定着させる

を目標にしています。

グローバルビジョン21達成には、三年ごとに、次の三つの段階を設けています。

現在、すでに第一の段階は終わりましたが、決算書を見る限り所期の目的は達成し、次の第二段階に進んでいます。

蛇の目ミシンと比較してみると、ブラザーが事務用機器の生産に転進したのは慧眼だと思います。仮に、メインのミシンにこだわり事業の主力を事務用機器に転進していなければ、今日の姿はなかったでしょう。先を見る目の確かさを感じます。ブラザー工業は計画的に事業の展開を実施しています。進み方は大変堅実で、ミシンで鍛えた技術の延長線で事務機に進出し、プリンティングを中心にオフィス用事務機に狙いをつけ開発しています。

電化製品の発達とともに家庭の中の合理化が進み、家庭の主婦の社会進出を助けました。オフィスの中の合理化も革命的に進みました。事務関係では主役であった算盤《そろばん》が電子計算機に替わり、沢山の書類を作成するには謄写版を使っていましたが、コピー機の出現は事務の手数を大いに削減しました。コンピューターの出現も事務の合理化と迅速化を助けました。オフィスワークは戦前と比較すると革命的な変わり方だと思います。

ブラザー工業は、ミシン事業の先細りと事務用機械の将来性を見据えて着実に事業を進めていきました。また、マーケットは日本だけでなく、グローバルに大きな可能性があることを見越し、展開していることが窺えます。海外の事業で成功しているのは、経営の手法がグローバルに通用するからだと思います。

図表 6–2–4　事業別売上高構成比

（2006年度）

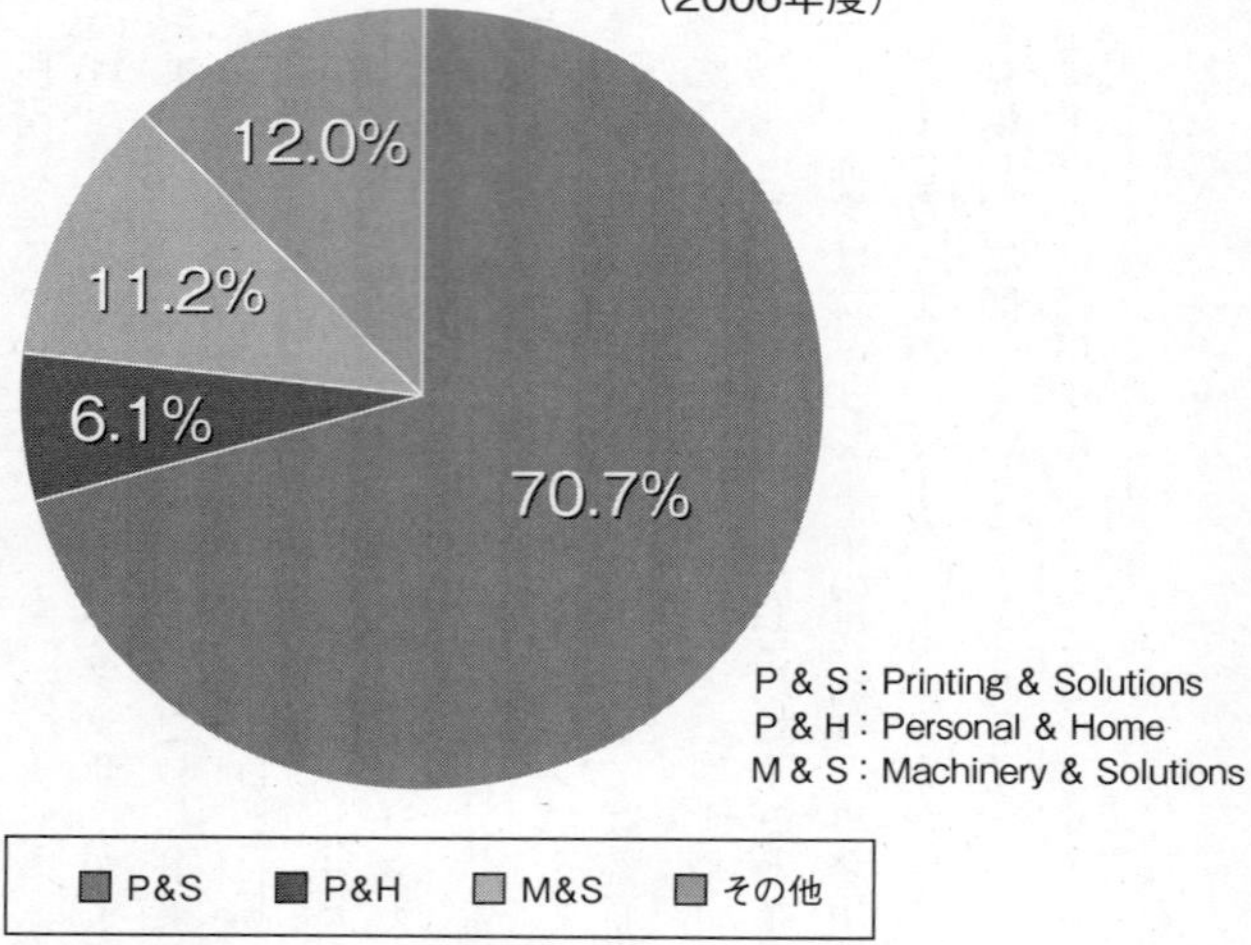

出所：ブラザー工業ホームページ財務ハイライトより

4　事務機会社への転換

事務機へ

ブラザー工業の現在は社名からミシンが消えたように、もはやミシンの会社ではありません。ミシンに軸足の一つを置きながら、将来の展開を見据えてプリンティング事業を中心に新規事業を展開しているのはさすがと思います。同業の蛇の目ミシンとかリッカーミシンと比較すると、会社の経営における戦略の重要性が分かります。

連結におけるブラザー工業の売上は、平成十九年（二〇〇七年）三月期において五六二二億七二〇〇万円

図表 6-2-5 業績推移（連結）

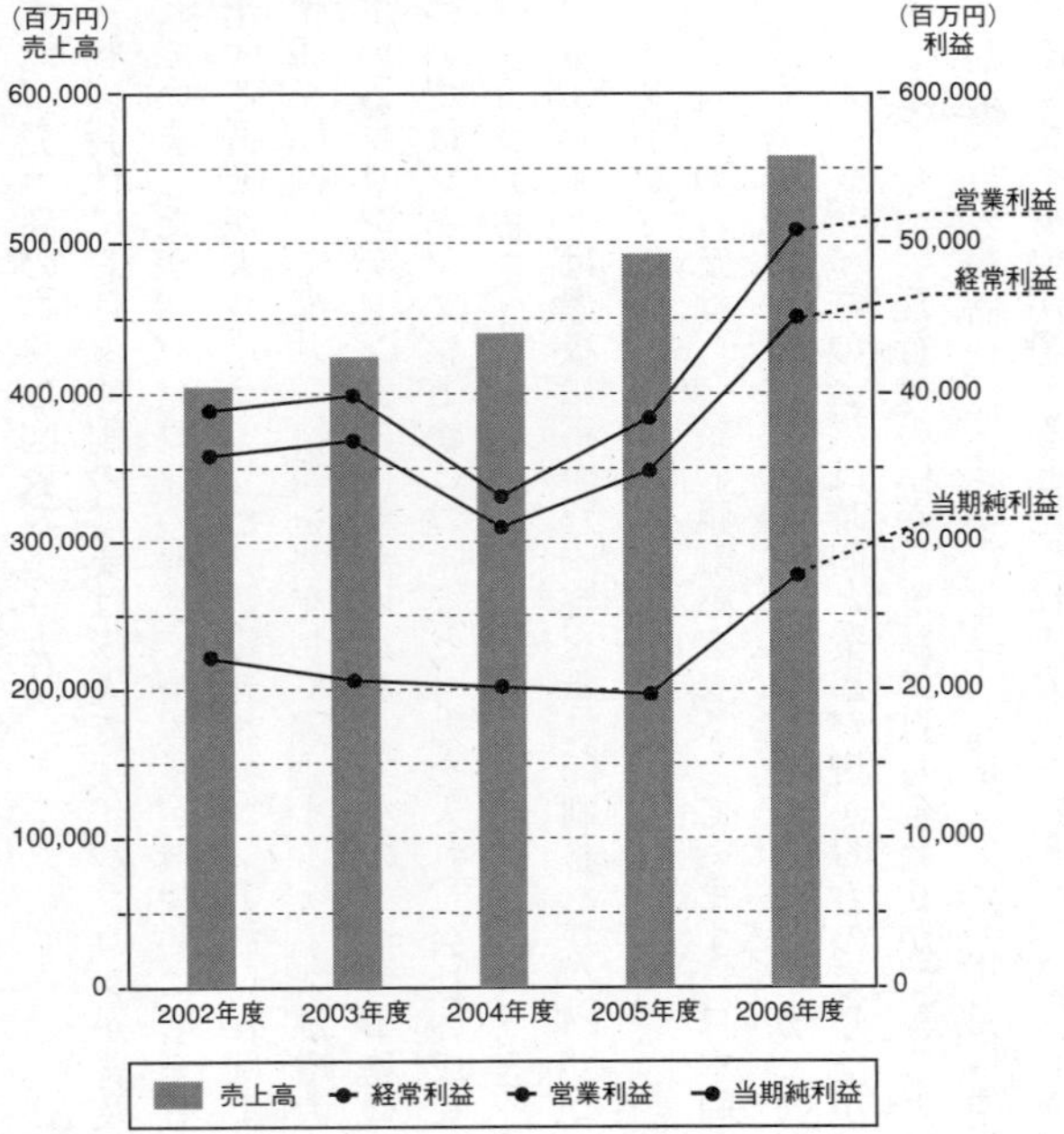

単位：百万円	2002年度	2003年度	2004年度	2005年度	2006年度
連結売上	408,621	424,919	438,540	489,283	562,272
連結営業利益	38,916	39,720	33,447	38,030	51,255
連結経常利益	35,935	36,700	31,483	35,617	45,479
連結当期純利益	22,159	20,485	20,401	19,930	28,874

＊2005年度の数値は、決算期変更による影響を調整した参考値です。

出所：プラザー工業ホームページ財務ハイライトより

を上げており、売上高の構成比は図表6-2-4のようになっています。

また、売上高の推移は図表6-2-5です。

一般の会社における印刷の需要は膨大です。パソコンが普及しペーパーレスが進むと見られていましたが、パソコンの普及で情報量が飛躍的に増えるとともに、情報を印刷して活用する需要が大変増えました。情報をパソコン上で見ればよいわけですが、会議などでは情報を印刷して配り、情報を共有して議論するケースが増大しています。ブラザーの狙っているプリンティングの需要が増える一方なのです。事務機とかプリンティングの機器については、キヤノンとかリコーなども力を入れ、会社の成長を助けています。

パソコンの普及は、電子機器に対する抵抗をなくし、オフィスの合理化を促進しました。電子ボードは黒板に書いた内容を紙に印刷したり、パソコンにデータ送信したりし、データの管理を飛躍的に簡単にしています。

TV電話の普及は、会議の距離感をなくしています。日本国内だけでなく海外との会議も時差を考えなければ国内と同じように実施できます。かつては遠距離の人々とのフェイス・ツー・フェイスの会議は時間と費用が掛かるものでしたが、TV会議はそれを全く変えました。今や、飛行機の中から電話で打ち合わせができるようになり、合理的ですが忙しく息のつけない時代になっています。仕事の合理化を促進する事務関係の合理化機器は、ますます需要が増えると見られます。

図表 6-2-6 自己資本・自己資本比率

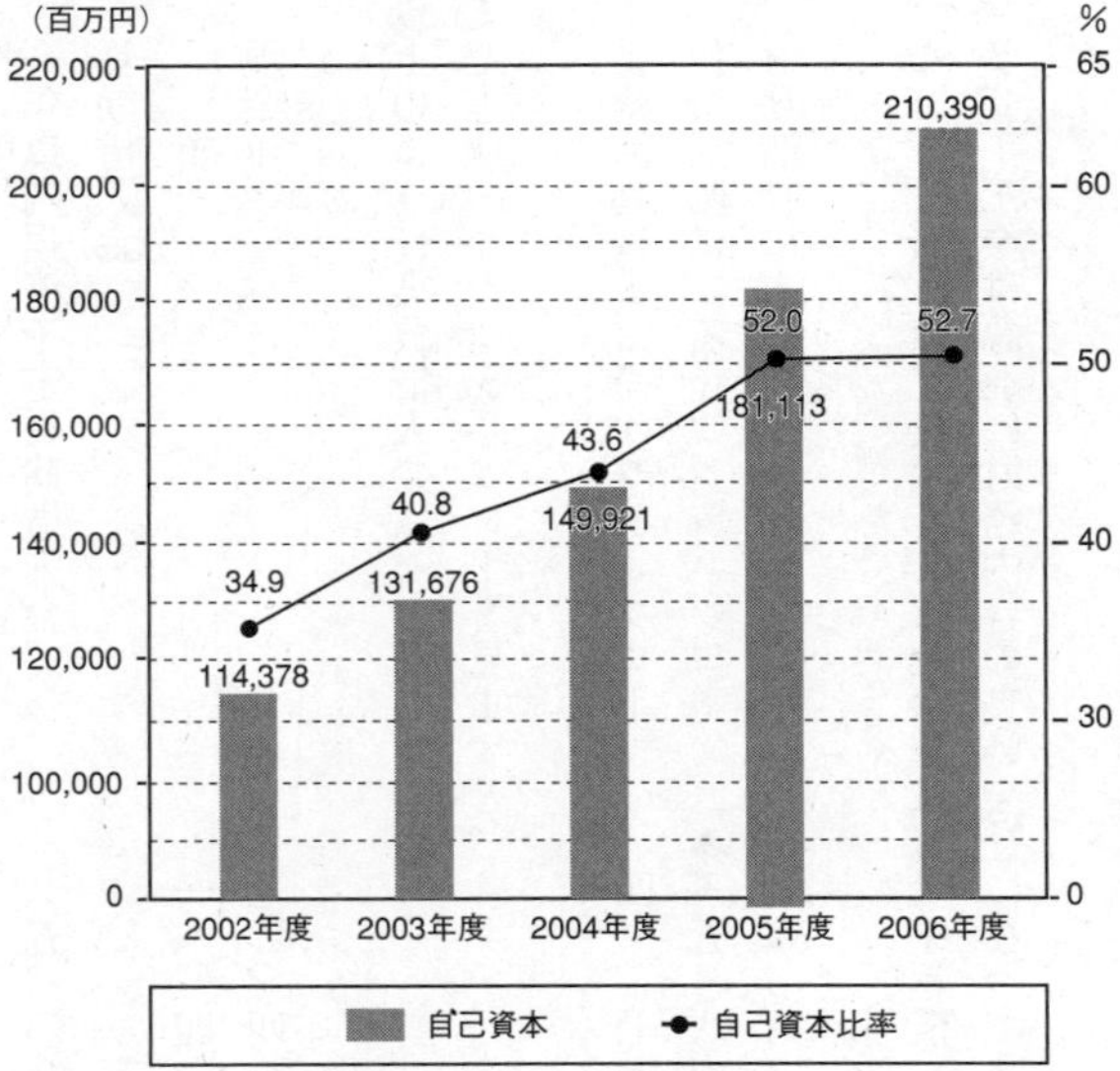

出所：ブラザー工業ホームページ財務ハイライトより

5 無借金会社へ

財務の安全性

ブラザー工業の財務は売上高の好調に支えられて、財務上の安全性の指標である自己資本比率は確実に上昇しています。二〇〇二年度の自己資本比率は三四・九％でしたが、二〇〇五年度には五二・〇％まで上昇しています。その経過は図表6-2-6に示したとおりです。二〇〇六年度における借入金と現金預金の状況は次のようです。

短期借入金	一三、一八七百　万円
一年以内返済予定長期借入金	五、〇八七
長期借入金	一三二
計	一八、四〇六
現金預金	七〇、四一二

以上のように実質借入金はゼロといえます。
また当期のキャッシュフローを見ますと、

営業活動によるキャッシュフロー	四七、七七三百万円
投資活動によるキャッシュフロー	▲三五、八六四
財務活動によるキャッシュフロー	▲六、六九三

となり、投資は自己資金で、また余りは資金を返済していることが分かります。
ブラザー工業は急速に財務内容の良い会社になってきているといえます。

優れた価値の提供

会社は顧客の声を重視しています。お客が何を考え、何を望んでいるかを知ることが事業を推進する上で重要です。ブラザーではこの考えを、ブラザー・バリュー・チェーン・マネッジメント（ＢＶＣＭ）と捉え実践しています。このチェーンは三つのプロセスから成り立っています。そのプロセスは「デマンド・チェーン」「コンカレント・チェーン」「サプライ・チェーン」でつながっていると考えています。

ブラザーではお客様は、現在のお客様と将来のお客様の二種類あると考えています。現在のお客様は既に会社の製品を買い、手にとっていろいろな意見を話してくれますから、その意見を研究開発につなげることで満足度の向上が図れます。将来のお客様は、これからの会社の製品についての希望や意見を提供してもらえるので、将来価値の創造面で重要と捉えています。

会社としての価値創造は、会社の発展のために大変重要ですが、その中核をお客様の意見、反応に置くという姿勢が明確に示されています。お客様の声を直接キャッチする部門の一つはコールセンターです。コールセンターには毎日約一万二七〇〇件（全世界一日平均）の問い合わせとか要望が寄せられています。これらの情報はデータバンクに登録され、経営上の重要な財産になっています。コールセンターはお客様と直接つながっているので、お客様の反応を生で知ることができる利点があります。

顧客満足度はどこの会社にとっても大切な事項です。顧客満足度の調査はこれでよいということはなく、エンドレスに追求しなければならない事項です。顧客の声を直接聞けるコールセンターの機能は大切です。

昨今、ガス湯沸かし器メーカーの一酸化ガス中毒事故が何人かの犠牲者を出していますが、会社の顧客に関する対応が問われています。人の命にかかわる事故は重大ですが、顧客の意見を大切にする会社の方針が問われる時代ですから、毎日一万二七〇〇件のコールは貴重な情報です。これらの積み上げが会社の信頼の基礎になります。

教訓

タイミングの大切さ

大東亜戦争の初期の戦果は日本の期待以上のものがありました。作戦の第二段としてアメリカの北太平洋西部への進出を警戒、アリューシャン列島に目をつけ、アッツ島とキスカ島を占領しました。

日本はハワイ攻撃成功の後、ミッドウェー作戦で敗北し、次第に守勢に回るようになりました。昭和十八年（一九四三年）に米軍はアッツ島に上陸し、守備軍は全員玉砕するという悲運にさらされました。日本から見てアリューシャン列島の島であるキスカ島を守ることは困難であるとして撤収を決断しました。その当時の太平洋は既に米軍の勢力圏内にあり撤収は困難と見られ、当初潜水艦による撤収が行われましたが米軍の哨戒が厳重で潜水艦四隻を失い、水上艦艇による撤収に変更されました。

キスカ島の位置はアッツ島よりアメリカに近く、撤収は非常に困難と見られました。キスカ守備隊撤収のため、木村少将率いる軽巡洋艦阿武隈以下一六隻が作戦に参加しました。

撤収は隠密裡に実施しなければ失敗するので、成功の鍵は霧にまぎれて実施するほかはありません。何回か霧の状況と決行の判断を行っているうちに燃料不足になる問題があり、難しい決断が司令官に課されました。司令官は諸般の事情を勘案し七月十七日、いったん反転基地に帰港することになりました。そして七月二十二日再び基地を出航しキスカ島に向かいました。

七月二十九日に至り木村司令官は突入を命令、撤収作戦が開始されました。合計五一〇〇名以上の将兵を迅速に収容し二四ノットのスピードで千島の幌筵の基地に帰島しました。米軍がキスカの撤収を知ったのは八月十八日で、撤収は完全な成功でした。

キスカの撤収成功は木村司令官の指揮によるところが大きく、司令官は冷静に気象担当士官の霧に関する情報を聞き、科学的合理的に突入の時期を判断し決断したことが、歴史上稀に見る撤収の成功をもたらしたものと考えられます。

一方、ブラザー工業はミシン製造販売を業とする会社として出発しました。現在はミシンの会社というより事務機械の会社に変身しています。

戦前戦後を通じミシンは各家庭に浸透していました。一家に一台はミシンがあり、嫁入りの際にはミシンを持参して行ったものです。このように各家庭に浸透していたミシンも時代の変化とともに家庭では見られなくなりました。既製服市場の充実がこのような変化をもたらしました。

当然会社は事業の転換を考えなければなりません。ブラザーとともにミシン業界の大手であった蛇の目ミシンはブラザーと違いミシンにこだわり続けています。

ブラザーはミシンの将来性を考え、まずタイプライターに進出しました。タイプライターへの進出は事務用機器の将来性に着目し、プリンターなどの生産を始めました。現在の状況は、ミシン部門はマイノリティになり、ブラザー工業は事務用機器の会社になっています。会社の業績は好調で無借金の会社になっています。

会社は絶えず将来の変化を洞察しその対策を立てていく必要があります。現在好調の会社が将来とも好調であるという保証はありません。かつて日本経済新聞社の調査で会社の寿命三〇年説が唱えられました。もちろん会社が三〇年で駄目になるというのではなく、会社の主力事業は三〇年ぐらいで衰退する傾向があるということです。

戦後の事業を見ても、優勢であった石炭業が石油業に負けたように、新しい産業の台頭によって古い産業は淘汰されています。街角にあった煙草小売店はなくなり自動販売機にとって代わられています。小売で雑貨を売っていた店はほとんど淘汰されコンビニエンスストアに代わっています。冬の燃料も木炭から石油へ代わり、さらに電気に代わる傾向です。世の中の変化を見通す力がなければ変化についていけず、事業は困難に遭遇し極端には事業から撤退、転進の時期を失い没落します。

キスカの場合もブラザーの場合も、現在置かれている立場と将来への展望、洞察力が科学的かつ合理的に裏打ちされ、冷静に判断しているところが、置かれている立場を好転させ事業の撤収を成功させ、次の展開に繋げているキーだと思います。

第7章　臨機応変に

軍事篇

旅順攻略の第三軍司令官乃木大将の戦場統帥

1　戦前戦後に共通してあった〝乃木愚将論〟

この国の行く末は一体どうなるのかと危惧する混迷が充満する第二次安保闘争前夜の頃、産経新聞に連載されていた司馬遼太郎著『坂の上の雲』は、日本民族の一大国難であった日露戦争を舞台に明治の先人たちの清新溌剌たる気概を遺憾なく描写し、大東亜戦争の敗戦後自信を喪失しかけていたわれわれ国民大衆を勇気づけてくれました。

しかし一寸ばかり意外な感じを抱かされたのは、青雲の志を抱く秋山好古・真之兄弟が力強く温かく描写されているのに対し、旅順攻略に任じた第三軍司令官乃木希典《まれすけ》大将については頑なで凡庸な人物として冷たく描写されていることでした。

戦後作家の司馬さんが、このような〝乃木将軍観〟を抱くに至った理由はどこにあったのでしょうか？　果たして〝乃木大将愚将論〟は、司馬さんの専売特許であったのでしょうか？

否、決してそうではありませんでした。翻って戦前の日本国内に目を移してみますと、実は〝乃木愚将論〟は帝国陸軍の内部に根強く潜在していたことが分かります。

たとえば陸軍大学校で日露戦争史を講義していた谷寿夫陸軍大佐（後に中将、南京攻略時の第六師団長として著名）は、〝旅順攻略時の第三軍の作戦指導能力の拙劣なること〟を舌鋒鋭く批判していることで特に有名です。

谷大佐の講義録は、戦後（一九七一年）『機密日露戦史』と題して原書房から刊行され、帝国陸軍に批判的な知識人たちが喜んで愛読することになりました。司馬さんも、小説だけではなく、講演あるいは座談会などでしばしば『機密日露戦史』を引用し、乃木大将批判を繰り返しておられました。

またノモンハン事件の際の関東軍作戦参謀で、大東亜戦争開戦時には参謀本部作戦課長の要職にあった服部卓四郎陸軍大佐は、戦後創設された陸上自衛隊の幹部学校（かつての陸軍大学校に相当）において幹部学生たちに対して〝乃木無能論〟を展開しています。

このように帝国陸軍における〝乃木愚将・無能論〟は、一般の隊付将校の間ではなく、陸軍省や参謀本部などの中央官衙《かんが》に勤務する陸軍大学校を恩賜で卒業したエリート将校たちの間に多く蔓延していたようです。

かつて陸軍大学校の兵学教官で、戦後は清貧に甘んじ市井の孫子研究家として若き自衛官・警察官に対し戦史や戦略・戦術の手ほどきをしていた岡村誠之元陸軍大佐は、司馬さんの〝乃木愚将論〟について、「私は三十数年来戦史の研究を続けている一書生であるが、未だかつて乃木大将を卓越した戦略家であったと考えたことはない。けれども、乃木大将が軍事的に無能な将軍であったと考えたことも、一度だってない」と力説した上で、かつての陸軍にも潜在していた〝乃木凡庸論〟について、次のように論評しておられました。

「乃木希典無能説は、児玉源太郎俊敏説との対照から生まれたのであろうが、児玉大将の天分は戦場の将帥としてよりも、軍事行政の面にあったのであり、奉天会戦の直後、満洲軍総参謀長の身でありながら東京に帰来し滞在すること一カ月、政戦両略の綜合について要路を説き、特に外交促進の手段について意見が分かれていた元老と政府との間を斡旋し、四月十七日の元老会議における一致に導いている」と述べ、児玉大将の透徹した政治的見識と卓越した政軍関係の調整能力には高い評価を下しておられました。しかし司馬氏が賞賛し置くあたわざる児玉大将の作戦指導能力については、必ずしも首肯してはおられませんでした。

特に、「第三軍司令官乃木大将が旅順をどうしても陥落させることができないので、満洲軍総参謀長だった児玉大将がしびれを切らして……大山巌総司令官から貰っていたお墨付きで、第三軍の指揮権を取り上げて、主攻を二〇三高地に変換してようやく旅順を陥落させたという筋書きは、講談や小説の一駒としては興味をそそるだろうが、戦史的には全く根も葉もない作り話である」と厳しく批判し、司馬さんに代表される知識人、文化人と自負する者たちの軍事常識の欠落を慨嘆しておられました。

そして、「軍事的見識などと勿体ぶったことを言わなくとも、戦争も作戦も人間のやるタタカイの一種に過ぎないものであるから、健全な常識さえあれば立派に戦うこともできれば、批判力も涵養することができるものである。信長も秀吉も陸軍大学校の卒業生ではなかったではないか。軍事学は、専門職の軍人だけの専有物ではない」と喝破し、司馬さんの健全なる常識の欠落ぶりを厳しく批判しておられました。

戦前の帝国陸軍における〝乃木将軍観〟についてはさておき、果たして乃木大将は司馬さんが『坂の上の雲』で描いたような凡庸で愚鈍な将軍だったのでしょうか?

旅順要塞の攻略において第三軍司令官乃木大将は、一再ならぬ失敗をも省みることなく無謀なる白兵銃剣突撃という肉弾攻撃を執拗に繰り返し、その作戦・戦闘指導の拙劣さの故に血河死屍累々たる損害を重ねたと、司馬さんは批判しています。

帝国陸軍は、昭和十四年（一九三九年）のノモンハン事件でソ連軍と、昭和十六年（一九四一年）からの大東亜戦争ではガダルカナル島攻防戦を嚆矢として太平洋の一八の島々でアメリカ軍との間で繰り返された島嶼攻防戦のほとんどの場合、敵の陣地組織による圧倒的な組織的火力に対し執拗に白兵銃剣突撃を繰り返し敢行し、早い時期に戦力を消耗し敗北を重ねていきました。

戦後の日本人には大東亜戦争における悲しくなるほどの拙劣な昭和の帝国陸軍の戦い方と、巷で耳にする〝乃木将軍の旅順攻略における執拗なる肉弾攻撃〟という〝物語〟とが二重写しになって、乃木批判の恰好の素材になったのではなかったのでしょうか。

果たして大東亜戦争の島嶼攻防戦における白兵的な銃剣に過度に依存した戦い方は、三六年前の乃木第三軍の戦い方と同質同類のものだったのでしょうか？

2　「城攻めの下策」を強要された第三軍

(1)　「要塞攻略」か「艦隊撃滅」かの戦略判断

第三軍司令官としての乃木大将が、満洲軍総司令官大山巌大将から付与されていた任務は、終始一貫して〝旅順要塞の攻略〟でありました。

ところが司馬さんは、旅順の戦略目的を〝旅順艦隊の撃滅〟と確信し、そのための攻略目標として〝砲兵の弾着観測所としての二〇三高地〟の攻撃奪取を、戦術次元の核心的な課題であるとしていました。

したがって司馬さんは、〝要塞攻略〟か〝艦隊撃滅〟かという観点に立ち、第三軍の〝東北正面（望台）〟からの主攻を批判し、〝西方（二〇三高地）〟への主攻変換を早期に決断できなかったのは、乃木司令官の軍事能力が欠如していたからであると厳しく断罪しています。

しかし、そもそも〝要塞攻略〟か〝艦隊撃滅〟かという選択肢は、大本営および満洲軍総司令部の〝軍事戦略〟次元の判断に属するものであって、野戦軍指揮官である乃木大将に委ねられるべき〝作戦戦略・戦術〟次元のものではありませんでした。この肝心な〝軍事戦略〟次元の課題と〝作戦戦略・戦術〟次元の課題との質的な相違点について、司馬さんは何も触れてはいません。

旅順が俎上に上ってきた背景に、東航してくるバルチック艦隊の来着以前に旅順艦隊の撃滅を期待する海軍からの要請があったとしても、これに対する〝軍事戦略〟次元の判断は、あくまでも大本営および満洲軍総司令部の権限と責任に属するものでありました。

繰り返しますが、野戦軍たる第三軍に与えられた作戦任務は、あくまでも〝旅順要塞の攻略〟でありました。さらにこの作戦目的を達成するために、第三軍が主攻を〝東北方面（望台）〟、〝西方（二〇三高地）〟のいずれに置くべきかという〝作戦戦略〟次元に属すべき主攻目標の選定についても、満洲軍総司令部は一点の疑義もなく明確に〝東北方面（望台）〟と命じていました。

したがって野戦軍指揮官たる第三軍司令官乃木大将の権限と責任に属する課題は、命じられた主攻目標〝望台〟をいかなる手段・方法を駆使して攻撃奪取するかという〝戦術〟的な次元のものでありました。

司馬さんが、〝艦隊撃滅〟という〝軍事戦略〟的な課題と、〝二〇三高地攻撃の要否〟という〝作戦戦略・戦術〟的な課題とを峻別することなく混淆《こんこう》したまま、乃木大将の軍事能力を論じていることは軍事合理性を無視したものであって、市井の議論を超えるものではありません。ましてや直近上位の満洲軍総司令官から第三軍の主攻目標は〝東北正面（望台）〟とすると明示されていることを知りながら、なおも第三軍司令官の乃木大将が〝二〇三高地〟を主攻目標に選定しなかったことを断罪することは、的外れのお門違いであると言わざるを得ません。

そもそも日露開戦前の我が作戦計画においては、旅順については余り大きな関心は払われておらず、〝攻略するか〟、あるいは〝封鎖して監視にとどめるか〟、決定するに至らないうちに開戦を迎えているのが実情です。

桑原嶽元陸将補は、著書『名将　乃木希典』（中央乃木会）において、「開戦後の五月二日、乃木中将は第三軍司令官に任命されているが、この頃の統帥部は第三軍は第二軍の北進後の後方警備、特に旅順の露軍の出撃に備えさせるといった任務で、要塞攻略までは考えてはいなかったのではないか」と観察しています。『孫子』的な教養を体得していた明治の将軍たちが、「城攻めは下策」と考えていたとしても不自然ではありません。

事実、開戦前参謀次長の要職にあった児玉源太郎将軍も、「竹矢来でも旅順の前面に張りめぐらして、要塞内から我が軍の背後に出撃させないようにすれば済むんじゃないか」と冗談とも本気ともつかぬ放言をしていたくらいでした。

司馬さんもこのくだりの逸話については、『坂の上の雲』の産経新聞の連載では〝竹矢来〟の挿し絵付きで書き下ろしています。

(2) 戦史研究の陥穽「後知恵の利」について

「平素において修羅場の体験を経ることなしに、ある日突然戦場の修羅場に投入されるのが、軍人の宿命である」とは、イギリスの軍事研究家リデル・ハートの箴言です。であればこそ平素過酷な条件を設定して厳しい演習訓練を指揮下の部隊に命じ、修羅場の疑似的な体験をさせ、あるいは先人の修羅場の体験を戦史修学により間接的に経験させる必要性が生じてきます。

そこで戦史を研究する者にとって最も自戒しなければならないことは、戦史の研究は不可避的に〝結果論〟すなわち〝後知恵の利を活用するもの〟であるという根源的な前提を、決して忘れてはならないということです。

現在の私たちは戦史的な先行研究の成果として、日露戦争における露軍の旅順要塞の規模・強度そして兵力についても実態を概ね正確に知っています。当時の旅順要塞の露軍の兵力は、関東軍司令官ステッセル中将指揮の下、要塞司令官スミルノフ中将が指揮する第四師団（フォーク少将）、第七師団（コンドラチェンコ少将）を主力とする兵力約四万七〇〇〇人を擁し、火砲は重砲二二三門、軽砲四二七門、機関銃六二挺であったことを正確に知っています。

しかし、当時の我が陸軍統帥部は、綿密周到な情報収集活動を重ねたにもかかわらず旅順要塞内部の実態を把握するに至らず、守備兵力約一万五〇〇〇人、火砲二〇二門と判断していました。現実の実勢力の約三分の一の戦力と見積もっていたのです。我が軍の旅順要塞への対応は、この敵情判断を基礎にしていたことを忘れてはなりません。

昭和の時代に生きた司馬さんが承知していた旅順要塞の露軍守備戦力を、当時の我が陸軍統帥部も、満洲軍総司令部も、いわんや第三軍司令部も知らなかったことを決して忘れてはなりません。

古来「戦場の実相は錯誤の連続である」とか「戦場において最も失われ易いものは真実である」と言われますように、過去の作戦・戦闘の実態を解明し、教訓を抽出することは至難の業です。

したがって軍事界においては、作戦・戦闘の実態解明と教訓抽出とを正確に行い、同じ

図表 7-1-1　師団の編制

師団	（人）	（馬）
師団司令部	230	120
歩兵旅団	5817	443
旅団司令部	19	11
歩兵連隊	2919	216
騎兵連隊	（甲）724 （乙）519	679（4コ中隊） 484（3コ中隊）
野砲兵連隊	1190 1369	1047（野砲装備） 782（山砲装備）
工兵大隊	788	110
架橋縦列	345	216
弾薬大隊	（甲）741	562
輜重兵大隊	（甲）1530	1186
衛生隊	487	60
野戦病院	104	28

合計　約18360人　　馬5020頭
　　　～18400人　　～5490頭

出所：『日本の戦争・図解とデータ』桑田悦・前原透共編著、原書房、1982年

ような失態を重ねることがないように、「後知恵の利」を十二分に活用するのです。しかし、これを恣意的に濫用すれば、戦史研究は自壊破綻の危機に陥ります。

カール・フォン・クラウゼヴィッツも『戦争論』において、「批判者がフリードリッヒ大王やナポレオンの失敗を指摘したからといって、その批判をした人がそのような失敗をしなかったであろうということにはならない。批判者は、このような将軍の地位にあったとしたら、もっと大きな失敗を犯したかも知れないことを認めざるを得ない」（一六七頁）と述べ、戦史研究における批判の大切さ、そして同時に謙虚な研究態度の必要性について言及しています。

3　旅順要塞攻略に見る乃木大将の作戦指導の実相

司馬さんは、金城鉄壁の旅順要塞を生身の白兵銃剣突撃をもって無謀にも攻撃させ、加えて同じような肉弾攻撃を指揮下の部隊に何度も繰り返し強行させた乃木は愚将であると非難しています。

このような断罪は、前述しましたノモンハン事件や、大東亜戦争間の太平洋の島嶼作戦などにおける「同じ失敗を何度も繰り返す」という〝米ソの将軍たちが抱いた日本陸軍観〟が、司馬さんの脳裡にある種の先入観・偏見を植えつけてしまい、些か増幅されてなされたものではなかったでしょうか。

第三軍司令官乃木大将が指揮した三回にわたる旅順要塞攻撃が、果たして型に嵌った定型的な戦術的合理性を欠落させた拙劣なものだったのでしょうか。ここで三回に及んだ旅順要塞に対する総攻撃の様相を垣間見てみましょう。

(1) 火力重視の第一回総攻撃

第一回総攻撃について司馬さんは、「第三軍の要塞攻撃に対する知識は皆無で、この難攻不落を誇る要塞を、野戦陣地を攻撃するような要領でやったから失敗したのだ」と冷笑揶揄しておられます。第一回総攻撃は、果たして野戦陣地攻撃的なものであったのでしょうか。

第一回総攻撃（明治三十七年八月十九日から二十四日までの六日間）は、東北正面に対する〝強襲法〟でした。誤解のないよう念を押しておきますが、当時の陸軍が使用していた〝強襲法〟という用語の語感から遮二無二に白兵銃剣突撃を繰り返すという印象を受けるかも知れませんが、決して〝肉弾攻撃〟のことではありません。

まず乃木大将は、総攻撃の劈頭に発射弾一一万三〇〇〇発を数える異例の砲兵射撃を二日間も敢行し、敵戦力を砲兵火力で減殺した後に歩兵の攻撃前進を開始するという戦法を採用しました。このような大量の（攻撃準備）砲撃は、三六年後の大東亜戦争では行われたことはありませんでした。

この砲撃で攻撃目標の堡塁は塁壁が変形するほど破壊され、東鶏冠山堡塁は火薬庫が大爆発し備砲を転覆させました。〝砲兵は耕し、歩兵は前進する〟といわれた一〇年後の第一次世界大戦の西部戦線の様相を先取りするかのような前代未聞の大規模な砲撃でした。

この砲撃は現在の自衛隊でいう〝攻撃準備射撃〟に相当しますが、当時の軍事常識では破格の火力重視の近代的な戦法です。その後の帝国陸軍八〇年の歴史を顧みても異例の大規模な砲撃でありました。

ところが露軍の旅順要塞は我が軍の予測を遥かに超える強靭堅固なもので、我が軍の大規模な砲兵火力にもよく耐え抜き、

図表 7-1-2 旅順要塞関連略年表

明治37年（1904年）		
	2月9日	海軍、仁川沖・旅順港を奇襲攻撃
	3月10日	第一軍、鎮南浦に上陸
	5月1日	第一軍、鴨緑江の会戦
	5月5日	第二軍、塩大墺に上陸
	5月19日	独立第10師団（後に第四軍になる）、大弧山に上陸
	6月20日	満洲軍総司令部編成
	8月10日	黄海の海戦
	8月19日～24日	第三軍、旅順第1回攻撃
	8月23日	遼陽の会戦
	10月10日	沙河の会戦
	10月17日	バルチック艦隊、リバウ軍港を出航
	10月26日～31日	第三軍、旅順第2回攻撃
	11月26日	第三軍、旅順第3回攻撃開始
	12月5日	第三軍、203高地を奪取
明治38年（1905年）		
	1月1日	旅順要塞のロシア軍、降伏
	1月25日～29日	黒溝台の会戦
	3月10日	奉天会戦
	5月27日	日本海海戦
	9月5日	ポーツマス講和条約調印

防御機能を減衰させることはありませんでした。我が第三軍は、（攻撃準備）砲撃の効果があったと判断し歩兵部隊に攻撃前進を命ずるや、露軍の要塞からはあたかも何事もなかったかのように激烈な銃砲弾が飛んできました。

我が第三軍は、第一回総攻撃への戦闘参加兵力五万七六五五名中、戦死五〇三七名、戦死傷総数一万五八六〇名の大損害を蒙り、八月二十四日に至り攻撃中止を命ずるのやむなきに陥りました。

攻撃中止の主たる理由は、砲弾の枯渇でした。総攻撃開始の予定日十八日が十九日に延期された理由も、天候不良のため砲弾の集積が遅れ砲兵火力の効果が不十分であると判断されたことにありました。

このように乃木軍司令官は、砲兵火力の効果を重視する戦術的合理主義者であり、決して白兵銃剣突撃の信奉者ではありませんでした。司馬さんは、この重大な事実を見落としているだけでなく、乃木は頑迷固陋《ころう》で遮二無二に白兵突撃を繰り返し、無用の損害を出したと根拠のない非難を浴びせています。

(2) 築城・坑道活用の第二回総攻撃

第一回総攻撃に失敗した乃木軍司令官は、その失敗体験を綿密かつ深刻に学習し、早速新たなる「攻撃築城による正攻法」を創出し、攻撃中止から一週間後の九月一日には、早

図表 7-1-3 旅順要塞攻略図

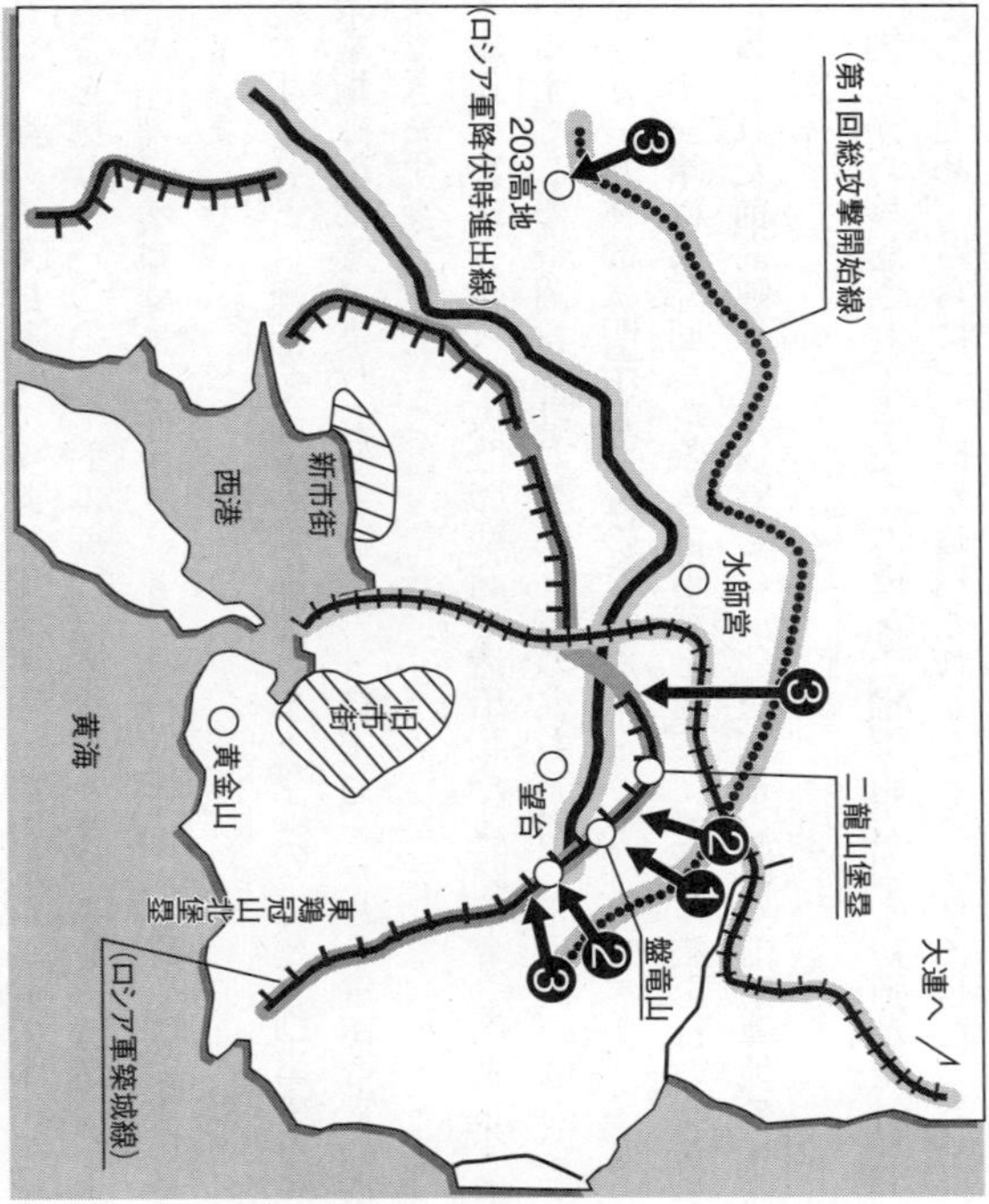

白抜き数字は総攻撃の回数。例えば❷は第2回総攻撃の進路
出所：『近代日本戦争史 第1編 日清・日露戦争』「旅順要塞の攻略」桑田悦著、同台経済懇話会、1995年

くも攻撃路の構築を開始させています。

この正攻法は、敵の有効射程下で突撃準備をするための攻撃築城です。先ず敵の陣地に向かって交通壕を掘り、一〇〇メートル毎に作業掩護の攻撃陣地を構築しながら稲妻型に掘り進み、その先端に突撃陣地を作るという、時間と手間のかかる攻撃方法で、〝対壕作業〟と呼ばれていました。

戦況の急変、すなわち外部環境の激変に即応して対応の方策を創出する思考の柔軟性と、その方策を指揮下部隊に実行させる意志力・統率力を、乃木軍司令官の指揮活動に垣間見ることができます。

さらに乃木軍司令官は、総攻撃失敗の戦訓を活用した戦闘教令を作成し、指揮下の部隊に下令しています。この戦闘教令は、突撃直前の火力発揚、諸兵種の協同、築城の三者の調整要領を綿密かつ具体的に明示したものでした。

九月十九日、第三軍は第二回総攻撃の前哨戦として、対壕作業を行いながら露軍の主防御線の前方に残された前衛陣地等を攻撃し、二〇三高地を除く前衛陣地の奪取に成功しました。

十月一日、内地から移送されてきた二八センチ榴弾砲六門の初弾が発射され、予期以上の威力を発揮したため、さらに一二門が追送されることになりました。

第二回総攻撃は、東北正面の突起部に対して、十月二十六日から四日間にわたる準備砲

図表 7-1-4　太平洋第 2、第 3 艦隊（通称バルチック艦隊）東航経路図

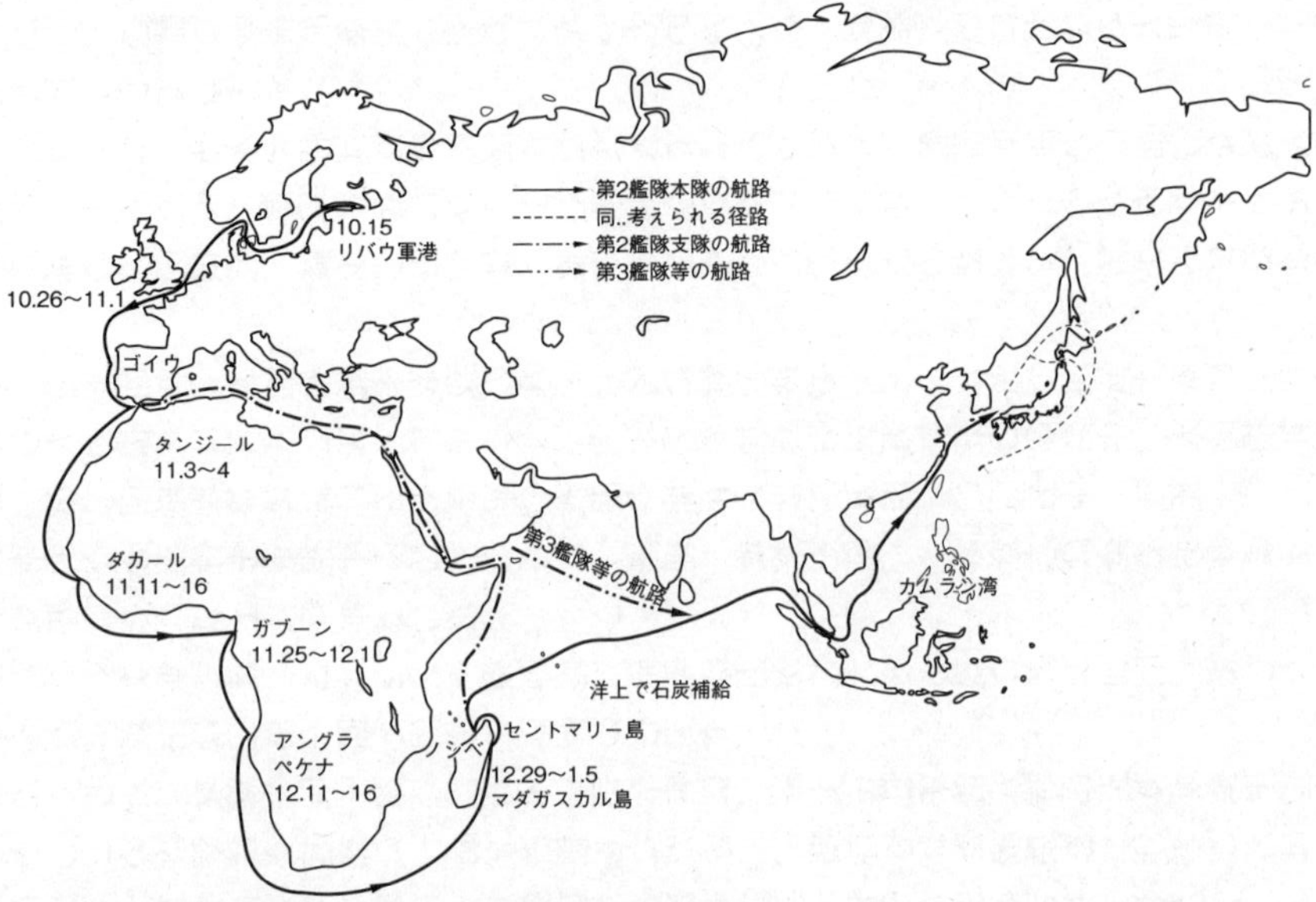

出所：『日本の戦争・図解とデータ』桑田悦・前原透共編著、原書房、1982 年

撃を徹底し、歩兵による攻撃は一点突破を企図して三十日から開始されました。

しかしこの攻撃は突起部の一角を占領しただけで、期待された戦果を挙げることはできませんでした。攻撃失敗を認めた乃木軍司令官は、三十一日午前八時に至り攻撃中止を命じました。理由は、第一回と同様に砲弾の枯渇でした。

またこの攻撃では、二八センチ榴弾砲の砲撃威力が甚大であることが判明しましたが、旅順要塞はそれ以上に堅牢でした。

戦術的な合理性を重視する乃木大将は、無理な攻撃を続行する意志は全くありませんでした。第二回総攻撃における第三軍の戦闘参加兵力は四万四一〇〇名中、戦死一〇九二名を含む人的損耗は三八七四名に止まり、露軍の参加兵力三万二五〇〇名中、人的損耗四五三二名を下回り、人的損耗率も我の八・七％に対し彼の一三・九％で逆転するに至りました。

第三軍の人的損耗が減少したのは、塹壕を活用した正攻法のためで、結果的に総攻撃には失敗しましたが、露軍将兵に与えた心理的な打撃は計り知れないものがありました。

司馬さんは、乃木大将は詩歌に優れた文人ではあっても、戦術的能力は拙劣な軍人であったと批評しています。

しかし、過酷な戦術的条件は変わらないものの、第一回総攻撃における大規模な準備砲撃のもとでの強襲法から、第二回総攻撃における二八センチ榴弾砲も参加しての攻城築城による正攻法への戦術的な転換に、乃木大将の刮目すべき戦術的思考の柔軟性、創造性の発揮を見ないではいられません。

第二回総攻撃(十月二十六日~三十一日)の直前の十月十七日には、バルチック艦隊がロシア西部のバルト海に面したリバウ軍港を出航したとの在フランス駐在武官からの電報が届き、海軍中央は甚だしく焦燥感に駆られました。

(3) 主攻変換を敢行した第三回総攻撃

十一月三日には北アフリカのタンジールにバルチック艦隊が寄航したとの情報が届き、遅くとも翌年一月上旬にはロシア軍艦隊が日本列島近海に出没するものと予想されていました。

連合艦隊司令長官東郷平八郎大将は、第三軍司令官宛に次のような親書を送り、第三軍による旅順艦隊の撃滅を督励しています。

「バルチック艦隊近接の関係上、艦船の汽缶修理の必要上、二カ月を要すべきを以て、港内敵艦の撃破を目下の急務とす。早くやらざれば、連合艦隊は艦艇の修理のため、海上封鎖は取り止めるの他なきを得ず。これがため海軍砲増加は如何」と。

一方時を同じくして大本営は、第三回総攻撃に先立つ十一月十四日開催の御前会議の結果を、要旨「旅順要塞攻撃不成功時の二〇三高地への攻撃目標の速やかな転換を求む」

と、満洲軍総司令官大山巌大将に打電し、主攻変換の必要なことを率直に主張しました。

ところが大本営電報に対する大山総司令官の返電は、「(二兎を追う者は一兎をも得ず)前計画に従い、大決心を以て鋭意果敢に望台の高地を攻略し、旅順の死命を制せんとす」でありました。

満洲軍総司令部の当初からの決心は微動だにしていませんでしたが、乃木大将は聖旨を、そして東郷平八郎大将の親書を、深刻に受け止めていたと言われています。

しかし第三軍の直近上位の満洲軍総司令部の〝東北正面からの望台攻略の命令〟は、厳然として第三軍の作戦を規定していました。ですから司馬さんが主張されたような〝主攻目標〟を乃木軍司令官は自由に選択できる立場にはありませんでした。

そもそも軍隊という組織は、直近上位の指揮官の命令指示のみに服従する義務があることを、陸軍少尉だった司馬さんだって知らなかったことはないと思います。

第三回総攻撃は、十一月二十六日を期して、まず東北方面から旅順要塞の死命を制する望台を攻撃し、次いで白襷隊による奇襲作戦を実行する計画で進められました。

二十六日〇八時〇〇分、二八センチ榴弾砲一八門が火蓋を切り、一〇時三〇分から全火砲が準備砲撃を開始しました。一三時〇〇分頃の東鶏冠山北堡塁の爆破とともに歩兵部隊が突撃を敢行しましたが、ロシア軍の巧妙な相互支援火力によって数弾の突撃も破砕され、攻撃挫折の止むなきに至りました。

夕刻、白襷隊を奇襲的に投入しましたが、最初からロシア軍の猛烈な銃砲火を浴びせられ苦戦を強要されました。乃木軍司令官は、初動を制せられ奇襲に失敗したと認めるや、直ちに攻撃中止、そして撤退を命じています。

結果的に大きな期待を賭けられた白襷隊の奇襲は失敗したのですが、大きな期待を賭けた作戦であればあるほど、遅疑逡巡することなく迅速果断に中止撤退を決心することは、言うは易く行うことは至難の業です。このような決断は凡将がよくなすところではないと私は確信しています。

主攻正面の戦況膠着に遭遇した乃木軍司令官は、御前会議における明治天皇の御軫念《ごしんねん》を体して、また東郷大将の焦慮をも考慮して、当面の全般戦況を打開し得る唯一の要点である〝二〇三高地への攻撃目標の転換〟を独断で決心しました。

二十七日一〇時〇〇分、「軍ハ一時本攻撃正面ニオケル攻撃ヲ中止シ、二〇三高地ヲ攻撃セントス」との軍命令を下達し、二〇三高地を熟知する第一師団に攻撃を命じました。

一進一退の戦況の渦中で戦機を看破した乃木軍司令官は、軍の総予備である第七師団の投入を決断するとともに、〝当面の戦況と主攻目標の一時的な転換〟を大山総司令官に報告しました。

時あたかも沙河正面の戦況緊迫に直面していた満洲軍総司令部で第三軍からの報告電報に接した児玉総参謀長は、戦局の焦点が二〇三高地にあることを感得し、即刻旅順行きを決断し、大山総司令官に具申しました。

大山総司令官は、総司令官代理という資格を児玉大将に与え、二〇三高地を力攻する第三軍に派遣することにしました。

この場面は、大山総司令官が自分の着ていた毛皮のチョッキを児玉総参謀長に手渡す映画「二〇三高地」の山場ではありますが、第三軍司令官の指揮権を乃木大将から剥奪し児玉大将に付与したかのように巷間流布されているのは、全くの誤解です。

また二〇三高地に対する主攻変換を躊躇している乃木大将を叱咤して、児玉大将が采配を振るったかのような作り話も全くの虚構です。

この間、第三軍は三十日夜、激烈な戦闘の末二〇三高地を一旦占領しますが、その後露軍の大逆襲により十二月一日〇二時〇〇分頃奪還されてしまいます。

十二月一日早朝、児玉総参謀長は柳樹房の第三軍司令部を経て、同日午後には高崎山の戦闘司令所に到着し、二、三、四日と三日間にわたる周到なる攻撃準備を指導しています。

五日朝、第三軍の二〇三高地への攻撃が再び行われ、一〇時〇〇分頃には山頂の一角を占領し、港内の露艦艇への砲撃も一部開始され、同日夕刻には二〇三高地一帯を完全に占領しました。かくして翌六日から本格的な艦隊撃滅砲撃が行われることになりました。

二〇三高地の占領確保により当面の戦況を打開した第三軍は、改めて本来の旅順要塞攻略を再開します。乃木大将は十日〇九時〇〇分、「軍ハ正攻法ニヨッテ望台一帯ノ高地ニ対スル攻撃ヲ継続シ、マズ速カニ二龍山、松樹山、東鶏冠山北ノ三堡塁ヲ奪取セントス」との軍命令を下達しました。

名将とは、変転する戦況（環境）の渦中にあって、よく戦況の特質を捉え、決断すべき緊要な戦機に投じ真に適切な決断を下すことができる将帥のことです。

4　旅順要塞攻略が予想を絶して難渋した要因

(1)　旅順要塞情報の完膚なきまでの欠如

旅順要塞攻略戦が予想を絶して難渋した要因は、的確な情報が徹底的に欠如していたからに他なりません。的確な情報が獲得できなかったことが、作戦上の誤断と錯誤を繰り返さざるを得なかった大きな原因でした。

第三軍司令官に任ぜられた乃木希典中将（大将昇任は六月六日）が、乗船地の広島で大本営から渡された旅順に関する情報は、一〇年前の日清戦争の直後に作成された古い地図の上に、それまでに収集された情報資料（インフォメーション）に基づいてロシア軍の陣地配備などが書き込まれたものでした。

ロシア軍の防諜施策（対情報措置）が厳重を極め、情報収集活動を円滑に行うことができなかったため、ロシア軍の防御準備は、日清戦争において清国が準備していた旧式な野戦築城に、多少の散兵壕を増設した程度とされており、当時既に永久堡塁として築城されていた東正面の二龍山、松樹山すら〝臨時築城〟と記載されていたに過ぎませんでした。旅順要塞の開戦前の情報収集活動が十分に行われていなかったことは、ロシア軍の防諜・対情報措置が厳戒を極めていたことが主たる要因ですが、もう一つの有力な要因としては、我が大本営自身が当初かなりの間〝旅順要塞の戦略的な価値〟をさほど重視していなかったことがあります。

陸軍中央は、旅順は地理的に遼東半島の先端にあるので半島の首根っ子を押さえてしまえば、ハルピン、奉天からの極東露軍主力の増援は容易に阻止でき、海軍が海上からの補給増援を封鎖してしまえば、自然に立ち枯れてしまうだろうと、至極簡単に考えていたようです。

海軍も、開戦と同時に旅順艦隊を奇襲して撃滅しようと計画しており、万一ロシア艦隊が旅順構内に遁走すれば、老朽船を港口に自沈させて閉塞してしまい、港外から山越えに艦砲の間接射撃で撃破できると考えていたようです。

(2) 要塞戦術への関心不足

我が陸軍は、建軍当初は幕府が採用していたフランス陸軍の方式を踏襲していました。ところが普仏戦争（一八七〇～一八七一）でプロイセンがフランスに圧勝し、ドイツ帝国が創建されると、明治十八年（一八八五年）に陸軍大学校の戦術教官にドイツ軍からメッケル少佐を招聘するようになり、逐次フランス陸軍方式からドイツ陸軍方式に転換していきました。

我が陸軍の工兵科も、建軍から日清戦争（一八九四～一八九五）、北清事変（一九〇〇）の頃まではフランス式操典を使用しており、要塞攻撃のための坑道戦術などを熱心に研究し、教育訓練もしていました。

しかし明治三十四年（一九〇一年）には、『工兵操典』もドイツ式に改訂されるとともに、持久防御のための要塞戦術よりも野戦における運動戦を重視する機動戦術が賞揚されるようになると、工兵の役割も応急的な野戦築城が重視されるようになり、固定的な永久築城などは顧みられなくなってきました。

このことは当時火砲の口径や砲弾の威力の増大などが著しく、特に最新鋭のクルップ兵器工場を保有していたドイツ陸軍は、極端な火砲万能主義に陥っており、いかなる要塞といえども砲兵火力で破壊できると考えていました。

したがって戦術も、野戦における運動戦一辺倒となり、包囲・迂回を主とする態勢戦術が重視され、かつての要塞戦術は顧みられなくなってしまいました。ドイツからの初代の戦術教官であったメッケル少佐は、日本陸軍の俊英たちに対して野戦における運動戦を主体にする機動戦術は熱心に教育しましたが、要塞攻略についてはほとんど教育していませんでした。

これに対しロシア陸軍は、伝統的に築城が巧みであり、また経験も豊富でした。特に旅順要塞は、当時の築城学の世界的な権威であったベルギー陸軍のブリアルモン中将の築城学的な理論に基づき、かつ同中将の指導によって構築された世界で最新鋭の永久築城でした。

この永久築城に組み込まれていたトーチカの強度は、当時の日本軍が装備していた攻城砲の中で最も威力があったクルップ式一五センチ榴弾砲の砲弾にも耐えるように設計され構築されていました。

したがって砲弾がトーチカに命中してコンクリート製の表面がアバタのようになり、我が第一線の指揮官が眼鏡で観察し「これで露軍将兵は生き残ってはいないだろう」と確信し、砲撃の最終弾の弾着と同時に突撃を発揮するや、トーチカから熾烈な集中射撃を浴びせられるのが常態でした。我が軍の大量かつ猛烈な砲撃も、コンクリート製のトーチカの内部にはほとんど効果はありませんでした。

ペトンで固められたトーチカに対して有効な破壊効果を発揮することができたのは、日本本土の海岸要塞から取り外して旅順要塞正面に推進された二八センチ榴弾砲が砲撃を開始した明治三十七年十月一日以降のことでした。

このように我が陸軍全体として永久築城による近代的な要塞についての基礎的な理解認

識が欠如していましたので、乃木大将以外の誰が第三軍司令官に補職されたとしても彼以上に適切に対応することができたとは思われません。

(3)　最高統帥部の戦略・戦術的な指導上の瑕疵

先に「戦場の実相は錯誤の連続である」と述べましたが、日露戦争における我が軍の最大の錯誤は〝旅順攻略戦〟でありました。

錯誤のよって来る要因の第一は、2―(1)「『要塞攻略』か『艦隊撃滅』かの戦略判断」で詳しく述べたとおり陸軍最高統帥部における〝旅順の戦略的価値〟に関する無定見でありました。

参謀本部の主たる関心は、満洲の原野におけるロシアの野戦軍との機動決戦であり、旅順についてはほとんど無関心であったことです。

当時の参謀本部は旅順要塞の実態をほとんど解明していなかったと先に述べましたが、このことは単にロシア軍の防諜・対情報措置が厳重を極めたというだけではなく、我が軍の情報収集努力の指向が満洲の原野における極東露軍との機動決戦の推移に重点が置かれており、旅順要塞の実態解明については不十分であったと言っても決して過言ではありません。

さらに要塞攻略法の研究も不十分でした。その結果要塞攻撃用の攻城砲や攻城用弾薬の研究開発、そして弾薬の備蓄も不足していました。さらに攻城用の工兵装備である対壕資機材や坑道資機材などの研究開発、調達準備など全く無視されたも同然の有様でした。

もっとも大きな問題点は、司馬さんが舌鋒鋭く乃木大将の軍事的無能と指弾した〝二〇三高地攻略の是非〟に関する最高統帥部の無策です。

旅順要塞の攻略法については、第三軍司令官乃木大将の自由裁量に任されていたわけではなく、前に述べたように〝東北方面から望台〟を主攻目標とすると一点の疑義もなく明瞭に命令されており、これは明らかに最高統帥部と満洲軍司令部の責任でした。

第一回総攻撃の失敗の後、大本営、連合艦隊と満洲軍司令部との間で〝二〇三高地攻略の是非〟について論争が起こりました。

もし最高統帥部が海軍が熱烈に希望する〝二〇三高地攻略〟が必要であると判断したのであれば、天皇の御裁可を得て〝大命〟をもって、満洲軍総司令官に対し「第三軍をして、まず二〇三高地を攻撃奪取して旅順港内の露艦艇を撃滅し、次いで旅順要塞を攻略すべし」と、厳命するべきではなかったかと考えます。

5 乃木希典大将の評価

乃木希典大将の軍人としての評価は、時代とともに、そして評価する人物によってしばしば変化してきています。司馬さんのみならず帝国陸軍においても乃木大将の軍事的能力についての評価が、厳しいものであったことは既に述べたとおりです。「城攻めは下策なり」という『孫子』的教養を持っていた乃木さんであっても、詳しく回顧しましたように軍命をもって〝東北方面からの望台〟攻略を命ぜられれば、他にどのような方策を採り得たでしょうか？

第三回総攻撃の挫折の渦中において、一瞬の戦機を看破して〝二〇三高地への主攻変換〟を独断専行することのできた乃木大将の戦場統帥は、余人をもってしてはなし得なかった偉業であったと言うべきではないでしょうか。

旅順攻略の間、第三軍司令部に従軍記者として、乃木大将に親しく接したアメリカ人の新聞記者スタンレー・ウォシュバーン（二七歳）は、著書『乃木大将と日本人』において次のように述べています。

「（将軍は）生命を本務と国家との祭壇に献げよと命じた。其の沈黙の司令官の命令を、舌端にも念頭にも問題にする者は一人もいなかった。

乃木大将に対する部下・将兵の心情は、愛情と尊敬と崇拝との微妙に結合したものであって、この心持なればこそ、あのような殆んど狂信にも近き熱情を以て、喜んで絶体絶命の後に馳せようとする精神が生れて来たのである」と。

おわりに遼陽会戦における首山堡の戦いで壮烈な戦死を遂げ、後に軍神といわれた橘周太陸軍中佐が名古屋陸軍幼年学校長時代に書き記した明治三十六年（一九〇三年）二月三日（日露開戦約一年前）付の日記の次の一節が、乃木大将の武人としての平戦両時を問わず修養研鑽に励む様子をよく伝えています。

「予 熟々思えらく、今世我が将官の数大に増加せり。布か而してこの多数の将官中、加藤清正公に比して甚だしく愧じざる者は果たして誰なるべきか。

予は乃木中将を以て之に擬するに躊躇せず。中将の誠忠は……、中将の礼節は……、中将の武勇は……、中将の信義は……、中将の質素は……、而して中将は平時に在って戦時を忘れることなく、身は休職にあるも、毫も本分を研磨するを怠らざるなり。蓋し休職に在って乗馬を養うの一事以って中将の真意を推測すべく、その各地の演習に馳駆奔走し……中将の如き自ら持する謹厳、人に接する温容、事を決する果敢の人果たして幾許かある」と。

企業篇

ニチロ——撤退と転換の繰り返し

1　北洋漁業と社運

戦前は北洋漁業で好業績

ニチロは会社の運勢が会社の意思とは関係なく、国際間の紛争や駆け引きによって影響を受けてきました。会社の主たる事業は漁業ですが、その事業の転換の決断を数次にわたって迫られてきました。

ニチロの社名は、かつて日魯漁業と称し、社史によれば明治四十年（一九〇七年）堤商会の堤清六と平塚常次郎が、カムチャッカに出漁したのが事業の始まりとされています。ニチロの歴史を見ると、平塚常次郎氏が会社の節目節目に登場し、その影響力とニチロに対する情熱の迸りを感じます。堤清六氏と平塚常次郎氏は北洋漁業の創始者ですが、ニチロという会社も創業が古く、日本の株式会社の古株といえます。

北洋漁業は戦前が最盛期で、戦後復活し消えますが、一つのドラマを見るようです。戦後のゼロからの会社の立ち上がりも大変なドラマです。明治の頃は専管水域のような取り決めはなく、北洋の場合ロシアとの直接契約で、漁業の操業ができました。

現在からは想像できませんが、明治四十年（一九〇七年）は大変な年で、鮭、鱒の大群がカムチャッカ河口に押し寄せ河口を銀鱗で覆いつくしたと言われています。会社は明治四十三年（一九一〇年）、カムチャッカに小規模の缶詰工場を設立しました。当初は作業の効率が悪かったので、大正二年（一九一三年）に至りアメリカから最新鋭の高速自動式缶詰機械を導入し、本格的な鮭缶詰の製造が始まりました。缶詰の商標は現在も使われている「あけぼの印」です。

図表 7-2-1　ニチロの年表

明治 40 年（1907 年）	堤商会　堤清六と平塚常次郎で北洋出漁
大正 2 年（1913 年）	あけぼのブランド採用
3 年（1914 年）	日魯漁業㈱設立（函館）
12 年（1923 年）	本社千代田区丸ビルに移転
昭和 20 年（1945 年）	国外資産のすべてを失う
21 年（1946 年）	稚内、下関、久里浜、石巻に基地開設
27 年（1952 年）	北洋母船式サケ、マス、カニ漁業再開
50 年（1975 年）	北洋から撤退
平成 2 年（1990 年）	日魯漁業からニチロへ社名変更
3 年（1991 年）	トロール事業から撤退
18 年（2006 年）	マルハ㈱と経営統合発表
19 年（2007 年）	㈱マルハニチロホールディングスへ

大正三年（一九一四年）、資本金二〇〇万円で株式会社化され、日魯漁業株式会社が発足しました。会社は現在（二〇〇七年時点）すでに九四年の歴史を持ち、日本の株式会社として有数の古さを誇っています。

日魯の社名は二つの「日」が「魚」を挟んでおり、毎日魚が取れるということで縁起が良いとされました。「魯」の字は元々かつてロシアを魯西亜と書いていたときの名残とい

図表7-2-2　創業期の成績　（単位：千円、%）

	大正3年	4年	5年	6年	7年	8年
売上	1,307	1,776	1,475	2,649	4,639	3,789
利益	303	562	413	560	359	706
利益率	23.2	31.6	30	21.1	7.7	18.6
配当率	10	12	48	17	10	15

えます。

当時の北洋漁業は魚が多く、操業の成績が良くて大正十三年（一九二四年）下期には三割配当を実施していました。現在でも三割配当は高配当ですから、当時の日魯は大変優良な会社であったといえます。その頃の日魯は北洋漁業のシーズンは夏場の半年ですから、半年働けば一年分の給料が貰える結構な会社と言われたそうです。したがって会社は裕福でした。

戦前はカムチャッカ、樺太、千島一円に漁業基地と魚の権益を持ち、現在では想像ができないほどの資産を持っていました。会社の終戦時の報告書によると、資産はそのときの価値で五五〇〇万円であったと報告されています。現在価値に直せば、大変な金額になると思います。それが敗戦で一挙に喪失したのですから、会社は大変だったのでしょう。

参考までに創業期の成績は図表7-2-2のとおりです。

大正五年（一九一六年）には四八%の配当を実施していました。

戦後は北洋利権の喪失・平塚常次郎の決断

終戦当時の会社は残留社員一〇〇〇名余、北洋の現場で抑留された従業員二三〇〇名余を抱え、会社の経営は大変な苦境に立っていたと記されています（『日魯漁業経営史第二巻』）。

終戦は日本として初めての経験であり、国民はショックを受け呆然としていました。そのとき社長の平塚常次郎は北洋の海は駄目でも、世界にはまだ海があり、海がある限り魚はいる。その魚を追いかけて取ると決心しました。

平塚にとって運命は順風でなく、思いがけなくＧＨＱによる経済パージの対象になりました。戦後の日本は占領軍の方針で財閥解体が進められていました。三井、三菱、住友などの大財閥は軍に協力したということで解体・分割が進められていましたが、まさか日魯にまで及ぶとは考えてはいませんでした。しかし経済パージは日魯にも及び平塚はじめ主な役員も対象になりました。

会社における平塚は創業者であり、パージの会社経営に与えるマイナスのインパクトは甚大でしたが、会社の役員は若返りを図り再建に進むことになりました。

北洋の利権喪失に際し、平塚の言うように魚を追いかけるために新たに漁業基地を国内に作ることになり、北は稚内から南は下関まで基盤を作りました。下関は以西底引きトロール事業を行い、久里浜からはマグロ・カツオの漁業を開始しました。それぞれの基地から漁業が再開されましたが、失われた北洋漁業に匹敵する漁場の開発は困難でした。

操業は遠くインド洋のマグロからアフリカ沖のイカ漁という具合に、世界の海に魚を追いかけることになり会社の台所を支えました。世界の海に行って操業するため、それに耐える漁船の建造を行いました。

北洋漁業の再開

北洋漁業は北のベーリング海で操業します。ベーリング海は名だたる荒海で、操業できるのは日本人とノルウェーの漁師ぐらいであると言われています。戦前この荒海で実績を挙げていた漁師たちは、再び北洋で魚を取りたいという願望を持っていました。日魯漁業においても例外でなく、北洋漁業の再開を念願していました。

戦後六年たった昭和二十六年(一九五一年)に、日米加三国漁業会議で決議があり、北洋漁業が可能になりました。翌昭和二十七年(一九五二年)には試験操業ができることになり、日魯と日水は小型母船で、大洋漁業は三六〇〇トンの母船で出漁することになりました。張り切って出漁しましたが、小型船では期待した漁獲ができず、その経験を踏まえて日魯は五六〇〇トンの明晴丸を母船としました。

北洋漁業の効率を上げるため、母船に缶詰製造設備を置くことを考えました。母船の明晴丸に初めて缶詰の製造設備を設置し、船上で缶詰の製造に着手しました。従来母船の船上で缶詰を製造するという発想はなく、缶詰は陸上工場で製造するのが常識でした。日魯としてはいわば社運をかけて母船で缶詰、塩蔵、冷凍の生産を始めたわけです。幸いその試みは成功し、母船式缶詰生産はその後の北洋漁業の主流になりました。

昭和二十九年（一九五四年）から本格操業になり日魯は二母船、独航船四七隻の態勢で出漁操業しました。函館港からの船団の出航は大変華やかなものであったと言われています。その後も母船式船団は増え続け、四母船の態勢になり、北洋漁業はますます発展を遂げていきました。昭和三十一年（一九五六年）の北洋漁業は六母船、一九〇独航船になり、昭和三十二年（一九五七年）には六母船、一七三独航船の規模になりました。

母船が独航船を引き連れて操業するのは日本独自の方法でした。日魯は再び北の海で漁労ができることになり、海の男たちは大いに張り切りました。戦前の盛況と比較すると規模は縮小されていますが、次第にまた北洋漁業が会社の主要事業に返り咲き会社に活気が戻ってきました。

一方、北洋漁業はソ連（現ロシア）と公海上で綱引きをする関係になり、鮭、鱒はソ連の河川で産卵成長する関係上ソ連が権益を主張し、安定した操業が何時まで見込まれるか気になる状況でした。

北洋漁業開始前後の日魯の経営成績の推移は図表7－2－

図表 7-2-3　北洋漁業開始前後の業績

（単位：百万円）

	総収入	損益	配当率（%）
昭和 19.12 — 20.11	82	− 22	0
20.12 — 21.08	47	23	0
24.05 — 24.11	1,420	25	0
24.12 — 25.11	1,990	− 75	0
25.12 — 26.11	2,777	79	0
26.12 — 27.11	3,142	42	10
27.12 — 28.11	4,347	111	12
28.12 — 29.11	5,018	207	12

3のとおりです。

昭和二十七年（一九五二年）頃から会社の経営が安定してきたことが窺われます。

2 二〇〇カイリによる苦境

世界の海へ

戦後の漁業会社の歴史は国際間の利害に翻弄され続けたといえます。北洋漁業は再開されましたが、有限な漁業資源に対する沿岸諸国の意識は変わり、自国の沿岸の漁業資源は自国のものであるという主張が強くなってきました。日本の漁業会社は沿岸漁業より遠洋漁業が得意で、魚を求めて遠い外国の沿岸で操業していましたので国家主義の影響が懸念されていました。

日本人の魚好きは有名で、刺身、鮨などは日本の文化として世界中に認知されています。鮭、鱒だけでなく鯨、マグロ、タコ、イカなど世界中の海で操業し、漁獲物を日本に持ち帰りました。

海の中の魚に対する所有権の意識が高まり、昭和五十一年（一九七六年）にアメリカ上院が漁業専管水域を一二カイリから二〇〇カイリへ拡大することを可決しました。昭和五十二年（一九七七年）に至り日本をはじめ各国が二〇〇カイリ態勢に移行したので、昭和

図表 7-2-4　世界の海

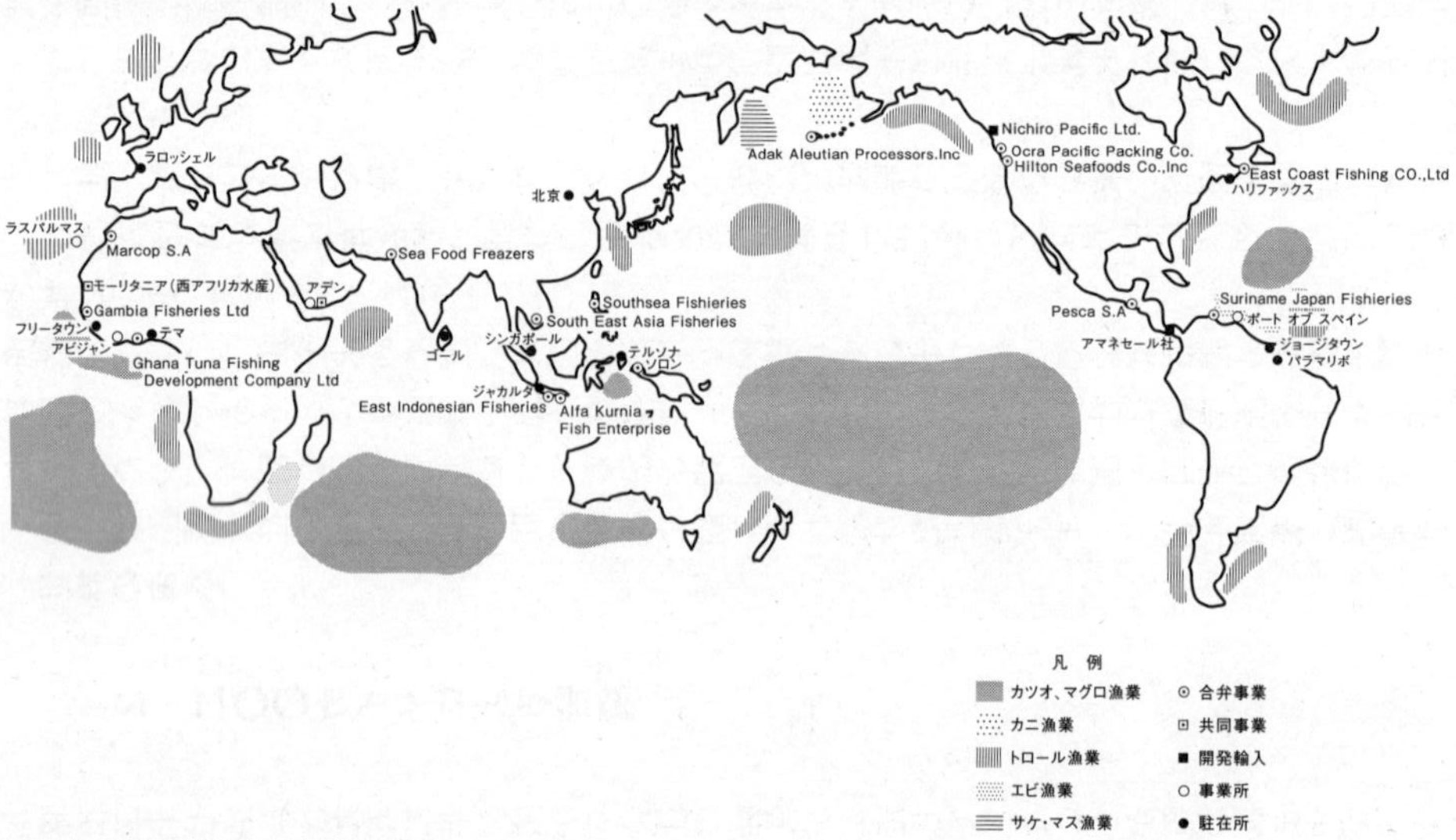
ラロッシェル
ラスパルマス
Marcop S.A
モーリタニア(西アフリカ水産)
アデン
Gambia Fisheries Ltd
フリータウン
アビジャン
テマ
Ghana Tuna Fishing Development Company Ltd
Sea Food Freazers
ゴール
北京
シンガポール
South East Asia Fisheries
Southsea Fishieries
テルソナ
ソロン
ジャカルタ
East Indonesian Fisheries
Alfa Kurnia Fish Enterprise
Adak Aleutian Processors.Inc
Nichiro Pacific Ltd.
Ocra Pacific Packing Co.
Hilton Seafoods Co.,Inc
East Coast Fishing CO.,Ltd
ハリファックス
Pesca S.A
アマネセール社
Suriname Japan Fishieries
ポート オブ スペイン
ジョージタウン
パラマリボ
凡　例
カツオ、マグロ漁業
カニ漁業
トロール漁業
エビ漁業
サケ・マス漁業
合弁事業
共同事業
開発輸入
事業所
駐在所

出所：『日魯漁業経営史第二巻』株式会社ニチロ、1995 年

五十二年は二〇〇カイリ元年と呼ばれるようになりました。陸地から二〇〇カイリまでは自国の領海となり現在まで続いています。

日本は島国ですから海岸線が長く、また近海に良い漁場があって恵まれていますが、それまで長い間自由に他国の沿岸に進出漁労を行い、漁船などに多額の投資を行ってきましたので、遠洋漁業からの締め出しは漁業会社にとって生活の基盤を失うことになりました。従来の遠洋漁業から、沿岸国の漁労を指導し、漁獲した魚を買いつけ輸入するというビジネスモデルに変更せざるを得なくなりました。

一方、北洋漁業はアメリカとロシアに挟まれた海域が漁場である関係上、母船式北洋漁業は両国との折衝が必要になりました。自由に漁労ができないという制約は、日魯にとって経営を左右する大問題に発展することになりました。

北洋漁業からの撤退

日魯にとって戦前、戦後を通じて会社の基盤であった北洋漁業から撤退する時期が迫っていました。昭和四十六年（一九七一年）度の北洋漁業は二割減船に追い込まれました。減船は業界の自主的な判断にゆだねられましたが、減船は会社の業績に直接マイナスの影響を及ぼすので話し合いは難航しました。

業界で議論の結果、一割減船ということで話がまとまりました。この結果、昭和三十七

図表 7–2–5　漁労からの撤退以後の業績推移

（単体、単位：百万円）

	売上高	経常利益	漁労特損	会社整理損	未処分損失
昭和 49 年（1974 年）	281,962	− 11,446			503
50 年（1975 年）	261,778	− 8,307	3,583		3,498
53 年（1978 年）	164,922	2,730	1,010		2,213
55 年（1980 年）	202,695	− 3,288	718		2,590
56 年（1981 年）	209,859	731	2,561	3,309	1,517
57 年（1982 年）	227,828	1,912	2,848		455
59 年（1984 年）	218,731	357		1,084	1,319
61 年（1986 年）	210,794	206	1,317		1,055
62 年（1987 年）	214,592	237	11,686		868
63 年（1988 年）	222,900	3,447	2,515		1,509
平成 3 年（1991 年）	222,468	− 2,428	1,897		413
4 年（1992 年）	219,021	1,084	3,747		＋ 22
7 年（1995 年）	173,162	2,961			＋ 1,603
		計	31,882	4,393	

出所：有価証券報告書より

年（一九六二年）から一一年続いた一一母船、三六九独航船の態勢は、昭和四十七年（一九七二年）から一〇船団、三三二独航船の態勢に減らされました。そのうえ縮小は鮭・鱒だけでなくタラバ蟹漁業にも及び、昭和五十年（一九七五年）には西カムチャッカにおけるタラバ蟹漁業は全面禁止まで追い込まれました。漁業専管水域二〇〇カイリは遠洋漁業を根本的に見直す必要に迫られました。

昭和四十九年（一九七四年）は日本の経済にとって大変な時代でした。いわゆる第一次石油ショック（昭和四十八年）が日本の経済に大きな影響を与えましたが、漁業にとっても燃料代の高騰が経営を直撃しました。二〇〇カイリによる漁業の締め出しと石油価格の高騰は深刻でした。

会社の経営者としては、それまでの会社のメインのビジネスができなくなるわけですから、将来ビジネスをどうするか、何で会社を維持するかについて重大な決断を迫られました。従来の漁労からの撤退は、それまで投資した資産を売却するか、除却しなければならず、それに伴う除却損、売却損を負担することにつながります。その上漁業会社は多勢の漁船員を抱えていますから、その再就職とか退職金の支払いなどの問題を解決する必要に迫られます。

日魯は漁労からの撤退に伴う負担が大きく、長い間無配に転落しました。その経過を追ってみると図表7-2-5のようになります

この表のような経緯で昭和四十九年(一九七四年)に無配になり、平成七年(一九九五年)になり復配しましたが、大変長い間苦労しました。その間、漁労関係で三一八億円、会社の整理損で四三億円を計上しています。敗戦時には北洋関係の基地の喪失で大損害を蒙り、またまた漁労を取り巻く世界の環境の変化により壊滅的損失を蒙ったことになります。

二〇〇カイリによる影響と北洋漁業撤退による影響の大きさが分かります。会社が事業の基盤を失うことの恐ろしさを痛感します。

3　漁業からの撤退と会社体質改善

事業の多角化

日魯は二〇〇カイリと北洋漁業の先行き見通しが不透明だったので、経営陣は経営の多角化を目指し、漁業以外の分野に積極的に進出することを決め、そのライン上で子会社を多数設立しました。

会社は業界に先駆けてコールドチェーンを研究し、輸送方法を改善、冷凍食品も幅広く手がけました。すべて漁労の先細りを見越し、次の主力分野を陸上の食品加工に絞り、転換を図ったものです。日魯がこの間に設立した新分野の子会社は次のとおりです。

日魯毛皮（現ニチロ毛皮）
あけぼのパン　売却
中京コカ・コーラ　売却
北海道あけぼの食品
あけぼの商会（現ニチロあけぼの商会）
あけぼの食品

あしたか養鶏　解散
日魯畜産（現ニチロ畜産）
新潟日魯畜産（現ニチロサンフーズ）
日魯造船　解散
日魯工業（現ニチロ工業）
函館国際ホテル
Peter Pan Seafoods. Inc
Golden Alaska Seafoods, Inc
その他

会社の事業は多岐にわたっています。魚から畜産関係へシフトしているのが窺えます。あしたか養鶏、日魯畜産、新潟日魯畜産などがそれです。新潟日魯畜産は、その後社名をニチロサンフーズに変更し株式を公開、事業が成功しています。養鶏で生産した卵を使ってマヨネーズを製造したり、鶏のブロイラーを生産、一〇万羽養鶏などの方法にトライアルしました。

あけぼののパンは、日本で初めてパン種を冷凍し配送するチャレンジを行いましたが、時期尚早でした。あけぼののパンの株式は再建の途上で売却しています。日魯毛皮は豪州から羊の毛皮を輸入してムートンを製造し、折からの住宅ブームに乗って業績を上げました。

中京コカ・コーラは、名古屋東海地区のコカ・コーラのフランチャイズで、後に株式を上場しています。やはり会社再建の途上で株式を売却しています。日魯工業は、日魯造船の工機部門が独立した会社で、バンディング・マシンの生産で成功しています。

このように見てくると、日魯は漁業から何とか陸上へ転換を図る努力をしていたのですが、漁業からの撤退に年月と費用がかかり、転換が終了するまで経営に苦労し、長い間無配になりました。これらの会社はその後成功し、株式公開を果たしたものもありますが、売却したり解散した会社もあります。

昭和四十七年（一九七二年）十一月期の有価証券報告書によると、貸借対照表に計上されている子会社の株式の金額は六・九億円でしたが、平成十八年（二〇〇六年）三月期の貸借対照表には三二五億円計上され、引き続き子会社の育成に力を注いでいます。大きい会社はシアトルのピーターパンシーフッド会社一二三億円、ニチロあけぼの商会九二億円、函館国際ホテル一七億円などです。

4 日魯漁業からニチロへ

漁業との決別

会社は漁業から撤退し漁船も売却したので、社名は実態を表さないことになりました。明治以来長い間続いた日魯漁業は、社名から「漁業」を取り漢字をカタカナに変え、平成二年（一九九〇年）現在のニチロとなりました。

会社が社名を変更することは大変なことだと思います。日魯漁業は明治以来漁業一本の会社として長い歴史を持っています。先人の開拓した北洋漁業からの撤退は、時代の変化とはいえ会社にとって無念の感を禁じ得なかったと思います。また社名の変更は、会社として新しい出発になりますから、思い切って変える必要があったのでしょう。カタカナでニチロとしたので、従来の日魯漁業とは全く違ったイメージになりました。名は体を表すと言いますが、ニチロには魚のイメージは全く消えました。新しい出発にふさわしい決断であったと思います。

人間の名前も同様で、名前でその人のイメージが浮かびます。会社も同様で、「ニチロ」と「日魯」では全く違った感じがします。カタカナとひらがなでもイメージが違います。昨今はイメージが先行する世の中ですから、ニチロは現代に受けるのでしょう。

会社は長い伝統の漁労と縁がなくなりました。魚に関しては、水産品を輸入し加工して販売すると同時に、水産品とは関係のない加工食品の会社として再出発しました。もともと冷凍食品を手がけていましたから、必ずしも新規ではありませんが難しい選択です。畜産製品にも力を入れ子会社の中で畜産関係のニチロサンフーズは平成十二年（二〇〇〇年）に株式を店頭公開しました。畜産関係に力を入れてきた成果が表れたものです。

漁労から撤退するプロセスで、船員に対する多額の退職金の支出とか船舶の売却損が発生しました。これらの臨時の支出にあたり、優良な子会社を売却し資金を調達しました。戦争でも同じですが、どんどん進むときは順調ですが、撤収するときは困難が伴います。

図表 7-2-6　所有船舶の推移

年度	船舶数	総トン数
昭和46年(1971 年)	101	89,342
50年(1975 年)	54	65,479
55年(1980 年)	54	45,292
60年(1985 年)	17	23,754
平成元年(1989 年)	12	18,481
5 年(1993 年)	2	1,584
10年(1998 年)	0	0

あけぼのパンとか中京コカ・コーラ株式の売却がそれです。漁業からの撤退は時代の流れとはいえ、会社にとって他に選択肢のない決断でした。

漁業からの撤退は財政面の負担が大きかったのですが、避けて通れなかったことです。所有船舶の推移を示すと図表7－2－6のようになります。

平成十年（一九九八年）には所有船舶はゼロになり、完全に漁労から撤退しました。

5 食品会社として再生

食品会社

ニチロは漁労の会社から陸に上がり、食品加工を中心に事業展開する会社に変わりました。ニチロの生産品の推移を見ると図表7－2－7～9のとおりです。

昭和四十八年（一九七三年）度の売上構成は、鮮凍魚が売上の中の四六％を占めています。これが昭和五十二年（一九七七年）度になると、漁労による鮮凍魚の割合が五五％と過半数を占めています。

図表 7-2-7 昭和 48 年度の売上構成 （単位：%）

鮮凍魚	46
缶詰	22
冷凍食品	14
その他	18
計	100

図表 7-2-8 昭和 52 年度の売上構成 （単位：%）

鮮凍魚	55
缶詰加工品	12
冷凍食品	10
塩干チルド	7
飼料	6
その他	10
計	100

図表 7-2-9 平成 18 年度の売上構成 （単位：百万円、%）

加工食品	155,104	61.6
水産品	81,294	32.3
その他	27,858	11.1
セグメント間消去	－12,559	－5.0
計	251,697	100.0

平成十八年（二〇〇六年）度の現況を見ると加工食品の割合が増え、完全に漁業会社から食品の会社に転換したことが分かります。

食品会社へ

平成十八年（二〇〇六年）三月期は連結売上高二五四一億円、連結経常利益三四・五億円の成績になっています。漁業からの転換が成功したといえます。

ニチロの製品は次のようになっています。

1. 缶詰・びん詰・レトルト
　さけ（素材缶）、さけ（味付け缶）、さけフレーク、かに、ほたて、いわし、さば、まぐろ（ツナ）、さんま、いか、にしん、あさり、他魚介類、とり・卵類、珍味、農産品、スープ・ソース、デザート・飲料、ギフト
2. 冷凍食品・チルド食品
　おべんとう（畜肉）、おべんとう（魚介類）、おべんとう（その他）、麺類、米飯、お惣菜、お惣菜（中華）、農産品、デザート、チルド食品
3. 業務用食品
　茶あらい骨なし切身魚、茶あらい骨なし焼魚、水産フライ、コロッケ、麺類・米飯、畜産加工品（とんかつ、メンチカツ、ハンバーグ）、天ぷら・唐揚げ、ぎょうざ・しゅうまい・点心、その他調理品、チルド和惣菜、デザート、缶詰・レトルト、大地の種（中国凍菜）・国産凍菜、海の種（寿司種）、やさしい素材（介護食）

いまや漁労の会社という面影はありません。会社の取り扱い品目は総合食品の会社そのものです。食品会社としての挑戦は、例えば冷凍野菜については種まきから収穫まで一元管理し、安心、安全な冷凍野菜の供給を行うなどに徹底しています。かつての漁労会社としての荒々しさは影を潜め、神経の細やかな会社に変身しています。

その他「あけぼの」印の商品を使ったレシピを数多く紹介しています。このようにニチロは試行錯誤があったと思いますが、いまや完全に食品会社に再生しています。

平成十九年(二〇〇七年)十月、ニチロはマルハ(旧大洋漁業)と経営統合しマルハニチロホールディングスとなりました。水産業は漁獲量の制限が国際的に広がり、資源の獲得競争になりつつあります。マルハの水産資源に関する力と、ニチロの加工食品の力が相互に補完関係にあり、統合の効果が上がるものと期待されています。それにしても、一つの会社の継続的な成長は難しいものだと感じます。

教訓

「転換」がキーワード

日露戦争の話になると乃木将軍の旅順攻撃が話題になり、たくさんの小説に取り上げられています。旅順攻撃は二〇三高地と呼ばれていた、ロシアの要塞の攻撃です。その当時、旅順港にはロシアの太平洋艦隊の主力が在泊しており、遠くヨーロッパから増援のバルチック艦隊（第二・第三太平洋艦隊）と合流すると、南満洲（現中国東北地区）で作戦中の日本陸軍への後方連絡線が脅かされる問題がありました。そこで、日本の海軍はバルチック艦隊が来る前に旅順の艦隊を無力にしておく必要がありました。日本軍は対ロシア戦争を勝利に導くため、旅順攻略はどうしても成功させなければならず、その実行が乃木将軍の第三軍に任されていました。

乃木大将はまず一一万三〇〇〇発の砲撃を二日間行い、次いで歩兵による攻撃を行いました。しかし、ロシアの要塞は想像以上に堅固で、日本軍の砲撃にもかかわらず打ち破ることができませんでした。第一回の攻撃が失敗したので、第二回は攻撃築城（交通壕）による正攻法を実施しましたが、期待した戦果を挙げられませんでした。その際二八センチ榴弾砲六門を使用したところ、予期以上の成果が見られました。しかしロシアの要塞はそれ以上に堅牢でした。

一方、バルチック艦隊が出航したという電報があり、海軍首脳部は旅順攻撃の遅延に焦燥感を抱いていました。第三回攻撃において乃木第三軍司令官は、満洲軍総司令官から命ぜられた旅順要塞の東北正面に対する攻撃戦闘の渦中で、一瞬の戦機を看破捕捉して、主攻目標を東北正面への攻略から旅順港に対する砲撃の弾着観測に便利な二〇三高地への攻撃に独断転換しました。転換した結果、激戦の後二〇三高地を占領し、旅順港内にいる艦隊への砲撃が開始され、旅順艦隊を撃滅しました。

これは乃木将軍のこだわりのない柔軟な転換の成果と見られます。

ニチロは、当初日魯漁業として発足し、カムチャッカをはじめとした北洋を主たる漁場とした鮭、鱒ならびに蟹漁業が主力の会社でした。ニチロは北方漁業の先覚者で、北洋漁業を開拓し明治から大正、昭和の初期にかけて鮭、鱒漁業で大きな成果を上げていました。しかし、昭和に入ってから太平洋戦争が勃発し、敗戦の結果、カムチャッカをはじめ千島に持っていた北洋漁業の権利を一挙に失いました。

当然、ニチロは会社経営の根幹である北洋の漁場を失い、会社の存立の危機に立たされました。時の社長であった平塚常次郎氏の不屈の精神で、魚のいる限り世界中に魚を追いかけるという方針から、北洋から南方漁業へと転進し、マグロ、カツオはじめイカの漁場の開拓を行い一定の成果を収めました。そのうちに北洋漁業の再開が決まり、母船式の鮭、鱒漁業が再開され息をつきましたが、世界の情勢は大きく変わり、排他的経済水域二〇〇カイリの時代になり、日本の漁業は甚大な影響を受けることになりました。それまで、他国の沿岸で漁労を行ってきた経営は許されなくなりました。

そこで再びニチロは、漁労からの転換を迫られ、海から陸上へ転進し、新たに食品中心の会社に変身。社名も日魯漁業から片仮名のニチロへ変更しました。現在は食品会社として活躍し、近くマルハと企業統合を予定しています。

乃木将軍の場合も、ニチロの場合も転換がキーワードで、乃木将軍の場合は従来の方針の転換が二〇三高地の占領につながり、ニチロの場合は漁場の喪失による不利を撥ね返し、海から陸に上がり食品会社へ転換し経営を安定させています。

転換を通じていかにして次の成功につなげたかが、大きなポイントです。

第8章　隠された真実

軍事篇

日露戦争を正しく学習できなかった帝国陸軍

1 「勝者敗因を秘む」の典型

日露戦争における帝国陸軍は、南満洲の局地において辛勝とはいえ、我が国の戦争目的の達成に大きく貢献する一定の軍事的役割を果たしました。ところがその陸軍が自らの辛勝体験から正しい教訓を学習することができず、三六年後の大東亜戦争に突入し、遂には祖国に敗北をもたらすことになりました。その要因は、一体どこにあったのでしょうか？

「何故？　日本軍は同じ失敗を繰り返すのか？」。これはノモンハン事件や大東亜戦争で我々の先輩たちと戦った米ソ両軍の将軍たちが、理解に難渋した不可思議な日本軍への疑問でした。このような日本軍観の拠って来る要因は、一体どこにあったのでしょうか。ノモンハン事件や大東亜戦争において帝国陸軍は、火力・兵站を軽視して、敵が準備した火力と有機的に一体化した組織的陣地を突破する主体的な能力を欠落させているにもかかわらず、包囲・迂回といった態勢戦術に偏重し、かつ白兵銃剣突撃主義と精神戦力とを過度に重視し、果敢な攻撃を繰り返し、結果的に過早に敗北を重ねてきました。

「何故、そんな軍隊になってしまったのでしょうか？」

このやりきれない気が滅入るような自問自答を、日露戦争後における陸軍の「日露戦史の編纂の仕方」や「歩兵操典などのマニュアルの改訂や制定」などの経緯を回顧しながら検討し、実態の解明に挑戦してみましょう。

巷間、「過去の成功体験に溺れてはならない」と警鐘を乱打されていることは、誰でも承知していることで格別なことではありません。

我が国が史上かつて経験したことがない未曾有の大敗北を喫した大東亜戦争の敗北の原因を辿ってみますと、真に残念なことに日露戦争の勝利という成功体験と決して無縁でなかったことを認めざるを得ません。

ご承知の通り日露戦争は、我が国にとっては元寇以来の民族的な国難であり、文字通り国力・戦力の限界ギリギリまで力を振り絞って戦われた国家総力戦でした。

我が海軍が、世界海戦史の上で燦然と輝く日本海海戦でロシアのバルチック艦隊を撃破して完勝したのに対し、地上戦において我が陸軍は、南満洲でなんとか敗北を免れ辛うじて勝利を獲得したというのが偽らざる実情でした。

当時の我が陸軍の指導者たちは、この冷厳な現実を的確に理解認識していました。その先人たちの血の滲むような苦渋に満ちた事態認識の厳しさについては、第2章「軍事篇 日露戦争における卓越した戦争終末指導」において垣間見てきました。

しかし、幸運と辛勝によって国家的な危機が回避されると、後継の指導者たちの現実を直視し、事態の本質を見抜く鑑識眼に陰りが生じてきました。幸運に恵まれた辛勝を圧倒的な優位による勝利と錯誤した一瞬の心の隙に、死に神がジワリジワリと忍び寄ってきたのでした。

日露戦争から三六年後に勃発した大東亜戦争において帝国陸軍が用兵の根本としたのは、「殲滅戦主義・白兵銃剣突撃主義」でした。しかもこの根本主義は、日露戦争の実戦体験から戦訓として抽出獲得したものであると、陸軍は自画自賛していました。

しかし日露戦争後の我が陸軍が、辛勝した地上戦の体験から抽出した作戦・戦闘の教訓は、果たして正しいものであったのでしょうか? 先人たちの「日露戦史」の調査研究・編纂、あるいは『歩兵操典』などのマニュアルの改訂などの軌跡のあらましを回顧してみましょう。

2 「日露戦史」の編纂過程における瑕疵

(1) 日露戦争後の陸軍の戦史編纂

日露戦争後、我が陸海軍はそれぞれ日露戦争に関する戦史の調査研究・編纂を行っています。戦史研究家の原剛元一等陸佐の「陸海軍による日露戦史編纂」(日露戦史刊行委員会編著『大国ロシアになぜ勝ったのか』芙蓉書房出版、平成十八年、三一五頁〜三二二頁)によりますと、「日露戦史」の編纂事業は次のように行われています。

陸軍が編纂した戦史書

① 参謀本部編『明治卅七八年日露戦史』全一〇巻
② 陸軍省編『明治三十七八年戦役陸軍政史』全一〇巻
③ 陸軍省編『明治三十七八年戦役統計』全六巻
④ 陸軍省衛生局編『明治三十七八年戦役陸軍衛生史』全六巻
⑤ 陸軍省経理局編『明治三十七八年戦役陸軍給養史草案』

海軍が編纂した戦史書

① 海軍軍令部編『極秘明治三十七八年海戦史』全一四五冊
② 海軍軍令部編『明治三十七八年海戦史』全四巻

陸海軍ともに、日露戦争に関するこのように膨大な戦史を編纂した目的は、将来戦のための研究の資料にするためと、先人の偉業を後世に長く伝えるためでした。しかし、せっかく編纂された戦史書も、多くが秘密もしくは極秘などに指定されていたために、陸海軍の内部においてすら研究のため広く十分に活用されることはありませんでした。今にして顧みますと、このことは非常に勿体ないことであり、かつ極めて残念至極なことでした。

残念至極なことは、十分に活用されなかったことだけではなく、特に陸軍の①参謀本部編『明治卅七八年日露戦史』全一〇巻の編纂作業の開始時点で、次に述べるような大きな瑕疵があったことです。この瑕疵が、その後の帝国陸軍の運用研究、戦力整備、教育訓練に負の影響を及ぼしたことで、大きな悔いが残ります。

(2)　参謀本部編『明治卅七八年日露戦史』全一〇巻

日露戦争が終結した翌年の明治三十九年（一九〇六年）二月、満洲軍総司令官から転じて参謀総長になっていた大山巌大将は、「日露戦史編纂要綱」を定め、陸戦の経過を叙述しもって用兵の研究に資し、兼ねて戦争の事蹟を後世に伝えるという目的で、日露戦史を編纂することにしました。

これに基づいて参謀本部第四部長大島健一少将（第二次世界大戦時の駐独武官・駐独大使大島浩中将の父）は、「日露戦史編纂規定」、「日露戦史整理ニ関スル規定」を定めました。さらにこれらに基づき内示した「日露戦史編纂ニ関スル注意」では、「事蹟ノ真相ヲ顕彰スルヲ主トシテ、之ニ批評ヲ加ルヲ避クヘシ」と規定し、まず批評させないという大枠規制を行いました。特に「日露戦史史稿審査ニ関スル注意」においては、次のような禁制事項を具体的に規定しました。

①「各部団隊間意志ノ衝突ニ類スルコトハ終ニ実行セル事蹟ニ関スルモノヲ主トシ記述スルヲ要ス」

②「高等司令部幕僚ノ執務ニ関スル真相ハ記述スヘカラス」

③「軍隊又ハ個人ノ怯惰・失策ニ類スルモノハ之ヲ明記スヘカラス然レトモ為メニ戦闘ニ不利結果ヲ来シタルモノハ情況不得已カ如ク潤飾スルカ又ハ相当ノ理由ヲ附シ其真相ヲ暴露スヘカラス」

④「我軍ノ前進又ハ追撃ノ神速且充分ナラサリシ理由ハ力メテ之ヲ省略シ、必要不得已モノニ限リ記述シ、漠然タラシムルヲ要ス」

⑤「我軍戦闘力ノ耗尽若クハ弾薬ノ欠乏ノ如キハ決シテ明白ナラシムヘカラス」

⑥「我給養ノ欠乏ニ関スル記述ハ力メテ之ヲ概略ニスヘシ」

これらの禁制規定に基づき、明治三十九年（一九〇六年）四月から大島少将統括の下で編纂作業が開始されました。大本営および各々の部・団・隊などの「機密作戦日誌」、「戦闘詳報」、「陣中日誌」ならびに諸々の報告などを収集するとともに、地図の整備・補修をし、これらに基づき編纂委員が草稿を執筆していきました。草稿は、審査委員の審査を経て最終原稿となり、印刷配布されることになりました。

まず、第一巻が明治四十五年（一九一二年）に、東京偕行社（帝国陸軍将校団の親睦団体）から刊行されました。続いて各巻が逐次に発刊され、大正四年（一九一五年）までに全一〇巻が刊行されました。これが参謀本部編『明治卅七八年日露戦史』全一〇巻です。

その全巻の目次の構成は、次のようなものでした。

第1巻　第1編　戦争ノ起因
　　　　第2編　日露両国ノ軍備
　　　　第3編　日露両軍ノ作戦計画
　　　　第4編　開戦及制海権ノ獲得
　　　　第5編　韓国並ニ遼東半島南部ノ占領
第2巻　第6編　満洲軍主力ノ北進
第3巻　第7編　遼陽付近ノ会戦
第4巻　第8編　沙河ノ会戦
第5巻　第9編　旅順要塞ノ攻略
第6巻　同　　　同
第7巻　第10編　沙河ノ対陣

第8巻　同　同
第9巻　第11編　奉天付近ノ会戦
第10巻　第12編　満洲軍ノ整備
第13編　樺太ノ占領
第14編　韓国軍ノ行動
第15編　平和克服
第16編　兵站
第17編　軍ノ後方及内地ノ設備
第18編　皇室ノ優典及賚《らい》賜《し》

この日露戦史は、本文約八〇〇〇頁の詳細な記述に加え、挿図二一六枚、付録三三〇枚、別表一一九枚および別巻の付図四六七枚からなるもので、公刊戦史としては質・量ともに備わった膨大なものでした。

付録、別表の死傷者統計や弾薬消費表、そして挿図や付図の部隊配備図などは、大東亜戦争の戦史叢書などでは見ることができない詳細かつ精度の高いもので、作戦・戦闘の実態の理解認識を容易にし、極めて貴重な史料であったと高く評価することができます。

しかし、前述したように「陸軍にとって不利・不名誉なこと」や「失敗したこと」などが、「戦史書」では記述されることなく覆い隠されてしまったために、陸軍の組織的な学習と自己革新に寄与することを大きく阻害する問題を残しました。

不利・不都合・不祥事・過失・失敗を糊塗・隠蔽すれば、教訓を学習することは不可能になります。この『日露戦史』が、無味乾燥・平板的・八方美人的と言われる理由でもありましたが、先人が血と汗で勝ち取った貴重な教訓の宝を、無駄に葬り去ってしまう大過を結果的に犯してしまいました。

参謀本部はこの『日露戦史』とは別に、『明治三十七八年秘密日露戦史』の編纂に着手していましたが、何故か第三巻で中止になってしまいました。これは高等統帥の研究に資するため既刊の『日露戦史』では取り扱われなかった「作戦上の秘密事項」および「大本営以下の腹案」などをも対象にしていましたので、極めて貴重なものであっただけに中止されてしまったことは返す返すも残念至極なことでした。

(3)　その他の陸軍関係の戦史書

読者のご参考までに次の二つの戦史書について簡単にそれらのアウトラインを、次に列記しておきます。特に②のデジタルな『戦役統計』は、前項のアナログな「戦史書」の真偽を解明するための貴重な証言をしてくれるはずです。

①　陸軍省編『明治三十七八年戦役陸軍政史』全一〇巻

寺内陸軍大臣が掲げた「本戦役間軍政上幾多苦心経営セシ所ヲ明ラカニシテ、後世ニ伝フルト同時ニ将来ノ参考ニ資シ、更ニ他日ノ大成ヲ期スルニ在リ」を編纂目的として、次のような貴重な内容の戦史書となって、明治四十四年（一九一一年）に印刷配布されました。

「開戦前、開戦後：一般ノ軍事計画・施設及戒厳・徴兵及服務・召集・召募・補充及教育・馬匹・兵器・運輸及通信・要塞及築城・人事・恩賞及刑罰・会計及経理・給与・建築・衛生・皇室ノ慈仁・国民ノ後援及外人ノ同情・外国及占領地ニ関スル事項・俘虜・平和克服及凱旋・復員及復旧整理・平時取扱ニ属スル業務・明治三十七八年戦役間ノ業務ニ対スル各局課其他ノ意見」

本戦史書は、その内容を一見しても極めて貴重なものであったことが窺われますが、「秘」の指定であったため一般の将校には閲覧することが許されていませんでした。一方、閲覧することができる中枢幕僚群のエリート将校たちは、「作戦優位」の固定観念に捉われていましたので、結局のところ誰にも積極的に活用されることはなく、宝の持ち腐れ同然のものになってしまい真に惜しいことでした。

② 陸軍省編『明治三十七八年戦役統計』全六巻

これについても寺内陸軍大臣が掲げた「宇内ノ大勢ハ益々国軍ノ進歩ヲ要求ス、軍事ノ研鑽一日モ怠ヘカラス、之カ為戦史ト統計トノ必要ナル復言ヲ竢タス、本書ヲ読ム者此ノ乾燥無味ノ数字ニ就テ精究セハ自ラ本戦役ニ於ケル軍事行動ノ長短ヲ審ニスルノミナラス津々ノ趣味、戦史ト相待チテ窮ナキヲ覚エム」を編纂目的として、次のような内容の極めて貴重な統計資料として、明治四十四年（一九一一年）に印刷配布されました。

「動員及編成・復員及解散・非動員部隊・作戦・築城・兵站・運輸・鉄道・船舶・通信・電信電話・衛生・経費・教育・人馬・軍馬・兵器・被服・糧秣・戦用品・建築物・検疫・恩賞・刑罰・占領地行政・俘虜・日本赤十字社及篤志救護者・恤兵・雑」

本統計は、大東亜戦争では見ることのできない詳細かつ正確な事実を計数的に収集整理したもので極めて貴重なものでした。これに接しますと、当時の陸軍中央の開戦前からの準備周到かつ真摯な編纂姿勢が窺われ、その努力には敬服せざるを得ません。

しかし、我が国の国力・戦力の実態を包み隠さず明らかにするものでしたので、当然のことながら軍事機密に指定されており、閲覧は一部のエリート将校に限定されざるを得ませんでした。したがってせっかく貴重な統計を編纂しておきながら、事後の調査研究にはほとんど活用されることはなく、これまた宝の持ち腐れとなってしまい極めて残念なことでした。

(4) 小沼治夫少佐の「日露戦史書」欠陥への警鐘

昭和の初期に「日露戦史」の欠陥に対して警鐘を乱打した真摯な研究がありました。当時、参謀本部戦史課に奉職していた小沼治夫少佐（ガダルカナル攻防戦の第一七軍高級参謀、終戦時陸軍少将）の研究報告「戦闘の実相（日本軍ノ能力特性観察）」です。

陸上自衛隊を退官後、コツコツと帝国陸軍の大東亜戦争における「戦訓」の抽出と活用の実態について地道な調査研究を行ってきた白井明雄元陸将の成果である『日本陸軍「戦訓」の研究』（芙蓉書房出版、平成十五年、一三四〜一三五頁）から、小沼少佐の警鐘を抜粋引用してみましょう。

小沼少佐は、帝国陸軍の歴史的な伝統であると誇りにしていた「白兵銃剣突撃主義」への過大評価を自戒すべきであるとする研究報告を行っていました。

すなわち、「日露戦史は美化されている。戦闘の大部分は陣地攻撃であるが、敵が真面目に抵抗した場合の攻撃は殆ど全部が頓挫しており、成功した例は極めて少ない。敵は退路に脅威を感じて退却しているのだ。機関銃の前に歩兵は無力である。日本軍と言えども勝利のためには物的戦力の裏付けが不可欠である」と。

帝国陸軍が、我が国軍独特の戦法として推奨していた「夜間攻撃」にしても、安易な態度に対し厳しい警告を発していました。

すなわち、「夜間攻撃の実相も、想像されるような輝かしいものではない。地上に伏せ、命令号令に応じない者が、単に兵に限らない模様である。かの有名な弓張嶺の夜襲においても、敵火を受けるや連隊長の命に応ずる者もなく、勇敢な中隊長が奮然突進したのは、敵が退却を開始した時であった。夜間攻撃を容易と誤認し、安易に命ずる者があれば、実に危険である。特に優秀な第一線将校を失うことが多いこと、翌日の戦闘に及ぼす影響の大きさ等を慎重に考え、その採否を決定することが重要である」と。

帝国陸軍が最も誇りとした「夜襲」と「白兵銃剣突撃主義」に対する歯に衣着せぬ批判でした。当然のことながら陸軍中央は、「この研究は、慎重検討の要あり」として、公表を禁止する措置をとりました。

小沼少佐は、昭和十二年（一九三七年）の支那事変の勃発にともない北支に出征した後、中佐に昇進し陸軍大学校の兵学教官に補職されました。支那大陸における実戦体験を経て前掲の「戦闘の実相」の研究に確信を深め、陸軍大学校学生のみに限定した戦史教育を行いましたが、支那事変の作戦・戦闘は表面的には連戦連勝の時代でしたので、学生からは「大和魂を侮辱するものである」などの非難もあったと言われています。

白井元陸将は、「このようにして陸軍の大勢は、戦場の実相と日本軍の能力特性についての認識を〝日露戦史〟で学んだままで、大東亜戦争に突入したのである。小沼戦史のエキスが活用されていればと残念でならない」と慨嘆しておられます。

一連の「日露戦史」の編纂に先立って行われた帝国陸軍の「典範令」（マニュアル）の改訂に、日露戦争の実戦体験はどのように生かされたのか、あるいは誤って生かされなかったのか、次に回顧してみましょう。

3 『歩兵操典』の改訂に見る不可思議

日露戦争は、二〇世紀最初の本格的な国家間の総力戦でした。前述したように日露戦争において大国ロシアに対して、帝国陸軍は辛勝し、帝国海軍は完勝しました。この勝利の体験からの教訓として、帝国陸軍は歩兵中心の白兵銃剣突撃主義を、帝国海軍は大艦巨砲の艦隊決戦主義を採用し、以来三六年間にわたり我が国独特の軍事教義として頑なに守り続け、大東亜戦争に突入し昭和二十年夏の軍事的敗北を迎えたことは周知のとおりです。

ここでは帝国陸軍が敗戦まで一貫して堅持し続けてきた歩兵中心の白兵銃剣突撃主義が、どのような経緯を辿って帝国陸軍の教義に採用され定着していったか一見してみましょう。

(1) 日露戦争を戦った『歩兵操典』

日露戦争を戦った我が陸軍の運用の基本マニュアルは、明治三十一年版『歩兵操典』でした。この『歩兵操典』は、ドイツ陸軍の一八八九年版『歩兵操典』の翻訳版で、当時実用化され始めた連発銃の効果を重視した火力決戦主義を根本とするマニュアルでした。

この『歩兵操典』は、第一部「基本教練」と第二部「戦闘」に区分され、各人の動作、小隊から大隊までの各種隊形や射撃・突撃・戦闘等の要領を記述したものでした。攻撃と防御についても概ね並列で、後年のように攻防の選択についての記述もありませんでした。

この明治三十一年版の特徴は、次のような条項が明らかにするように火力決戦主義を根本とするものでした。

「歩兵戦闘ハ火力ヲ以テ決戦スルヲ常トス」（二三二頁）

「散開隊次ニ於ル射撃ハ歩兵ノ主ナル戦闘手段トス……突撃ハ敵兵既ニ去リタルカ若クハ僅ニ防守スル陣地ニ向テ行フニ過キサルモノトス」（二四九頁）

「兵卒ハ前進中仮令敵ノ火力熾大ニシテ損害極メテ多キトキト雖モ命令無クシテ停止スルハ厳禁タリ総テ退走ハ殲滅ニ至ルモノニシテ猛烈果敢ナル攻撃ハ常ニ成果ヲ得ルモノトス」（二七七頁）

（指揮官の措置について）「予メ計画シタル攻撃ハ敵ニ優ルノ射撃ヲ行フニ非サレハ其奏功期ス可ラス」（三〇一頁）

この明治三十一年版『歩兵操典』の具体的な活用の様相は、日露戦争における緒戦の鴨緑江の会戦から、遼陽、沙河、黒溝台を経て、奉天会戦に至るまでの満洲原野における運動戦に見ることができます。本書においては、野戦ではありませんが、近代要塞に対する旅順の戦いにおける第三軍司令官乃木希典《まれすけ》大将の戦場統帥を描いた「第7章 軍事篇 旅順攻略の第三軍司令官乃木大将の戦場統帥」に、その一端を垣間見ることができます。

ドイツ陸軍に留学し軍事合理主義を体得していた乃木大将が、明治三十一年版『歩兵操典』が根本とする火力決戦主義に徹して旅順要塞攻略を指揮しましたが、当時のロシア軍はほぼ信仰に近い白兵銃剣突撃主義に徹しており頑強に抵抗したため、結局のところ我が第三軍は不可避的に銃剣突撃と格闘によって最終の決を求めざるを得ませんでした。こうした苦渋にみちた旅順要塞攻略の戦闘様相から、白兵銃剣突撃が決め手になったという神話が生まれたのではないでしょうか?

我が軍は日露戦争が終わると、その実戦体験に基づき陸海軍それぞれに軍の改革を行いました。特に帝政ロシア陸軍の頑強かつ執拗なる銃剣主義に難渋させられた帝国陸軍は、火力決戦主義を根本とする明治三十一年版『歩兵操典』の全面的な改訂を企図しました。

(2) 日露戦争の戦訓に基づき改訂された明治四十二年版『歩兵操典』

明治三十八年(一九〇五年)九月五日、ポーツマスで日露講和条約が調印された直後、九月二十五日、教育総監部は、日露戦争の体験に基づく教育訓練上の改善改革に資するため調査研究を開始しました。

翌明治三十九年四月、歩兵の教育訓練の責任者である陸軍戸山学校長は、要旨次のような調査研究報告を行っています。

すなわち、現行の明治三十一年に制定された『歩兵操典』の「第二三二項　歩兵戦闘ハ火力ヲ以テ決戦スルヲ常トス」、「第三〇一項　攻撃ハ敵ニ優ルノ射撃ヲ行フニ非サレハ其奏功期ス可ラス、先ツ砲兵ノ火力ヲシテ敵ニ勝ラシムル事ヲ勉メ、此火力ニ依リ歩兵ノ攻撃進路ヲ開カシムル可シ」という火力重視の思想を変更する必要は、全くないというものでした。

ところが戸山学校長からの報告が教育総監に提出された後、同年六月七日、一般の制度、召集、徴兵、補充、各兵科の典範令など将来の軍制改革に資するため、軍制調査委員会が設置されました。委員長に任命された教育総監西寛二郎大将は、先の戸山学校長報告について、教育総監と多少意見を異にする事項があるということで、それを「歩兵操典改正要旨ニ関スル注意」として内訓しました。

この内訓は、「銃剣突撃ノ価値及応用ヲ更ニ明瞭ニスルヲ要セサルヤ」、「陣地攻撃法ヲ若干修正スルコト（今回ノ戦役ニ於テ戦闘多クノ場合ニ歩兵ノ前進ハ常ニ砲火ノ成効ヲ待ツ能ハサリシカ如シ）」と、その後の改正の根本となる白兵銃剣突撃と、砲兵火力に依存しない歩兵の攻撃を、改正の検討事項として明示しました。

その後紆余曲折を経て明治四十二年（一九〇九年）十一月八日、陸軍大臣寺内正毅大将により改正『歩兵操典』は発布され、施行されました。

改正『歩兵操典』は、その冒頭に明治三十一年版にはなかった「綱領」を掲げ、操典を貫く基本的な用兵思想を明確にしました。

「歩兵戦闘ノ主眼ハ射撃ヲ以テ敵ヲ制圧シ突撃ヲ以テ之ヲ破砕スルニ在リ。射撃ハ戦闘経過ノ大部分ヲ占ムルモノニシテ歩兵ノ為緊要ナル戦闘手段ナリ。而シテ戦闘ニ最終ノ決ヲ与フルモノハ銃剣突撃トス」（綱領第二）

「攻撃精神ノ強固体力ノ強健及武技ノ熟達ハ歩兵必須ノ要件ナリ……蓋シ勝敗ノ数ハ必スシモ兵力ノ多寡ニ依ラス、精錬ニシテ且攻撃精神ニ富メル軍隊ハ常ニ寡ヲ以テ衆ヲ破ルコトヲ得ルモノナリ」（綱領第四）

改正『歩兵操典』の銃剣突撃主義は、明治三十一年版の火力決戦主義とは全く異質なものでした。ところで日露戦争における作戦戦闘の実相は、白兵銃剣突撃の有効性を実証するものであったのでしょうか？

2―(2)で見ました参謀本部編『明治卅七八年日露戦史』の刊行は明治四十五年（一九一二年）ですので、この明治四十二年版『歩兵操典』の改正作業にどのような影響を及ぼしたのか、直接的な因果関係を一点の疑義もなく明らかに論ずることは難しいのですが、「日露戦争における実際の戦闘様相はどうであったのか？」について、次に検討してみましょう。

4 『戦役統計』による日露戦争の実相の検証

日露戦争のアナログな戦史叙述とデジタルな統計史料との乖離を埋める努力を傾けると、戦場のぼんやりした映像が段々はっきりしてきて、実像に近いものがうっすらと映し出されてきます。

このデジタルな統計史料による日露戦争の戦闘実相の分析研究を行ってきた防衛研究所調査員の原剛元一等陸佐の論文「歩兵中心の白兵主義の形成」（『日露戦争㈡戦いの諸相と遺産』軍事史学会編、錦正社、平成十七年）を、抜粋引用しながら白兵と火力の威力を当時の陸軍がどのように認識していたか簡単に振り返ってみましょう。

地上の戦闘場面を戦史的に回顧してみますと、古代の白兵・投擲兵器による密集集団戦法、中世の歩兵・騎兵による散開戦法に続き、近代の小銃や砲兵の火力発揮による散兵戦法が主流になる端境期に起きたのが日露戦争でした。すなわち日露戦争前夜の戦闘要領は、散兵と砲兵の射撃によって突撃の好機をつくり、これにより勝敗を決するという戦い方でした。

しかし、日露戦争における実際の戦闘様相は、図表8－1－1「戦死傷の創種別比率」が示すように、銃剣突撃の白兵戦による人的損耗は減少し、連発小銃、機関銃、大砲など

図表 8-1-1　戦死傷の創種別比率　(%)

戦争	銃創	砲創	爆創	白兵創	その他
西南戦争（官軍）	89.3	—	—	3.8	6.8
日清戦争（日本軍）	89.0	8.7	—	2.3	—
日露戦争（日本軍）	76.9	18.9	2.5	0.9	0.8
（ロシア軍）	73.7	24.6	—	1.7	—
第一次世界大戦（英軍）	39.0	60.7	—	0.3	—

出所：『日露戦争（二）』「歩兵中心の白兵主義の形成」原剛著、錦正社、2005 年

の火力による人的損耗が増大し、なかでも砲兵火力による損耗が顕著で、一〇年後の第一次世界大戦における火力戦の兆しを明瞭に示唆していました。

次は、日露戦争における主要な会戦における図表8－1－2「歩兵の創種別戦死傷者数および比率」です。

これらの『戦役統計』によれば、各戦闘とも白兵創による人的損耗は〇・八％で最も少なく、圧倒的多数の人的損耗は小銃や機関銃による銃創の七八・六％で、砲兵火力による砲創一二・九％がこれに次いでいます。

旅順要塞攻略における乃木第三軍の第二回総攻撃の砲兵火力による砲創は二五・六％で、日露戦争間で最も高い比率になっています。それでも日露戦争の全戦闘の統計では砲兵火力の威力は、小銃・機関銃火力の威力の六分の一という比率でしたから、陸軍中央の砲兵火力の威力についての関心の度合いが低くなったのかも知れません。

しかし、図表8－1－2でも分かるように砲兵火力の威力は、一〇年前に戦った日清戦争と比較すれば明瞭に増大していること

図表8-1-2 歩兵の創種別戦死傷者数および比率

会戦	戦闘年月日	戦闘参加将兵数	戦死傷者数					計
			銃創	砲創	白兵創	爆創	その他	
鴨緑江	明治37年	32,686	865	90	1	0	7	963名
	4.26～5.1		89.8	9.3	0.1		0.7	2.9%
遼陽		104,281	19,570	2,227	177	79	518	22,571名
	8.25～9.4		86.7	9.9	0.8	0.4	2.3	21.6%
旅順①		40,329	10,267	2,559	70	23	770	13,689名
	8.19～24		75.0	18.7	0.5	0.2	5.6	33.9%
旅順②		33,002	1,993	815	10	194	170	3,182名
	10.25～31		62.6	25.6	0.3	6.1	5.3	9.6%
旅順③		42,417	9,008	2,496	140	2,654	1,575	15,873名
	11.26～12.6		56.8	15.8	0.9	16.7	9.9	37.4%
奉天	明治38年	212,053	54,600	7,018	404	209	2,733	64,964名
	2.24～3.17		84.0	10.8	0.6	0.3	4.2	30.6%
合計		1,183,470	136,162	22,284	1,364	4,041	9,300	173,151名
			78.6	12.9	0.8	2.3	5.4	14.6%

出所：『日露戦争（二）』「歩兵中心の白兵主義の形成」原剛著、錦正社、2005年

が読み取れました。ところが当時の陸軍中央は、将来戦において砲兵火力の威力が増大するという予兆を見通すことができませんでした。このような将来戦の様相研究に重大な使命を担う陸軍中央は、想像力の欠如という致命的な失態を演じたと批判されざるを得ません。

しかも日露戦争において我が軍の砲兵部隊は、ロシア軍砲兵部隊よりも高い比率の人的損耗を敵将兵に与えていたのですが、我が軍中央は砲兵部隊の貢献に高い評価を与えませんでした。これは恐らく砲弾の補給不足や砲兵運用の未熟などのため、攻撃前進する歩兵

部隊に対する密接な火力協力が不十分であったことから、「砲兵頼むに足らず」という雰囲気が醸成され、砲兵の戦果評価に微妙な心理的影響を及ぼしたのかも知れません。

それにしても問題視されるべきは、「歩兵の白兵銃剣突撃」に対するアナログな戦史的評価とデジタルな統計的評価の乖離です。図表8-1-2を一見する限り、小銃・機関銃火力による銃創と砲兵火力による砲創に比べ、歩兵の銃剣突撃による白兵創の人的損耗が極めて低いことは疑う余地が全くありません。

巷間伝えられるところによれば、旅順要塞の攻略や橘周太中佐が戦死した遼陽会戦における首山堡の戦いなどでは激烈な白兵戦が展開されたということになっていますが、「統計」によれば「白兵創」はいずれも一％以下に過ぎませんでした。これは現実の戦場においては、歩兵による銃剣突撃が敢行されることが少なかったことを示唆しています。仮に突撃が現実に敢行されたとしても、白兵戦に突入する直前に至近距離からの銃火に倒されたことを示唆しています。

ロシア兵は日清戦争時の清国兵とは異なり、伝統的に銃剣格闘を得手とし戦意も旺盛でしたので、日露戦争では我が軍はしばしば苦戦に陥りました。この辺りの実情を『独逸兵事週報』に掲載された「日露戦争ノ初期ニ関スル戦略的及心理的研究」（一九〇八年）は、次のように伝えています。

「露兵ノ攻撃力銃剣ヲ使用シ得ヘキ場合ニ於テ大効ヲ奏シタルモ亦明ナル事実ナリトス、

日兵ハ未タ嘗テ之ニ抵抗シタルコトナク全ク手ヲ束ネテ退却セリ、日兵ハ銃剣使用ノ練習ニ精励シタル後、戦争ノ末期ニ至リ始テ以テ露兵ト戦ヲ交ヘントシタレトモ尚ホ敗蹟スルヲ免ルル能ハサリキ」と。

事実、明治三十九年（一九〇六年）六月に設置された陸軍軍制調査委員会の報告書「陣地攻撃」によると、「日露戦争ニ於テハ突撃成功ノ戦例極メテ少ナキ」もので、「敵前四、五百米若クハ其以上ノ距離ヨリ一挙ニ実施シタル突撃ハ悉ク中途ニ於テ失敗シ、夜間敵前至近ノ距離ニ迫リ、翌日我砲撃ノ為敵兵萎縮シ在ル機会ヲ利用シタル場合ノミ成功セリ」という状況でした。

また昭和七年（一九三二年）に参謀本部第四部勤務であった前掲の小沼治夫大尉は、日露戦争における日本軍の突撃が主要な会戦でしばしば失敗していることを報告しています。例えば、師団単位での昼間の陣地攻撃では五二戦例が、攻撃が停滞か頓挫かをし、成功したのは九戦例に過ぎないと報告しています。

5　その他の「典範令」の制定に見る帝国陸軍の硬直性

(1)　欧州大戦の調査研究の成果活用における瑕疵

日露戦争の終結から約一〇年を経た大正三年（一九一四年）に勃発した欧州大戦（第一

次世界大戦）について帝国陸軍は、この大戦を将来戦の様相を検証する重要な契機として捉え、極めて重要視して調査研究の態勢を整えて対応しました。

陸軍省は、省内に陸軍少将を長とする四五名編成の「臨時軍事調査委員会」を設置し、軍事情報を収集するため、欧州大戦の現地に要員を派遣し、以後約五年間にわたり約一〇〇件の意見書を提出させていました。

参謀本部は、本部内に「軍事研究会」を発足させるとともに、在欧州派遣者延べ約三〇〇名から一〇年間に一一四五件の報告を提出させています。調査内容は、戦術、兵器に関するものが最も多く、総力戦に関連する動員体制、教育制度、兵器技術などにも及んでいました。調査は、連合国のイギリス、フランスだけでなく、戦争終結後のドイツをも含んでいました。

収集した調査研究の活用については、陸軍省は戦争長期化の覚悟と装備近代化の必要を主張し、参謀本部は『欧州戦史叢書』三八巻を編纂しました。

ここで問題になるのは、戦史研究の態度です。白井元陸将は、「戦史は、戦略・戦術の母であるが、当面の軍事教義（ドクトリン）の確立に資するために、戦史的史例を集めると主客転倒することになる」と、警告を発しています。

我が陸軍は、独仏国境で戦われた西部戦線の塹壕陣地戦を特殊例外的な戦例であると見做し、その強大な銃砲火力の威力には余り大きな関心を払いませんでした。一方、東部戦線での運動戦、特にドイツ第八軍が大胆な包囲・迂回の運動戦によりタンネンベルグの戦場にロシア軍主力を捕捉し殲滅した戦例を高く評価し、我が国軍の戦術教義の形成に大きな影響を及ぼしました。

参謀本部は、特殊例外的と見做した西部戦線における物的戦力の影響力に対する視点を見失い、東部戦線における運動戦による果敢放胆な態勢戦術を行き過ぎて推奨することによる弊害が、大東亜戦争における対米戦で欠陥を曝す遠因となりました。

欧州に派遣された観戦武官たちの調査研究報告は、質の高い優れたものが沢山ありましたが、問題は陸軍中央の報告成果の活用の姿勢にありました。

その一例として我が陸軍の諸兵科連合戦闘のための最初の原則書として、大正十五年(一九二六年)に配布された『戦闘綱要草案』の審議の席上における建設的な提言に対する陸軍中央の反応が挙げられます。

かつて欧州大戦の観戦武官として貴重な報告を送り続けた小林順一郎大佐の真摯な意見開陳が挙げられます。すなわち、「我が国の編成装備をもってしては、将来列強との戦争には勝ち得ない。この『戦闘綱要』に強調する戦法は実現できないであろう」という主張がありました。

『戦闘綱要』の特徴は、その綱領第二に掲げる「勝敗ノ数ハ必スシモ兵力ノ多寡装備ノ優劣ノミニヨルモノニ非ス……訓練精到ニシテ必勝ノ信念固ク軍紀至厳ニシテ攻撃精神充溢セル軍隊ハヨク物質的威力ヲ凌駕シテ戦捷ヲ全フシ得ルモノトス」が言い尽くしているように、欧州大戦の実相からかけ離れたもので、無形戦力、特に精神戦力を過大視するものでした。

欧米列強の諸国軍は西部戦線の苦闘を深刻に受け止め、従来の軍事的思考を抜本的に改革することを余儀なくされましたが、帝国陸軍は俊秀ぞろいの観戦武官たちの率直な報告を、実戦感覚をもって受け止めることができませんでした。

その原因の底流に、辛勝であった日露戦争の実態を、瑕疵ある日露戦史の余波から日露戦争の輝かしい大勝利の要因が、我が軍の無形戦力、とりわけ精神戦力と指揮統帥の卓越にあったかのように錯覚してしまったことがありました。そして誤認・錯覚した過去の成功体験に過剰適応するような方向に、陸軍の運用構想を、戦力整備を、教育訓練を傾斜させていきました。

この小林大佐の建言は、欧州大戦の戦訓を活用しようと「典範令」の体系的な改正が行われる過程でなされたものでした。しかし、小林大佐の見解は、陸軍中央では受け容れられることはなく、その後彼は予備役に編入されてしまいました。

その後昭和三年（一九二八年）には『歩兵操典』と『統帥綱領』が改訂され、さらに昭和四年（一九二九年）には『戦闘綱要』を制定配布しました。

(2)『統帥綱領』

日清・日露の両戦役を克服した将軍たちの用兵思想には、国軍として統一されたものはありませんでした。彼らの用兵思想は幕末維新の混乱期の各人それぞれの実戦体験、軍事教養を基盤とするものでした。

幕末の四国艦隊との下関戦争、イギリス艦隊との薩英戦争、そして維新の戊辰戦争などの実戦体験、あるいは『孫子』、『呉子』などの東洋兵学、オランダ兵学などの軍事教養をもって、明治時代の軍事指導者たちは欧米列強からの軍事的脅威に対応してきました。

恐らく我が陸軍の統一的な公式の用兵思想は、明治四十二年版『歩兵操典』をもって最初とし、大正三年(一九一四年)制定の『統帥綱領』をもって概成したとみなしてよいでしょう。

『統帥綱領』は、「主トシテ戦略単位以上ノ大兵団ノ運用ニ関シ高級指揮官及幕僚ニ指針ヲ与フ」ことを目的として作成され、参謀総長の訓令として高等司令部および学校に配布された「秘」文書でした。大正三年(一九一四年)の初制定から、同七年(一九一八年)改訂、同十年(一九二一年)改訂、同十五年(一九二六年)改訂案、昭和三年(一九二八年)と改訂が重ねられてきました。

初制定の大正三年の『統帥綱領』は、今日その原本を見ることができませんので、大正十五年(一九二六年)編纂の『統帥綱領 改訂案』を通して、その主張するところを見てみましょう。

『統帥綱領』が狙うところは、「最高統帥作戦指導上ノ方針タラシムルヲ主眼トセスシテ高級指揮官特ニ軍司令官以上ノ指揮官及其幕僚ヲ対象トスル統帥上ノ一般指針ナリ」としていましたが、用兵の原理原則を記述したものではなく、我が国軍独特の軍事教義を一点の疑義もなく明らかにするものでした。

大正十五年（一九二六年）の『統帥綱領　改訂案』から「我が国軍独特の」と強調する文言を抜粋してみましょう。

「五、帝国軍ノ統帥ハ劣勢ノ兵力、寡少ノ資材ヲ活用シ叙上各般ノ要求ヲ充足セシムルヲ以テ基調トナス。而シテ統帥ノ本旨トスル所ハ軍ノ実力就中其無形的威力ヲ皇張シ適時ニ之ヲ最高度ニ発揮シテ巧ミニ敵軍ニ指向スルニ在リ。蓋シ輓近ノ物質的進歩著大ナルモノアルカ故妄ニ其威力ヲ軽視スヘカラスト雖モ、勝敗ノ主因ハ依然トシテ精神的要素ニ存スルヲ以テ、戦闘ハ将卒一致忠君ノ至誠、匪躬ノ節義ヲ致シ其意気高調ニ達シテ終ニ敵ニ敗滅ノ念慮ヲ与フルニ於テ始テ能ク其目的ヲ達スルヲ得ヘカレハナリ」

「六、帝国軍ノ統帥ハ畢竟精神的優越ヲ以テ物質的威力ヲ凌駕シ、寡ヲ以テ衆ヲ制スルヲ一ノ特色トナス……」

幕末維新の動乱期に欧米列強の近代的な銃砲火力の洗礼を受けた日清・日露戦争時代の将軍たちは、その苛烈な原体験から火力を極めて重視し、その用兵思想も極めて慎重でありました。西欧の用兵思想の影響の筆頭に挙げられるのは、明治十八年（一八八五年）に来日した陸軍大学校御雇戦術教官メッケル少佐の戦術教育でした。しかし、彼の戦術教育の主体は、海外からの侵攻を迎え撃つ対上陸防御戦術であり、「我が兵力が優勢な場合は攻撃し、劣勢な場合は防御する」という合理主義に徹したものでした。このような原体験と兵学修練を経た将軍たちによって戦われたのが、日清・日露の両戦役でした。

我が国の国策が防御から攻勢に転換したのは、日露戦争後の明治四十年（一九〇七年）の『帝国国防方針』の制定が契機でした。これにより我が陸軍の用兵思想も、明治四十二年版『歩兵操典』や大正三年の『統帥綱領』などの制定で、攻勢重視になり、逐次これが強気一点張りの極端な攻勢偏重へ傾斜していきました。

その後軍学校などの教育制度も逐次整備され、国軍としての統一的体系的な用兵思想によって育成された指揮官・幕僚群が輩出され、軍の主流を占めるようになりました。そして「我が国軍独特の」と自画自賛する「攻勢主義・白兵銃剣突撃主義」が金科玉条とされ、批判を許さない雰囲気が醸成されますと、我が陸軍の作戦・戦闘指導は画一化され、硬直していきました。

そして敗れても失敗しても執拗に白兵銃剣突撃を繰り返し敢行する日本軍と戦った外国軍の将軍たちには、「何故？」という疑念が、いつの間にか彼らの日本軍観になったのでした。

『孫子』は、「小敵の堅は、大敵の擒なり」（弱小部隊が無理やり、強大な部隊に立ち向かうことは、格好な餌食になるだけだ）と警鐘を乱打していますが、何故か帝国陸軍は、軍事合理主義の枠を超えて極端な攻勢至上主義を強調して、早い時期に貴重な戦力を消耗させる失態をノモンハン事件や大東亜戦争の島嶼作戦で演じ続け、敗北を加速させました。

日清・日露両戦役の軍事的勝利という過去の成功体験の蓄積により形成された帝国陸海軍の軍事的な戦略原型「殲滅戦主義」（白兵銃剣突撃主義）、「大艦巨砲主義」（対米漸減邀《よう》撃《げき》作戦）は、その後の軍事科学技術の進歩発展を基軸とする作戦・戦闘様相の変化が生じていたにもかかわらず、是正されることなく大東亜戦争に突入してしまいました。

技術集約型集団であった海軍は、不十分ながらも軍事合理主義を機能させていましたが、人頭集約型集団であった陸軍は、無形戦力とりわけ精神戦力と指揮統帥の卓越を過度に重視し、遂に軍事合理主義を復活させることはできませんでした。

企業篇

カネボウ——真実の隠蔽

1　繊維の名門企業

図表8-2-1　カネボウの年表

明治20年（1887年）	東京綿商社として鐘淵（現東京都墨田区）に創立
26年（1893年）	鐘淵紡績株式会社に社名変更
昭和24年（1949年）	非繊維事業を鐘淵化学工業（現カネカ）として分離独立
36年（1961年）	カネカから化粧品事業を買い戻す
39年（1964年）	ハリス食品買収し食品事業に進出
41年（1966年）	山城製薬買収し大衆薬・漢方薬進出
平成2年（1990年）	ペンタゴン経営の不振・業績悪化
13年（2001年）	社名をカネボウ株式会社に変更
16年（2004年）	再生機構で経営再建へ

繊維会社として出発

カネボウの事件は平成において発生した重大な事件として歴史に残ると考えられます。なぜ粉飾をしたかは謎ですが、人間の弱みがあるのでしょうか。

カネボウの歴史を見ると、伊藤淳二氏の影響が良きにつけ悪しきにつけ感じられます。昭和四十三年（一九六八年）、伊藤氏は武藤絲治社長の後を受けて社長に就任、それまで対立関係にあった労働組合との間を労使協調路線に変更、繊維一本から「ペンタゴン経営」とされた多角化路線へとシフトを変えました。

当初ペンタゴン経営はフレッシュでカネボウを再生

させるはずでした。その際立ち上げた化粧品部門は順調に成長し、カネボウの台所を大いに支え大成功でした。

しかし、労使の協調路線は、その後の繊維部門の合理化に際しリストラを難しくし、かえってマイナスに働きました。高収益の化粧品部門は繊維部門の赤字を補塡しましたが、会社の危機感をなくし、リストラを遅らせることになりました。

人間は得意なことで失敗すると言われます。過去の成功体験が自信過剰になり、事実を直視できないことが失敗をもたらすのだと思います。伊藤氏は後に日本航空の副会長に就任し、労使の関係改善を図りますが、不調に終わっています。

カネボウは明治二十年（一八八七年）、東京綿商社として東京府鐘淵（現東京都墨田区）に設立された歴史を誇る老舗です。このような歴史の長い会社にどうして病魔が巣を作ったかが問題です。日本の繊維産業は明治時代に誕生しています。絹織物が明治期の日本を引っ張ったように、繊維産業は明治から大正にかけての重要な花形の産業でした。当初、イギリスから輸入していた紡績機械は、次第に日本で開発製作できるようになり、紡績業は発展していきました。現在、世界有数の自動車メーカーであるトヨタにしても、その前身が豊田佐吉の豊田自動織機であったことを考えれば、繊維産業が果たした役割の重さが窺えます。

日本は欧米列国のレベルに達するために産業振興が必要でした。重工業の振興には時間が掛かりましたが、軽工業の紡績は当時の日本として手っ取り早く着手でき、特に輸出の担い手として重要な産業でした。明治時代の外貨獲得に紡績の果たした役割は重要です。

明治維新前の徳川時代のことを考えれば、主として手工業であった繊維産業が、明治以降工業化したのは驚くべきことでしょう。紡績には女工哀史に見るような状況もありましたが、一貫して工業化を歩き日本の貿易を支えました。

カネボウとともに老舗である東洋紡は、明治十五年（一八八二年）に大阪紡として渋沢栄一によって設立されています。カネボウは明治二十二年（一八八九年）に紡績工場の操業を始め、明治二十六年（一八九三年）に社名を鐘淵紡績株式会社に変更しています。

海外への進出

大正八年（一九一九年）には海外に進出し、上海に工場を設立しました。その頃の中国は、列強が植民地である租界を作っていましたが、繊維の市場として十分魅力的でした。さらに、繊維の市場を海外に求め、昭和三年（一九二八年）には南米の事業化に向けて、南米拓殖会社を創立しました。その後、カネボウは紡績会社として成長し昭和九年（一九三四年）には毛紡績、化繊、麻紡績に進出しました。繊維外の事業にも進出し、昭和十一年（一九三六年）には化粧品事業の先駆けになる鐘紡絹石鹸を発売しました。この頃から多角化を考えていたものと見られます。

昭和十四年（一九三九年）には日本初の合成繊維である「カネビヤン」（ビニロン）の製法を発明しました。戦前のカネボウは日本一の売上を誇っていました。戦争の被害はカネボウにも及び内外の事業場の大半を喪失しました。戦後の昭和二十四年（一九四九年）には鐘淵化学工業（現カネカ）を分離しましたが、昭和三十六年（一九六一年）に至りカネカから化粧品事業を買い戻しています。繊維事業の先行きに不安を持ち、収益を他の事業に求める動きが出てきました。

2　多角化を目指す

ペンタゴン経営

昭和三十八年（一九六三年）にはナイロン事業に進出、昭和三十九年（一九六四年）にはハリス食品を買収し食品事業へ進出を図りました。さらに昭和四十一年（一九六六年）には山城製薬を買収しカネボウ薬品を設立、大衆薬および漢方薬に進出、積極的に多角化路線を推し進めました。

紡績会社はカネボウだけでなく、繊維の先細りを見越して多角化を目指しました。カネボウは昭和四十六年（一九七一年）に至り社名を鐘紡株式会社に変更、また、同年カネカから石鹸事業を買い戻しました。昭和六十年（一九八五年）には集積回路の事業を開始し、翌六十一年（一九八六年）にはカネボウハリスを吸収して本体にカネボウ食品本部を設立、食品産業に進出しました。

ガムは戦後アメリカの影響で急速に日本社会に入り、ロッテとハリスが国内の二大メーカーでした。ガムは日本人の中に普及し、ロッテはガム、チョコレートのメーカーとして確固たる地位を築いています。ハリスを手に入れたのは、その時点の判断としては正解だったと思います。

カネボウはかねがね多角経営を目指し、五本の事業を主力とするペンタゴン経営を目指しました。五本の柱とは、繊維、化粧品、医薬品、食品、住宅環境です。それぞれの部門で成長することができれば面白い会社になったのでしょうが、各事業ともに競争が激しく、なかなか成果を上げるまでに至れなかったのが実情のようです。医薬品、食品、住宅環境のいずれも経営に成功すれば、当然一本立ちになれる素質がありました。

多角化を目指すとき、得意な事業、手慣れている事業の周辺から手がけていけば、リスクは少ないのですが、全く関係のない新しい分野に進出することは多大のリスクを伴います。考えてみれば、利益はリスクの裏返しでもありますから、リスクを恐れていては大きな収穫を望めないのも事実です。

経営においてリスクテイキングが避けて通れないものであればあるほど慎重に考え、起こり得るあらゆるリスクについて可能性を調査し、素早く決断しなければなりません。決

図表 8-2-2　売上構成　（単位：百万円、%）

	1990 年		2000 年	
	売上	比率	売上	比率
化粧品	133,854	27	124,373	55
食品	49,029	10	—	—
薬品	18,846	4	12,970	6
新素材	20,955	4	13,121	6
電子	14,193	2	—	—
繊維	265,073	53	—	—
ホームプロダクト	—	—	45,631	20
ファッション	—	—	31,380	13
計	501,950		227,475	

断の遅いのはスピードを重視する時代にあって問題ですが、準備不十分で早すぎる決断も致命傷になりかねません。

新しい事業に進出するには、経験のある人がいなければ難しいものです。多角化が成功しなければ、すべての部門で足を引っ張る可能性があり、会社は難しい場面に直面しかねません。

多角化の落とし穴

平成に入り、平成六年（一九九四年）にはカネボウ食品本部をカネボウフーズとして独立させ、平成十一年（一九九九年）には薬品部門は漢方を残し新薬事業は売却しました。平成十三年（二〇〇一年）には社名をカタカナに変え、カネボウ株式会社に変更しました。社名を変更するにはそれだけの覚悟と希望が必要です。事実、社名を変更してから会社の経営が順調になった例が幾多あります。カネボウの場合、新規巻き直しの出発で経営を徹底的に改革すべきでしたが、この頃から後日判明する決算の粉飾が生じ、ズルズルと深みにはまっていったと考えられます。せっかくの再生のチャンスを失ったのは残念なことでしょう。

カネボウの営業報告書によると、多角化の成果を示す売上の構成は図表8-2-2のようになっています。

平成二年（一九九〇年）には繊維が五三%を占めていましたが、平成十二年（二〇〇〇年）になると繊維は後退し、多角化の成功例として化粧品が五五%とかつての繊維の地位を占めるまでに成長しています。今やカネボウは化粧品会社に変身したと言っても過言ではない状況になっています。事実再建の段階に入ってから化粧品部門は一本立ちできるということで、独立会社になりましたが、その後、カネボウ本体再建の一環で化粧品会社は花王に売却されました。それだけ魅力のある部門に育っていたわけです。

3 転換のタイミングを失う

他社の例

戦後の日本における各種の産業はつらい時期を過ごしました。繊維産業についても同様です。破壊からの再出発でした。ゼロからの出発ですから、その時代の最先端の機械を入れ生産性を向上することになります。賃金も繊維産業の先進国であったイギリスやアメリカより低く、生産コスト上優位な立場になりました。

日米間で深刻な貿易戦争に発展しました。何とか妥協したものの、もはや繊維産業は成長が望めない状況に追い込まれました。その上、同じことが賃金の低い開発途上国の追い上げを受け、一定の時差で日本の繊維産業が直撃されました。歴史は繰り返すと言いますが、日本は高付加価値の製品で生き残るより方法がなくなりました。

カネボウと同じように明治時代（明治十五年）に操業した東洋紡にとっても、事情は同様でした。やはり繊維だけでは経営できず、カネボウとは違った方面の多角化の道を歩みました。東洋紡の現在の姿を見ると図表8－2－3のようになります。

図表8-2-3　東洋紡のケース（平成18年度）（単位：%、百万円）

	売上高の構成	営業利益
フイルム・機能樹脂	29.2	15,304
産業マテリアル	17.4	5,917
ライフサイエンス	7.7	5,585
衣料繊維	35.1	4,386
その他	10.6	2,471
消去	—	− 3,228
合計	100.0	30,435

出所：東洋紡績ホームページ「セグメント情報」より

すなわち、売上では繊維の比率が大きいものの、営業利益においては圧倒的に金額が小さくなっています。換言すれば、収益源としてはもはや繊維はメインではない、ということになります。

売上は自動車のエアバッグとかタイヤコード用高強度ポリエステル繊維のように高付加価値品に移行し、バイオの部門でもアクア膜の事業、海水淡水化の膜、人工腎臓用中空糸膜、自動車用各種フィルターなどを生産し利益を上げています。

カネボウは食品、化粧品、薬品に多角化しましたが、東洋紡は繊維の延長線上にある、いわば隣接の分野のハイテクに挑戦し成功したものと見られます。同じ繊維産業に属する老舗でも、東洋紡とカネボウでは結果として天と地ほどの差が生じてしまいました。何が原因なのか、調べて他山の石とする必要があります。過去の経験はすべてナレッジの蓄積になります。

化繊のメーカーであった東レは、炭素繊維に活路を見出し、軽く強い特性でゴルフのクラブに使われたり、飛行機の材料として珍重されるようになりました。旅客機などの軽量化の決め手になっています。省エネ化の進展とともにますます多用途に使われる材料になると考えられます。

4　遅すぎる決断

粉飾は麻薬

カネボウの歴史を見ると、粉飾決算を止めるタイミングが複数あったと思います。粉飾は決してしてはいけない行為ですが、例えてみれば、麻薬と似ています。一時しのぎで麻薬に手を出すことがあるでしょうが、止めることは至難のようです。例えば麻薬ではありませんが、タバコを吸う人が禁煙することは、タバコを吸わない人にとっては意志の問題

図表 8-2-4　仕訳例

(借方)			(貸方)		
	商　品	100		売上高	100
	売掛金	100		売上高	100

図表 8-2-5　カネボウの業績推移

（単体決算、単位：百万円）

	売上高	経常利益
昭和 47 年（1972 年）	248,323	5,799
50 年（1975 年）	401,830	− 1,216
55 年（1980 年）	248,754	2,062
60 年（1985 年）	326,524	7,319
平成 2 年（1990 年）	501,950	10,051
7 年（1995 年）	381,738	− 21,259
12 年（2000 年）	228,129	8,376

出所：有価証券報告書より

だと考えますが、身体にニコチンが溜まっていれば、禁煙は考えるほど簡単ではないようです。

タバコを止めると宣言する人はいますが、また、吸い出す人が多いのも事実です。つまり禁煙ではなく休煙にすぎません。タバコでさえ禁煙は難しいのですから、いわんや麻薬においてをやでしょう。よほど意志が強くなければ麻薬を止めることはできません。

粉飾決算も麻薬に似たところがあります。粉飾しても直ぐ止めればよいと考えがちですが、一度味わった甘い味は忘れられないようです。

粉飾は単なる経理操作で利益が出るのですから、こんな楽なことはありません。利益がないのに粉飾して利益を装うとどうなるでしょうか。利益があると理由の説明がつきませんから経営の合理化ができません。その上、表面の利益に対し法人税等の税金の支出を伴います。利益があれば配当とか役員賞与のような社外流失を止めるわけにはいかなくなります。利益がないのに税金や配当などの社外流出が続けば、資金繰りは確実に悪くなります。

粉飾の当初は一期だけと考えるかも知れませんが、それから抜け出すことは至難です。

当期粉飾しても来期は成績が戻るからと考えがちですが、いったん粉飾すると粉飾した期の決算との整合性を考えなければ説明がつかなくなるので、泥沼に片足を突っ込んだ状態でなかなか抜けなくなります。したがって粉飾の誘惑に負けては駄目なのです。

会計は複式ですから資産を膨らませて利益を出せば、その相手勘定が必要になります。資産勘定の相手は、負債か収益勘定になります。資産を増やし負債を増やせば、自己資本比率がゆがみます。資産を増やし相手勘定を収益にすれば、収益の相手が必要で売掛金とか他の資産勘定を水増しすることになります。

資産と負債や収益を増やしてもキャッシュが増えませんから、必ずキャッシュフローがいびつになり説明がつかなくなります。キャッシュフロー・ステートメントとの整合性が保てなくなります。

利益があるのにキャッシュがないのでは説明がつかなくなります。現在キャッシュフロー・ステートメントは財務諸表として必ず作成され開示されていますから、粉飾は長続きできません。

粉飾の道へ入る決断は、結局トップが下すことになります。会社のトップは、強い正義感と透明性に関する深い理解と強い意志を持たなければなりません。それがなければトップは不適格です。会社は多数の株主からの預かり物である以上に、経済社会に対し大きな責任を負っています。その自覚のない経営者は、経営者として失格であると同時に社会に対する犯罪者になります。

昨今、コーポレート・ソシアル・レスポンシビリティ（企業の社会的責任）が主張されています。会社は社会と大きな関係を持っている存在であることを十分自覚しなければなりません。

なぜ粉飾を中止できなかったのか——組織の硬直化

なぜ粉飾の道に入ったかという理由で、カネボウで感じるのは歴史の重みと組織の硬直化です。

カネボウは創業時にはアクティブで柔軟な会社であったと思います。会社の組織は長い間に贅肉がつき硬直化してきます。人間と同じで老化現象が起きてきます。人間の老化は必然ですから治しようがありません。老化が極まれば死に至ります。

会社はゴーイング・コンサーンと言われるように、無限の命を持つとされています。企業の寿命三〇年説がありますが、硬直化した組織を活性化すれば、再び元気を取り戻します。長い歴史を持っている会社には、赤字を出すわけにはいかないというような変なプライドが存在します。メンツがあると錯覚する傾向があります。

組織の硬直化は官僚化とも言われます。新しいことにチャレンジすることには抵抗があり前例主義に陥ります。事なかれ主義に陥りがちです。組織が硬直化すれば、社長の周り

いう弊害が目立つようになります。

長い歴史を持つ会社は多かれ少なかれ組織の中に贅肉がつき肥大化してきます。換言すれば、真実の情報が経営者まで到達しない、仮に到達するにしても時間がかかりすぎるという弊害が目立つようになります。

カネボウのケースの真実は分かりませんが、粉飾は危険であるという情報、現在の真の状態はこうであるということが的確に伝達されず議論されていなかったと考えられます。一部の人は真の状態を知っていたでしょうが、そのグループだけの秘密になっていたのでしょう。透明性とか自由なコミュニケーションの重要性は誰でも知っています。問題はそれを経営の議題として真剣に取り上げない体質が、会社を倒産にまで追い込んだのでしょう。

粉飾の最初は多分軽い気持ちで今期だけと考えるのでしょうが、人間は弱いもので過ちを改める勇気が必要です。カネボウの場合は詳しくは経営者の心理状態は分かりませんが、「皆で渡れば怖くない」といった心理が働いたと思います。現在の会社には社外役員を置くことが求められていますが、厳正な第三者としての社外役員の効用は大きいと思います。社内役員では発言できないことでも、社外役員は制約がないので平気で公正な発言ができると期待されています。そこには透明性にかける勇気が必要です。またその勇気を受け止める経営者の勇気はもっと必要です。会社を倒産させては何もなりません。社会的にも害悪を与える無責任な行為として非難されます。

5　粉飾決算への道

粉飾の痛み

粉飾決算は外部から発見することは困難です。一方、粉飾決算をある期間続けると前述したように、必ず勘定間に矛盾が生じます。次第に辻褄が合わなくなりますし、キャッシュフローに不具合が露呈します。キャッシュは正直ですからいくら勘定面で辻褄を合わせても、キャッシュまで操作はできません。

粉飾の始まりは売上の目標が達成できないので売上の水増しからのようです。粉飾するときは必ず翌期には元に戻さなければと考えますが、翌期の業績が悪ければまた操作することになり、ズルズル深みにはまります。粉飾は麻薬と同じですから行ってはなりませんし、行えば必ず命取りになります。

カネボウの場合も同様で、初めは粉飾は押し込み売上により、緊急避難的なセンスで行ったと思われますが、翌期の売上で是正できないので、ズルズル押し込みを継続していたようです。次第に罪の意識が薄れ、子会社との間で仮想取引を繰り返しました。粉飾を繰り返すうちに罪を犯している意識が薄れ、感覚が麻痺してきます。いったん正常な感覚が麻痺すると、雪だるま方式で粉飾額は拡大し収拾がつかなくなります。最終的には三〇〇

図表 8-2-6　5年間の訂正データ　（単位：百万円）

	2000年	2001	2002	2003	2004
売上高	228,129	228,838	237,515	233,216	179,305
訂正売上高	224,852	227,877	229,469	224,856	195,189
粉飾差額	3,277	961	8,046	8,360	＋15,884
訂正前当期純利益	4,627	3,811	100	2,044	－386,845
訂正後当期純利益	－166,225	－22,878	－21,859	－27,795	－134,620
当初純資産	53,865	56,688	56,632	58,918	－325,156
訂正後純資産	－199,833	－143,596	－165,765	－193,056	－325,156

出所：会社営業報告書より

○億円以上の巨額の金額が粉飾されていました。

粉飾決算の手口にはいろいろありますが、カネボウのケースは会社の発表した決算の訂正によると、前述したように、売上高を水増しして利益を操作していたことが窺われます。訂正の発表を見ると五年間にわたっていますが、日常茶飯事に長い期間行われていたようです。もしそうであれば、会社の決算を監査していた監査法人の責任は大変重いと言えます。

新聞などの報道によりますと、最初の粉飾は棚卸資産の評価にあったようですが、いったんその処理を認めると止め処がなくなります。会計監査人が粉飾を止めさせようとすると、逆に会社から粉飾が分かれば共犯になると脅迫されていたようです。粉飾を是認した会計監査人の罪は重いものがあります。今回初めて監査を担当していた中央青山監査法人が処罰され、二カ月の営業停止処分になりました。そして中央青山監査法人の監査関与先が監査法人を変更する動きが続き、中央青山監査法人は経営上の重大な危機に直面し解散する結果になりました。

かつて、アメリカのアーサー・アンダーセンが処分され、法人が解散に追い込まれましたが、その時はやむを得ないものと受け止められました。その後、最高裁判所の判決でアーサー・アンダーセンは無罪になりましたが、「覆水盆に返らず」で、得意先の離散したアンダーセンの復活はありませんでした。

カネボウの平成十二年（二〇〇〇年）からの五年間だけを見ても、本来は損失であった決算が利益があったように粉飾されていたことが分かります。粉飾は実質子会社であった興洋染織を連結決算からはずし、架空の売上高を計上していたと言われています。

いずれにしても会社の経営には透明性が必要です。仮に株式を公開していなくても会社は社会の中でいろいろな人や機関と利害関係を持って成り立っています。自分一人では生きていけません。会社が社会に与えている影響を考えると会社の真実を正しく開示する義務があります。

社会生活にはルールがあります。昨今社会のルールがいろいろな面で等閑視されている傾向がありますが、社会生活を送る以上一定のルールを守る必要があります。仮に交通ルールを守らなければ命の問題になります。会社にとっても社会のルールを守ることは大前提でしょう。

会社再生へ

平成十七年（二〇〇五年）にカネボウは新しくカネボウのビジョンを策定しています。

カネボウの志

人を想い続ける

カネボウの全員、全仕事、全商品、それらすべての前提となるものが「人を想い続ける」です。あやふやで自己満足的な想いではなく、私たちが存在し、生きていくための使命が刻みこまれています。

私たちの約束

心を晴れにする

1. きょう、人のこころにさわる。何回「ありがとう」といわれたか。
2. 仕事に厳しく、人にやさしく。仲間を信じて共に成長する。
3. 上司の方を向くな。いちばん厳しい生活者の目をもつ。
4. なぜ、なぜ、なぜ。現場、現実、現物に質問しつづける。
5. 直ぐやる。やりきる。世の中とのデッドヒートを。
6. 挑戦者になる。できることだけやっても一流にはなれない。
7. 正直でいる。透明にする。つぎの百年を刻む、きょう。

つねに本質を突き詰め、必死に具現していく覚悟を示します。

お客様へ、世の中へ、そして自分自身へ、私たちが取るべき行動を、ここに約束します。

カネボウビジョン

一人一人が主役になって復活した日本を代表するモデル企業

平成十八年（二〇〇六年）五月一日、カネボウ・トリニティ・ホールディング株式会社ができ、カネボウグループを統括管理する会社が発足しました。

新会社の機構はトリニティの下に次の三事業会社が傘下に入っています。

1. カネボウホームプロダクツ株式会社
2. カネボウ製薬株式会社
3. カネボウフーズ株式会社

会社の経営は各社が自主的に経営する連邦制で運営するとしています。今度は透明な決算をして世間の信頼を取り戻さなければなりません。

教訓

秘密主義の欠陥

日本陸軍の欠陥として、「日本軍は何故同じ失敗を繰り返すのか」という命題があります。日本陸軍は伝統的に、白兵銃剣突撃主義を身上とし、それに精神主義を加え無理な攻撃を繰り返してきましたが、火力を中心とする現代戦には通用しないものでした。白兵主義は過去の成功体験、すなわち日露戦争の勝利に由来するものと見做されていますが、そもそも日露戦争の実相とは懸け離れたものでした。

大東亜戦争の敗因は、日露戦争の辛勝を圧勝と誤って認識したことに淵源があります。もちろん日露戦争で勝利したのは厳然たる事実ですが、世の中は変化し進歩しますから、同じ条件の戦いはないと言っても過言ではありません。一方、過去の経験は貴重なナレッジ（知識）ですから、事実を分析し将来に役立てることが大切です。

日本陸軍は残念ですが、陸軍にとって不利、不名誉なこと、失敗したことは戦史書に記述されませんでした。日露戦史に関する小沼少佐の貴重な研究、警告は不利な・不名誉なこととして公表を禁止されました。仮に事実の分析を行い、後日の作戦に生かしていたら、その後の戦争に対する姿勢態度は変わっていたかも知れません。あるいは戦争を避けることができたかも知れないと死児の歳を数えたくなります。

日露戦争における戦死傷者の統計によると、白兵戦による人的損耗は〇・八％で小銃や機関銃による銃創が七八・六％であることを見ると、機関銃などによる損耗がはなはだ重大でした。大本営をはじめとした陸軍上層部の硬直化した認識が、その後の大東亜戦争においても引き継がれ、「帝国軍の統帥は畢竟精神的優越を以て物質的威力を凌駕し、寡を以て衆を制するを一の特色となす……」（『統帥綱領』）ということで、極端に言うと国を誤ったと考えられます。

帝国陸軍の過ちは、現実を冷静に見て判断する合理性に欠けていたといわざるをえません。この教訓は、カネボウについても当てはまります。ホンダの創業者である本田宗一郎氏は三現主義の重要性を指摘しています。

三現とは、「現場、現物、現実」を指しています。三現主義は企業のみでなく、軍事においても共通に働く原理です。現場を知らず、現物を見なければ、企業に起きている現実を認識できません。カネボウの失敗は業界に起きている現実を直視せず、また、企業の現場で起きている真実を冷静に見て分析し、それに対する対応策を立てなかったことにあります。

一番困ったことは、現実を解決するのでなく、安易に粉飾決算で当面を糊塗したことにあります。現実を直視し素直に反応し、抜本的な対策を立てて実行していれば、現在とは全く違った企業になっていたと考えられます。

日本陸軍の欠陥は都合の悪いことを隠蔽し、武器と作戦が変化していた時代の流れに乗れなかったことが問題点で、カネボウの場合も、時代は繊維産業が衰退していたので多角化に乗り出しましたが、化粧品を除いて成功せず、また、明治以来の名門会社であったというプライドが災いして、素直に現実を直視せず、欠損を隠したまま経営の合理化ができなかった優柔不断と判断力のミスが、会社の経営を悪化させ挽回不能に追い込み倒産に至ったものと見られます。

いったん安易に粉飾決算を行い、次年度で正規の決算に戻そうと考えてもなかなか難しく、麻薬に手を染めると中毒になり、結局正常な健康体の人間に戻るのは難しいように、粉飾決算もいったん手を染めるとズルズル粉飾を重ね、結局経営が破綻するに至ることは歴史が証明しています。

解説

野中 郁次郎

本書は、二〇〇七年に出版された『撤退の研究』(日本経済新聞出版社)の文庫版である。

軍事作戦においても企業経営においても、「撤退」というのは、始めるときや攻めるときには比較的容易に行うことができる。それに比べて、作戦や事業が予期したとおりに進展せず、中止をしたり、撤退を決断するのは至難である。同時に、撤退の実行というのは、敵の攻めの中で行うことになるので、非常に難しい。

失敗の結果としての作戦や事業の中止、撤退について取り上げている著書は少ないので、その意味で、本書は貴重な研究書である。この点は、私達の共著である『戦略の本質―戦史に学ぶ逆転のリーダーシップ』(日経ビジネス人文庫)においても取り上げているので、併せてお読みいただければ幸いである。

そして本書のなによりの特色は、元防衛大学校教授の杉之尾宜生氏と日本ナレッジマネジメント学会の理事長である森田松太郎氏の共著ということである。軍事と企業経営の両者の類似点を取り上げ分析しているのである。

人間の知識は暗黙知が原点であるが、暗黙知を表出化し、それがマニュアルになれば、組織の中で共有することができる。そこからまた新たな暗黙知が発生すれば、知識は向上するが、残念なことにすべての暗黙知を形式知にすることは不可能である。つまり暗黙知には、形式知化できるものとできないものの二種類があるということだ。形式知化できないものは、通常「カン」とか「コツ」と言われ、その個人独特の知識と考えられる。

現在では、表出化できる知識をマニュアル化しコンピュータに記録させることで、技術の伝承が可能になった。一方で、形式知化できないその人固有の知識、「コツ」や「カン」のような独特の技術は伝承が難しい。

軍事作戦や事業経営で難しいのは、時間的に余裕がない状態で、撤退の判断と決断を行わなければならないことである。あらかじめ戦略を練っておいて、事態によって直ぐ対応できるというような状態はきわめて稀である。

こうした点から見ると、歴史上日本人の下した撤退の決断として優れているのは、なんといっても織田信長が下した金が崎のケースであろう。詳しくは、本書にあるが、信長が朝倉義景を討伐しようとして金が崎を攻めたとき、信長の妹の婿である浅井長政が、あろうことか背後から信長を挟み撃ちに出た。その時信長は瞬時に撤退を決断する。彼は少数の手兵を連れて京都まで文字通り駆けて帰り着いたのである。歴史にｉｆはないが仮に金が崎で信長が命を落としたとしたら、日本の歴史は相当変わったものになっただろう。

また、大東亜戦争中のキスカ島撤退作戦の成功も、木村昌福司令官の決断によるところが大きい。キスカ島撤退の決め手は霧の活用であるが、その霧の発生に関する予測が成功の鍵を握っていた。この場合は、気象士官である橋本恭一少尉の配員と、その判断を取り上げた司令官の度量が決め手になった。事実撤収に際して霧が発生しないため作戦は二度中止され基地に帰還している。霧が発生すると、味方にとっては航行が困難になるが、敵に発見される危険を軽減することができる。こうして撤収が成功した。

企業の経営についても撤退のタイミングは難しい。日産自動車がそれまでの日本的経営から撤退し、出資を仰いだフランスのルノーに経営を任せた決断はタイムリーであった。日産自動車は長い歴史をもつ名門会社であったが、次第に業績が悪化し、このままでは倒産も考えられるところまで追い込まれていた。その際、日本的経営から撤退の判断を下した塙社長の判断により、ルノー社から派遣されたカルロス・ゴーン氏によるグローバルに通用する経営法で見事会社は復活した。

撤退の判断と決断は、経営者、特にリーダーである社長の資質によるところが大きい。社長にリーダーシップとか理念がなければ、瞬間に判断し実行はできない。

会社はゴーイング・コンサーンと言われ永久に続くように見えるが、「会社寿命は三十年」と言われるように、絶えず変化を予測する洞察力がなければ継続は難しいのだ。産業革命以降、エネルギーは石炭から石油へ、そして電気へと変遷している。エネルギーの変化に対応して、陳腐化するであろうエネルギー源からの撤退が遅ければ、企業は衰退の道を歩き消滅する運命を免れない。

このように本書では、軍事篇と企業篇に分けてケースごとに共通の因子がないか、軍事篇の経験が企業経営において参考になる点がないかについて論述しており、撤退の知識共有が図られている。

大東亜戦争への突入は、確固たる戦略なしに行われたので、戦争を終息するタイミングが遅く必要以上の損害が発生した。明治時代における日露戦争は開戦のときから戦争収束の方針がたてられていた。日本人は戦術には強いが戦略に弱いと言われているが、明治維新の対外政策を、時の清国やロシア帝国と比べてみると必ずしも戦略に弱いとは言えない。

クラウゼヴィッツは『戦争論』の中で「戦争をどのような状態で終結させるかという戦争（終末）構想がなく、戦争を開始するものはいない」と言っている。明確な国家理念や企業理念がなく、長期的な視点で作戦や事業を企画構想できないことになれば、国や企業を滅ぼすことにつながる。

軍事篇で大東亜戦争を取り上げたのに対比して、企業経営では、ダイエーが取り上げられている。ダイエーは戦後復員してきた中内㓛氏が創業し、破竹の勢いで拡大し、小売業日本一まで獲得した。日本経済が上り坂の時は順調であったが、経済が不調になり中でもバブルがはじけた後も、中内氏の強いリーダーシップで不動産投資に偏り、土地の値上がり神話を信じていた経営は土地の値下がりで大打撃をうけたのである。これに対して同業者のイトーヨーカ堂は土地の所有にこだわらず、むしろ不動産を賃貸する方針を貫いてきた。

ダイエーは、バブル期に不動産投資を撤収して投下資金を回収しておけば、倒産しなかったと考えられる。世の中の動きが激変したのにもかかわらず、従来の考えを信じて不動産投資から撤退すべきタイミングを失ったものである。

日露戦争で素晴らしいのは、奉天会戦後の政戦両略の統合への政治・軍事指導者たちの努力である。奉天会戦で日本陸軍は辛うじて勝利したが、戦争を継続するか講和するかの決断を迫られた。日本はロシアが日本軍の三倍の勢力を集めていることを知り、これ以上戦線を拡大することを避け講和条約を締結するに至った。原動力は大山巌満洲軍総司令官と児玉源太郎満洲軍総参謀長の尽力によるし、その当時の政治家の決断による。情報（インフォメーション）の収集とその情報の分析処理に基づく的確な判断と決断の勝利である。

企業篇では松下電器（現パナソニック）が取り上げられ、会社創業以来一本調子の成長ではなく、七転び八起きを繰り返し現在に至っている。苦境に直面する都度大きな決断を迫られているが、特に戦時中の軍需産業から撤退し民生事業へ転換した際の決断、また中村邦夫社長による企業グループ再編に際しての撤退と集中の決断は光っている。

日中戦争と南京事件は、長い期間にわたり現在に至るも日中間に禍根を残している。いまだに歴史的事実と歴史認識について日本と中国の間で隔たりがある。盧溝橋で始まった局地紛争は次第に大規模戦争へと拡大し収拾がつかなくなった。盧溝橋事件に踵を接して勃発した上海事変に際し、日本においては戦争不拡大論と暴支一撃膺懲論とが拮抗し、中華民国の首都南京を攻略すれば泥沼に足を取られ長期持久戦に陥り、必然的に国力・戦力の消耗は避けられず国際情勢も悪化することへの関心が薄く、将来への洞察力を欠いていたと考えられる。したがって当時の政治家や軍人たちに中国大陸からの兵力撤退は望むべくもなかった。それが不毛の大東亜戦争まで続いたことは日本にとって不幸であった。

石川島播磨重工業（現ＩＨＩ）は、嘉永六年（一八五三年）に創業した日本の造船界の草分けといえる。明治政府は西欧諸国に追いつくため重工業を重視し、日本は戦後の復興期に船を造り、昭和三一年には造船量が世界一になった。しかしながら、その後造船量は韓国に奪われた。ＩＨＩは太平洋戦争中からタービンとジェット・エンジンを研究してきたので造船部門を分離し、ジェット・エンジンの開発を進めた。ＩＨＩは戦時中から土光敏夫氏（後の社長）の先見でジェット・エンジン部門が会社の収益の柱に育っている。戦時中は資金を食い暴挙とも言われた土光氏の決断が光っている。

本書では、他にも撤退における問題点が分析されるが、この一冊を通して、戦争においても企業経営においても一番重要なのは、客観的で普遍的な論理というよりは、現実の只中で状況やその時々の文脈の背後にある関係性を洞察し、タイムリーに判断かつ行動するリーダーのダイナミックな実践知であるということが鮮やかに画かれている。

（一橋大学名誉教授、カリフォルニア大学ゼロックス知識学ファカルティ・フェロー）

参考文献

【第1章】

奥村房夫監修『近代日本戦争史　第四編　大東亜戦争』同台経済懇話会、平成七年
杉田一次著『情報なき戦争指導』原書房、昭和六十二年
杉田一次著『国家指導者のリーダーシップ』原書房、平成五年
原四郎著『大戦略なき開戦』原書房、昭和六十二年
井本熊男著『作戦日誌で綴る大東亜戦争』芙蓉書房出版、昭和五十四年
波多野澄雄著『「大東亜戦争」の時代』朝日出版社、昭和六十三年
小室直樹著『危機の構造——日本社会崩壊のモデル——』ダイヤモンド社、昭和五十一年
クラウゼヴィッツ著、日本クラウゼヴィッツ学会訳『戦争論レクラム版』芙蓉書房出版、平成十三年
郷田豊・李鍾學・杉之尾宜生・川村康之著『「戦争論」の読み方』芙蓉書房出版、平成十三年
佐野眞一著『カリスマ—中内㓛とダイエーの「戦後」（上）（下）』新潮社、平成十三年
中内㓛著『流通革命は終わらない——私の履歴書——』日本経済新聞社、平成十二年

【第2章】
参謀本部編『明治三十七・三十八年日露戦史』東京偕行会
陸軍省編『明治天皇御伝記資料　明治軍事史（下）』原書房、昭和四十一年
谷寿夫著『機密日露戦史』原書房、昭和四十一年
尾野実信編、大山元帥伝編纂委員会『元帥公爵大山巌』大山元帥伝刊行会、昭和十年
宿利重一著『児玉源太郎』対胸舎、昭和十五年
森山守次著『児玉大将伝』太平洋通信社、明治四十一年
奥村房夫監修『近代日本戦争史　第一編　日清・日露戦争』同台経済懇話会、平成八年
中山正暉著『わかりやすいソ連――脅威の検証』日本工業新聞社、昭和五十七年
偕行社日露戦史刊行委員会編著『大国ロシアになぜ勝ったのか』芙蓉書房出版、平成十八年
石山四郎著『松下連邦経営』ダイヤモンド社、昭和四十二年
森一夫著『中村邦夫「幸之助神話」を壊した男』日本経済新聞社、平成十七年
片山修著『なぜ松下は変われたか』祥伝社、平成十四年

【第3章】
小室直樹著『信長』ビジネス社、平成二十二年
旧参謀本部編『桶狭間・姉川の役』徳間書店、平成七年

井沢元彦著『逆説の日本史⑩戦国覇王編―天下布武と信長の謎』小学館、平成十四年
秋山駿著『信長』新潮文庫、平成十一年
津本陽著『下天は夢か』講談社文庫、平成四年
海上知明著『信玄の戦争――戦略論「孫子」の功罪』ベスト新書、平成十八年

【第4章】

奥村房夫監修『近代日本戦争史 第三編 満洲事変・支那事変』同台経済懇話会、平成七年
井本熊男著『作戦日誌で綴る大東亜戦争』芙蓉書房出版、昭和五十三年
吉橋誠著「アメリカと中国を敵にまわした日本――満洲事変以降の転換点となった政戦略判断――」(『防衛学研究』第十三号)防衛大学校防衛学研究会
堀場一雄著『支那事変戦争指導史』時事通信社、昭和三十七年
前間孝則著『ジェットエンジンに取り憑かれた男』講談社、平成元年
土光敏夫『私の履歴書――土光敏夫』日本経済新聞社、昭和五十八年
陸戦学会編『近代戦争史概説』陸戦学会、昭和五十九年

【第5章】

リデル・ハート著、神吉三郎訳『近代軍の再建』岩波書店、昭和十九年

ケネス・マクセイ著、加登川幸太郎訳『ドイツ装甲師団とグデーリアン』圭文社、
昭和五十二年
ケネス・マクセイ著、加登川幸太郎訳『ドイツ機甲師団』サンケイ出版局、昭和六十年
大澤正道著『文明の流れを決した世界戦争史の真相と謎』日本文芸社、平成八年
ヴァルター・ゲルリッツ著、守屋純訳『ドイツ参謀本部興亡史』学習研究社、平成十二年
デビット・M・グランツ、ジョナサン・M・ハウス共著、
守屋純訳『詳解 独ソ戦全史』学習研究社
三野正洋著『戦車対戦車』朝日ソノラマ、平成七年
三野正洋著『ドイツ軍の小失敗の研究』光人社NF文庫、平成十九年
木俣滋郎著『世界戦車戦史』図書出版社、昭和五十六年
日本兵器工業会編『兵器と技術』（戦車特集）昭和六十年一月号
加登川幸太郎著『戦車——理論と兵器』圭文社、昭和五十二年

【第6章】

星野清三郎著『ヒゲの提督木村昌福伝（続）』、平成五年
生出寿著『戦場の将器 木村昌福』光人社、平成九年
有近元次著『奇蹟作戦「キスカ撤収」』

キスカ会編『キスカ戦記』原書房、昭和五十五年
市川浩之助著『キスカ』コンパニオン出版、昭和五十八年
大賀良平著『キスカ撤収作戦』
武末高裕著『なぜノキアは携帯電話で世界一になり得たか』ダイヤモンド社、平成十二年
日本経済新聞社編『私の履歴書 経済人十八――安井正義』日本経済新聞社、昭和五十六年

【第7章】

司馬遼太郎著『坂の上の雲 四・五』文春文庫、昭和五十三年
谷寿夫著『機密日露戦史』原書房、昭和四十一年
桑田悦著「旅順攻略」、奥村房夫監修『近代日本戦争史 第一編 日清・日露戦争』同台経済懇話会、平成七年
岡村誠之著『老婆心』私家版
桑原嶽著『名将乃木希典』中央乃木会
永江太郎監修『日露戦争百年』靖国神社 遊就館、平成十七年
スタンレー・ウォシュバーン著・目黒真澄訳『乃木大将と日本人』講談社学術文庫、昭和五十五年
リデル・ハート著・上村達夫訳『第一次世界大戦』中央公論新社、平成十二年
別宮暖朗、兵頭二十八著『「坂の上の雲」では分からない旅順攻防戦』並木書房、平成十六年

桑田悦・前原透共編著『日本の戦争・図解とデータ』原書房、昭和五十七年
日魯漁業編『日魯漁業経営史第一巻』、平成七年
ニチロ編『日魯漁業経営史第二巻』、平成七年

【第8章】

原剛著「歩兵中心の白兵主義の形成」、軍事史学会編『日露戦争（二）戦いの諸相と遺産』錦正社、平成十七年
原剛著「（補論）陸海軍による日露戦史編纂」、偕行社日露戦史刊行委員会編著『大国ロシアになぜ勝ったのか』芙蓉書房出版、平成十八年
小沼治夫大佐著「日露戦争ニ見ル戦闘ノ実相――日本陸軍ノ能力特性観察」防衛研究所所蔵
参謀本部「日露戦史編纂要綱・日露戦史編纂規定・日露戦史編纂ニ関スル注意等」福島県立図書館佐藤文庫所蔵
白井明雄著『日本陸軍「戦訓」の研究』芙蓉書房出版、平成十五年

本書は二〇〇七年十一月に日本経済新聞出版社より刊行した『撤退の研究─時機を得た戦略の転換』を改題して文庫化したものです。

日経ビジネス人文庫

撤退《てったい》の本質《ほんしつ》
いかに決断《けつだん》されたのか

2010年8月2日　第1刷発行

著者
森田松太郎
もりた・まつたろう
杉之尾宜生
すぎのお・よしお

発行者
羽土 力

発行所
日本経済新聞出版社
東京都千代田区大手町1-3-7　〒100-8066
電話(03)3270-0251　http://www.nikkeibook.com/

ブックデザイン
鈴木成一デザイン室
西村真紀子(albireo)

印刷・製本
凸版印刷

Printed in Japan　ISBN978-4-532-19552-6

ビジネス・シンク

デイヴ・マーカム
スティーヴ・スミス
マハン・カルサー

世界的ベストセラー『7つの習慣』の著者が率いるフランクリン・コヴィー社のトレーニング・プログラムが文庫になって登場。

nbb
日経ビジネス人文庫

ブルーの本棚
経済・経営

社長になる人のための税金の本

岩田康成・佐々木秀一

税金はコストです！ 課税のしくみから効果的節税、企業再編成時代に欠かせない税務戦略まで、幹部候補向け研修会をライブ中継。

組織は合理的に失敗する

菊澤研宗

個人は優秀なのに、なぜ"組織"は不条理な行動に突き進むのか？ 旧日本陸軍を題材に、最新の経済学理論でそのメカニズムを解く！

社長になる人のための経理の本［第2版］

岩田康成

次代を担う幹部向け研修会を実況中継。財務諸表の作られ方・見方から、経営管理、最新の会計制度まで、超実践的に講義。

戦略の本質

野中郁次郎・戸部良一
鎌田伸一・寺本義也
杉之尾宜生・村井友秀

戦局を逆転させるリーダーシップとは？ 世界史を変えた戦争を事例に、戦略の本質を戦略論、組織論のアプローチで解き明かす意欲作。

ウェルチ リーダーシップ・31の秘訣

ロバート・スレーター
仁平和夫=訳

世界で最も注目されている経営者ジャック・ウェルチGE会長の、「選択と集中」というリーダーシップの本質を、簡潔に説き明かす。

ジャック・ウェルチ わが経営 上・下

ジャック・ウェルチ
ジョン・A・バーン
宮本喜一=訳

20世紀最高の経営者の人生哲学とは？ 官僚的体質の巨大企業GEをスリムで強靭な会社に変えた闘いの日々を自ら語る。

ドラッカーさんが教えてくれた経営のウソとホント

酒井綱一郎

新しい成長の糧の発見、イノベーションの収益化が、経営の最重要課題──。3度のインタビューを基に探る経営革新のヒント。

社長になる人のための経営問題集

相葉宏二

「部下が全員やめてしまったのはなぜか？」「資金不足に陥った理由は？」──。社長を目指す管理職や中堅社員のビジネス力をチェック。

なぜ閉店前の値引きが儲かるのか？

岩田康成

身近な事例をもとに「どうすれば儲かるか？」を対話形式でわかりやすく解説。これ一冊で「戦略管理（経営）会計」の基本が身につく！

デジタル人本主義への道

伊丹敬之

新たな経済危機に直面した日本。バブル崩壊後の失われた10年に、日本企業の選択すべき道を明示した経営改革論を、今再び世に問う。

ビジネスマンのための情報戦入門

松村 劭

玉石混交の中から、確度の高い情報をどう選び、戦いに生かすか。戦争研究の第一人者がビジネスマン向けに「作戦情報理論」を伝授。

賢者の選択 起業家たち 勇気と決断

BS朝日・矢動丸プロジェクト=編

時代の風を読み、最前線で判断を下す賢者たち。彼らはいかに選択し、どう行動したのか。ビジネスリーダー約90人のメッセージ。

統計学を拓いた異才たち

デイヴィッド・サルツブルグ
竹内惠行　熊谷悦生=訳

百年に一度の大洪水の確率、ドイツ軍の暗号を解読した天才など、統計学の一世紀にわたるエピソードをまとめた、痛快科学読み物。

撤退の本質 いかに決断されたのか

森田松太郎
杉之尾宜生

撤退は、どんな状況で決断されるのか。実例におけるリーダーの判断力や実行力の違いをあげながら、戦略的な決断とは何かを解く。

名著で学ぶ戦争論

石津朋之=編著

古今東西の軍事戦略・国家戦略に関する名著50点を精選し、そのエッセンスをわかりやすく解説する、待望の軍事戦略ガイド完成！

下がり続ける時代の不動産の鉄則

幸田昌則

目先の地価上昇に騙されるな! 不動産価格が下がり続ける時代、資産を守るには何をするべきか。売る人、買う人、借りる人——必読。

企画がスラスラ湧いてくる アイデアマラソン発想法

樋口健夫

思いついたことをすぐに記録することにより、発想力の足腰を鍛えるアイデアマラソン。優れた企画を生み出すための実践法を紹介。

名著で学ぶ インテリジェンス

情報史研究会＝編

グローバル化する経済社会において欠かせないキーワード「インテリジェンス」。名著から読み解く日本初のインテリジェンス・ガイド。

追跡！ 値段ミステリー

日本経済新聞社編

ダイヤモンドは角型より丸型の方がなぜ高い？ 日常の生活で感じる値段の疑問を、第一線の記者たちが徹底取材する。

つまりこういうことだ！ ブランドの授業

阪本啓一

「商品価値を高めるには？」「価格とブランドの関係は？」——。理論から実践まで〝ブランドづくり〟を豊富な事例で解説。

お客はこんな 営業マンを待っている

三宅壽雄

モノが売れない今こそ「営業」の真価が問われる！ 現場で取材した〝お客の心を必ずつかむ25の方法〟を伝授します。

大学教授の株ゲーム

斎藤精一郎・今野 浩

経済学者と数理工学者の著者コンビが、様々な投資法を操り相場に挑戦！——銘柄選択、売り買い判断など、勉強になること間違いなし！

鈴木敏文 経営の不易

緒方知行=編著

「業績は企業体質の結果である」「当たり前に徹すれば当たり前でなくなる」——。社員に語り続ける、鈴木流「不変の商売原則」。

デルの革命

マイケル・デル
國領二郎=監訳

設立15年で全米1位のPCメーカーとなったデル。その急成長の鍵を解く「ダイレクト・モデル」を若き総帥が詳説。

鈴木敏文 考える原則

緒方知行=編著

「過去のデータは百害あって一利なし」「組織が大きいほど一人の責任は重い」——。稀代の名経営者が語る仕事の考え方、進め方。

ノードストローム ウェイ[新版]

スペクター&マッカーシー
山中 鏆=監訳

全米No.1の顧客サービスは、どのようにして生まれたのか。世界中が手本とする百貨店・ノードストローム社の経営手法を一挙公開!

カルロス・ゴーン 経営を語る

カルロス・ゴーン
フィリップ・リエス
高野優=訳

日産を再生させた名経営者はどのように困難に打ち勝ってきたのか? ビジネス書を超えた感動を巻き起こしたベストセラーの文庫化。

鈴木敏文の「本当のようなウソを見抜く」

勝見 明

「本は線を引きながら読むべき?」「商品の完売は喜ぶべき?」——。「本当のようなウソ」を見抜き、顧客や市場の「真実」を掴む。

トヨタ式 最強の経営

柴田昌治・金田秀治

勝ち続けるトヨタの強さの秘密を、生産方式だけではなく、それを生み出す風土・習慣から解き明かしたベストセラー。

日産 最強の販売店改革

峰 如之介

店長マネジメント改革を中心に、女性スタッフ育成、販社の統合再編など、正念場を迎えたゴーン改革の最前線をルポルタージュ。

図で考える人は仕事ができる

久恒啓一

図で考えると物事の構造や関係がはっきりわかり、思考力や解決力もアップ。図解思考ブームを生んだ話題の本がいよいよ文庫化。

奥田イズムがトヨタを変えた

日本経済新聞社=編

あの時奥田氏が社長にならなかったら、今のトヨタはなかった。奥田社長時代を中心に最強企業として君臨し続ける秘密に迫る。

鈴木敏夫のジブリマジック

梶山寿子

宮崎駿監督と二人三脚で大ヒットを生み出し続ける、スタジオジブリの名プロデューサー・鈴木敏夫。知られざるその仕事術に迫る！

トヨタを知るということ

中沢孝夫・赤池 学

トヨタの強さは環境変化にすぐ対応できる柔軟性にある。製造現場から販売まで、徹底取材をもとに最優良企業の真髄に迫る。

質問力

飯久保廣嗣

論理思考による優れた質問が問題解決にどう役立つか、「良い質問、悪い質問」など、身近な事例で詳しく解説。付録は質問力チェック問題。

トップ・プロデューサーの仕事術

梶山寿子

佐藤可士和、亀山千広、李鳳宇――。日本を代表する旬のプロデューサー9人に徹底取材し、企画力・統率力の秘密を明らかにする。

「つまらない」と言われない説明の技術

飯田英明

難解な用語、詳細すぎる資料……。退屈な説明の原因を分析し、簡潔明瞭で面白い話し方、資料の作り方を伝授。具体的ノウハウ満載。

問題解決力

飯久保廣嗣

即断即決の鬼上司ほど失敗ばかり――。要領のいい人、悪い人の「頭の中身」を解剖し、論理的な思考技術をわかりやすく解説する。

「やる気」アップの法則

太田肇

一見やる気のない社員も、きっかけさえ与えれば、俄然実力を発揮する!　タイプ別に最も効果的な動機づけ法を伝授する虎の巻。

問題解決の思考技術

飯久保廣嗣

管理職に何より必要な、直面する問題を的確、迅速に解決する技術。ムダ・ムリ・ムラなく、ヌケ・モレを防ぐ創造的問題解決を伝授。

ジム・ロジャーズが語る商品の時代

ジム・ロジャーズ
林 康史・望月 衛=訳

商品の時代は続く！ 最も注目される国際投資家が語る「これから10年の投資戦略」。BRICsを加えた新しい市場の読み方がわかる。

ビジネススクールで身につける会計力と戦略思考力

大津広一

会計数字を読み取る会計力と、経営戦略を理解する戦略思考力。事例をもとに「会計を経営の有益なツールにする方法」を解説。

あなたがお金で損をする本当の理由

長瀬勝彦

きちんと考えて選択した賢い買い物にこそ、意外な落とし穴が!? 意思決定論のプロが、損をしないための実践的知恵を伝授します。

ビジネススクールで身につける思考力と対人力

船川淳志

「思考力」と、新しい知識やツールを使いこなすために欠かせない「対人力」。ビジネス現場で最も大切な基本スキルを人気講師が伝授。

お金をふやす本当の常識

山崎 元

手数料が安く、中身のはっきりしたものだけに投資しよう。楽しみながらお金をふやし、理不尽な損失を被らないためのツボを伝授。

冒険投資家ジム・ロジャーズ世界バイク紀行

ジム・ロジャーズ
林 康史・林 則行=訳

ウォール街の伝説の投資家が、バイクで世界六大陸を旅する大冒険！投資のチャンスはどこにあるのか。鋭い視点と洞察力で分析する。

「人口減少経済」の新しい公式

松谷明彦

人口増加のエネルギーを失った日本が向う先は？　人口を軸に日本経済の未来を予測。縮小する世界での生き方を問うたベストセラー。

通貨燃ゆ

谷口智彦

戦争、ニクソンショック、超円高、円圏構想や人民元論議まで、通貨をめぐる大きな出来事の裏にある国家間の熾烈なせめぎ合いを活写。

日本経済の罠 増補版

小林慶一郎
加藤創太

バブル崩壊後、日本経済の再生策を説き大きな話題を呼んだ名著がついに復活！ 未曾有の世界的経済危機に揺れる今こそ必読の一冊。

ドルリスク

吉川雅幸

サブプライムローン禍に始まった世界的金融危機。基軸通貨ドル体制のゆくえは終焉か、それとも!? ドルのリスクシナリオを描く。

100年デフレ

水野和夫

デフレはもう止まらない！　2003年の刊行当時に、長期デフレ時代の到来を予測し、恐ろしいほど的中させた話題の書。

実録 世界金融危機

日本経済新聞社=編

米国の不動産ローン危機が、なぜ世界経済危機に拡大してしまったのか？　日経新聞記者が、世界金融危機のすべてを解説する決定版！